全国工程硕士专业学位教育指导委员会推荐教材

工 程 硕 士 教 育 “工 程 领 域 发 展 报 告” 系 列 丛 书

工程硕士教育
机械工程领域发展报告

全国机械工程领域工程硕士教育协作组 编著

内容提要

本书是全国机械工程领域工程硕士协作组受全国工程硕士专业学位教育指导委员会委托而编写的，主要反映了机械工程领域的最新研究成果、发展动态、发展趋势以及最新重大工程应用，对工程硕士研究生开扩视野、活跃思维、提高创新意识具有积极作用，同时也有利于机械工程领域工程硕士研究生教学水平的进一步提高。

本书的撰写分为不同的专题进行阐述。由于机械工程学科涉及众多的研究方向，若对每一个研究领域都有所涉及，势必导致本书篇幅太长，因此，本书的撰写思路是先选定若干目前的研究热点，以后逐步扩展，形成系列发展报告。本书优先选择了7个国内外目前比较关注的研究热点，即微系统与微/纳加工技术、数控技术、制造业信息化技术、快速成形技术、装备再制造工程、故障诊断技术和数字化制造。书中内容反映了这些研究领域的最新进展，特别是在工程应用领域的最新进展，对工程硕士研究生了解本领域的新知识、新技术和新方法具有非常重要的参考价值。

图书在版编目（CIP）数据

工程硕士教育机械工程领域发展报告／全国机械工程领域工程硕士教育协作组编著．—杭州：浙江大学出版社，2011.9

ISBN 978-7-308-08961-6

Ⅰ.①工… Ⅱ.①全… Ⅲ.①机械工程－研究生教育－研究报告 Ⅳ.①TH-4

中国版本图书馆CIP数据核字（2011）第157958号

工程硕士教育机械工程领域发展报告

全国机械工程领域工程硕士教育协作组 编著

丛书策划 樊晓燕

责任编辑 樊晓燕

出版发行 浙江大学出版社

（杭州市天目山路148号 邮政编码310007）

（网址：http://www.zjupress.com）

排　　版 杭州中大图文设计有限公司

印　　刷 富阳市育才印刷有限公司

开　　本 787mm×1092mm 1/16

印　　张 14.75

字　　数 359千

版 印 次 2011年9月第1版 2011年9月第1次印刷

书　　号 ISBN 978-7-308-08961-6

定　　价 34.00元

《工程硕士教育机械工程领域发展报告》

主要编著者名单

（以姓氏笔画为序）

丁　汉（华中科技大学）
史铁林（华中科技大学）
史玉升（华中科技大学）
朱利民（上海交通大学）
李　斌（华中科技大学）
杨世锡（浙江大学）
易朋兴（华中科技大学）
唐小琦（国家数控系统工程技术研究中心）
高健民（西安交通大学）

工程硕士教育“工程领域发展报告”系列丛书

总 序

2010年国家颁布的《国家中长期教育改革和发展规划纲要》强调高等教育的核心任务是提高教育质量，并且提出要大力发展专业学位研究生教育。全国工程硕士专业学位教育指导委员会（以下简称教指委）高度重视、不断推进工程硕士专业学位研究生教育的质量建设。教指委课程建设研究组在加强公共课程、领域核心课程建设的同时，于2010年启动编写工程硕士教育“工程领域发展报告”（以下简称“工程领域发展报告”）系列丛书的工作，旨在帮助广大工程硕士研究生（或高级工程技术人员）拓展知识、扩大视野、活跃思维和提升集成创新能力，进一步完善培养应用型、复合型和创新型的高层次工程技术人才的教学体系，更好地满足国家产业创新发展、企业提升核心竞争力的需求。

一、编印工程领域发展报告系列丛书的背景情况

工程硕士是与工程领域任职资格相联系的专业性学位，与工学硕士学位处于同一层次，但类型不同，各有侧重。长期以来，各培养单位已比较重视工学硕士研究生学术前沿课程的建设。但是，在工程硕士研究生的培养中，工程技术最新发展方面的课程、讲座、教材却比较薄弱。尽快提高工程硕士研究生工程技术前沿方面的教学质量，已成为各培养单位十分迫切的需求。

二、工程领域发展报告系列丛书的特点

工程领域发展报告主要针对本领域的发展现状和发展趋势，为工程硕士研究生前沿课程（或讲座形式）提供相关的最新动态，以利于工程硕士研究生了解领域的工程科技的发展现状和动态，以拓宽视野，为其扩展知识和能力提供帮助。

1. 共性原则

工程领域发展报告应是对本工程领域最新技术成果的描述，着重提炼出本领域具有共性的工程技术问题和工程应用进展。

2. 特色原则

工程领域发展报告应坚持工程特色，着重体现工程的综合性、应用性等特点。

3. “新、短、快”原则

工程领域发展报告着重反映本领域最新技术成果、发展动态和发展趋势，对工程硕士研究生教学应具有参考性，对工程硕士研究生学习应具有启发性。同时，工程领域发展报告篇幅不宜过长，编印应及时快速。

4. 可读性原则

工程领域发展报告将作为各培养单位、各工程领域的教学用书和阅读文献，并送全国工

程硕士专业学位教育指导委员会成员、中国工程院教育委员会成员、学术界、工业界、政府部门的有关专家学者、领导参阅。因此，该报告表述应准确、简练，并具有一定的可读性。

三、工程领域发展报告系列丛书的主要内容

工程领域发展报告，既是教学用书，又是课堂的延伸。其主要内容应体现我国科技和产业中长期发展规划，体现国家的重大需求，体现工程领域新进展和技术新进步。具体应集中体现在科学研究、技术开发与工程应用三个方面，特别应注重技术及技术向工程的转化上，以符合工程硕士研究生的培养需求。

科学研究应集中在领域相关的最新研究进展方面，特别是具有潜在工程价值的科研成果。

技术开发主要介绍中短期有望实现产业化的高科技技术。

工程应用主要包括国内外最新的工程技术成果，特别是同国家重大需求相关的重大工程技术成果，所涉及的领域应该有较宽的覆盖面。

由于工程领域发展报告覆盖的面比较宽，不可能将所有的技术领域都涉及到。因此，每册工程领域发展报告一般选择一些重点领域若干方向进行撰写，由各工程领域教育协作组组长负责组成编写组。编写组成员邀请本领域若干位具有较高水平的教授以及相关行业、企业的知名专家参加。

为了加强统筹规划和具体实施，认真做好“工程领域发展报告”的编写出版工作，教指委专门成立编写委员会。编委会主任由教指委副主任委员兼课程建设研究小组组长陈子辰教授但任，编委会委员由陈子辰（浙江大学）、印杰（教指委委员兼课程建设研究小组副组长、上海交通大学）、史铁林（课程建设研究小组副组长、华中科技大学）、沈岩（教指委秘书兼课程建设研究小组成员、清华大学研究生院）、章丽萍（课程建设研究小组成员、浙江大学研究生院）等组成。希望本书能够为我国从事工程硕士专业学位研究生教育教学工作的师生提供有益的参考，也为广大工业界、政府部门的有关专家学者、领导架设交流的桥梁。由于编辑出版“工程硕士教育工程领域发展报告”，在我国专业学位研究生教育中尚无先例，是一项探索性工作，难免存在不当和疏漏，敬请专家、同行和广大读者批评指正。

本系列丛书的出版，得到了浙江大学出版社的大力支持，在此表示衷心感谢！

全国工程硕士专业学位教育指导委员会
工程硕士教育“工程领域发展报告”系列丛书
编委会
2011 年 3 月 1 日

前　言

工程硕士专业学位是与工程领域任职资格相联系的专业性学位，主要目标是培养应用型、复合式高层次工程技术和工程管理人才。我国自 1996 年开始实施工程硕士专业学位教育，经过十多年的努力，专业学位教育得到迅速发展，取得了很大的成功，为企业、研究机构和职业教育机构培养了一大批具有扎实基础的工程技术人员，得到社会的广泛认可，成为与工学硕士平行发展、但培养目标不同、各有特色的高端人才培养体系。在长期的工程硕士培养过程中，各培养单位逐步认识到，不仅工学硕士需要深入了解本领域及其相关学科的国内外最新发展，对于工程硕士而言，同样需要了解本学科及其相关领域的最新技术及其最新工程进展，并对新技术有一定的敏感性。但长期以来，培养单位在工程硕士教育中，有关机械工程领域新技术、新方法以及最新发展动态方面的课程建设一直比较滞后，并成为工程硕士培养中普遍存在的问题。在这样的背景下，全国工程硕士专业学位教育指导委员会委托各工程领域教育协作组编写各领域的发展报告，以尽快提高工程硕士在学科前沿方面的教学质量和教学水平，并了解本学科领域的最新进展和发展趋势。

机械工程领域自 1997 年成为首批试办工程硕士教育的试点领域，经过十多年的发展，招生人数和授学位人数逐年提高，目前已有近 200 个培养单位，成为 40 个领域中最大的领域之一。《工程硕士教育机械工程领域发展报告》（以下简称《发展报告》），主要反映了机械工程领域的最新研究成果、发展动态、发展趋势以及最新重大工程应用，对工程硕士研究生开扩视野、活跃思维、提高创新意识具有积极作用，同时也有利于机械工程领域工程硕士研究生教学水平的进一步提高。

鉴于机械工程领域的学科特点，本《发展报告》的撰写分为不同的专题分别进行阐述，这主要是由于机械工程学科涉及众多的研究方向，若对每一个研究领域都有所涉及，势必导致本《发展报告》篇幅太长，因此，本《发展报告》的撰写思路是先选定若干目前的研究热点，以后每隔 2～3 年再选定其他的研究方向出版新的《发展报告》，这样既能保证每一个专题的深度，又不至于使《发展报告》篇幅太长。本《发展报告》选择了 7 个国内外目前比较关注的研究热点，即微系统与微/纳加工技术、数控技术、制造业信息化技术、快速成形技术、装备再制造工程、故障诊断技术和数字化制造，反映了这些研究领域的最新进展，特别是在工程应用领域的最新进展，对工程硕士研究生了解本领域的新知识、新技术和新方法具有非常重要的参考价值。

《发展报告》是在全国工程硕士专业学位教育指导委员会指导下，由全国机械工程领域工程硕士协作组牵头组织，浙江大学出版社出版的。由 7 位专家负责，20 多位专家参加了本发展报告的撰写工作。在此，向所有参与本《发展报告》编写的各位专家表示最衷心的感谢！并对所有对本《发展报告》付出辛勤劳动的专家学者表示感谢！

由于《发展报告》是一个新事物，加之参编专家的局限性以及时间的紧迫性，虽然各位专家付出了巨大的努力，但难免有不准确、不完善甚至错误之处，欢迎广大读者批评指正，并提出宝贵意见。我们后续还将推出《发展报告》的系列专辑，逐步涉及其他研究热点，使《发展报告》在内容上具有时效性、连续性和完整性，使广大工程硕士研究生能通过本《发展报告》了解和学习机械工程领域的最新进展。我们希望本《发展报告》能为我国工程硕士教育的发展贡献绵薄之力，通过我们的努力，能为国内工程硕士教学水平的提高作出贡献。

编　者

2011 年 8 月

目 录

专题1 微系统与微/纳加工技术研究进展

华中科技大学 史铁林[①]

1 引 言

微系统(microsystem,或称微机械 micromachine、微/纳机电系统 micro/nano-electro-mechanical-systems 等)是一种融合硅微加工和超精密机械加工等多种微/纳加工技术而构造的微型系统,是在应用现代信息技术最新成果的基础上发展起来的高科技,是一种对微米、亚微米、甚至纳米(0.1～100nm)尺度材料进行设计、加工、制造、测量和控制的技术,从其诞生之初就一直牢牢占据基础科研以及制造行业的尖端位置。微系统与微/纳加工技术孕育着巨大的技术发展潜力和广阔的市场空间,其发展正如IC发展一样,将引发计算机、微电子、机械电子、通讯技术、生物材料和生命科学等众多领域的重大变革,并且影响着21世纪人们对未知世界的认识。同时,其产业也必将成为国民经济的重要组成部分,并逐步影响人们的生活。未来社会将逐步进入微系统时代。

2 微系统与微/纳加工技术概况

高新技术的发展,要求人类的工程活动深入到原子、分子内部。在原子、分子尺度上制

---

① 史铁林,博士,教授,博士生导师,机械学院常务副院长。学术兼职包括中国振动工程学会常务理事、中国振动工程学会动态信号分析专业委员会主任委员、中国振动工程学会故障诊断专业委员会副理事长、中国微米纳米技术学会理事、中国机械工程学会理事、《Frontiers of Mechanical Engineering》副主编、《机械工程学报》杂志编委、《振动工程学报》杂志编委、《中国机械工程》杂志编委、《中国工程机械学报》杂志编委、《振动与冲击》杂志编委、《振动测试与诊断》杂志编委等。

近年来,面向国际学术前沿和国家重大需求,先后承担了一批国家级重要科研项目,包括国家攀登计划、973项目课题,国家863计划项目、国防重大专项课题,国家自然科学基金面上项目、企业委托项目等数十项科研项目,紧密围绕微纳制造、装备制造、装备安全运行与故障诊断学科方向,解决了诸多工程中的技术难题,在微纳制造与纳米动态测量、电子封装、军工特种装备研制、设备状态监测和故障诊断等方面做出贡献。先后获国家教委科技进步二等奖(2项),国家教委科技进步一等奖(1项),机械工业部科技进步一等奖,国家科技进步三等奖,光华科技基金三等奖等。还先后获得中国青年科技奖,全国优秀博士后奖,湖北省五四青年奖章、中国机械工程学会杰出青年科技奖、首批"新世纪百千万人才工程"国家级人选等荣誉称号。

造结构和材料将是今后工程师关注的焦点。当今微电子技术的加工尺寸已从微米(μm)→半微米(0.5μm)→亚微米(0.35μm、0.25μm、0.18μm)→深亚微米(0.13μm、0.11μm)→纳米(90nm),正在向65nm→45nm→32nm→22nm过渡。一般认为,精度为微米级(0.1～100μm)的制造是微米制造,精度为纳米级(0.1～100nm)的制造是纳米制造。当前的微/纳加工技术可达到的最高加工精度是0.1nm,这是美国IBM公司在1990年所达到的加工精度。该公司用扫描隧道电镜(STM)技术,将Ni(110)表面吸附的Xe原子逐一搬迁,最终以35个Xe原子排成IBM三个字,每个字高5nm,Xe原子的最短距离为1nm。随着微电子技术延伸和拓展(从二维到三维)至机械领域,出现了微机电概念,即通过微电子技术与精密机械加工技术相互融合而形成的微电子与机械融为一体的系统。纳机电系统是20世纪90年代末提出的新概念,是继微机电系统后在系统特征尺寸和效应上具有纳米技术特点的超小型机电一体化系统,一般指特征尺寸在亚纳米到数百纳米,以纳米级结构所产生的新效应(量子效应、界面效应和纳米尺度效应)为工作特征的器件和系统。

因此,微系统是微型化的器件或器件组合,是把电子功能与机械、光学或者其他功能相结合,集微型传感器、微型执行器、信息处理和电源等于一体的微型系统。微系统技术具有小尺寸(miniaturization)、多样化(multiplicity)、微电子(micro electronics)特征,它将信息系统的微型化、多功能化、智能化和可靠性水平提高到了新的高度。微系统从广义上包含了毫米、微米甚至纳米尺度的机械,但它并非单纯是宏观机械的微小化,而是指可以批量制作的,集微型机构、微型传感器和微型执行器以及信号处理和控制电路,直至接口、通讯和电源等于一体的微型系统。它可将机械构件、光学系统、驱动部件、电控系统集成为一个整体单元的微型系统。这种微型机电系统不仅能够采集、处理与发送信息或指令,还能够按照所获取的信息自主地或根据外部的指令采取行动。

微系统是近年来在微电子技术基础上发展起来的一种新型多学科交叉的技术,它涉及机械、电子、化学、物理、光学、生物、材料等多学科。微系统技术的研究任务和目标是把信息的获取、处理和执行集成在一起,组成具有多功能复合的微型智能系统。其研究几乎涉及自然及工程科学的所有领域。微/纳加工技术最早则是从加工精度研究的角度延伸出来的。制造业的发展对加工精度提出了越来越高的要求,传统机床的加工精度已经远远不能满足飞速发展的消费及军工领域的要求,如电子硅芯片、大规模集成电路以及对表面粗糙度要求很高的液晶面板等,于是,人们把眼光投入到精度更高的加工技术上,从最初的毫米级,到微米级,到纳米级。于是,“微/纳加工技术”这一概念应运而生。

微系统及微/纳加工技术开辟了一个全新的领域和产业。用此技术研制的五花八门的微传感器可以测量各种物理量、化学量及生物量。一些微系统器件已经实现了产业化,如微型加速度计、微型压力传感器、数字微镜器件(DMD)、喷墨打印机的微喷嘴、生物芯片等。近年来,国际上微系统的专利数正呈指数规律增长,说明微系统技术全面发展和产业快速起步的阶段已经到来。由于微系统器件和系统具有体积小、重量轻、功耗低、可靠性高、性能优良、功能强大、成本低和可批量生产等传统器件无法比拟的优点,多种微系统器件已广泛用于信息工程、分析化学、航空航天、科学仪器、生物医学、汽车和国防等产业领域。自微系统与微/纳加工工艺投入应用以来,主导微系统市场的传感器已形成产业。微系统未来主要市场有汽车及工业自动控制行业中应用的压力传感器、加速度计、微陀螺仪等微系统传感器系统;通信及信息技术领域应用的各类光微系统器件、显示器及基于微系统的射频(RF)器件、喷墨打印机的微喷嘴、硬盘驱动器磁头等；军事及航空航天用各种微型传感器和执行器等；微型仪器系统如用于生化分析的芯片实验室、DNA芯片等；用于环境检测的各种气体传感器系统等；消费类产品中大量应用的中低指标微系统器件。在市场引导、科技推动、风险投资、政府介入等多重作用下，汽车微系统传感器发展迅速，现已成为相关部门争先投资开发的热点。在中高档汽车中，大约采用25～40只微系统传感器，技术上日趋成熟完善，可满足汽车在苛刻的环境下可靠性高、精度高、成本低的要求，极大地推动了电子技术在汽车上的应用。

21世纪，人们仍会不断追求条件更好且可负担的医疗保健服务、更高的生活品质和质量更好的日用消费品，并竭力应对由能源成本上涨和资源枯竭所带来的风险等巨大挑战。它们也是采用创新体系的商品扩大市场的推动力。微系统与微/纳加工技术过去和现在一直都被认为在解决上述挑战方面大有用武之地。从短期来看，微系统与微/纳加工技术不会对环境和能源成本产生重大的影响。受到当前加工技术的限制，这些技术在早期的发展阶段往往会有较高的能源成本。与此同时，相关技术一旦成熟，将会消耗更少的能源与资源，就此而言，它无疑是一项令人振奋的技术。随着创新型微系统与微/纳加工技术的发展，现在对化石燃料的依存度已经开始下降，二氧化碳的排放也随之降低，大气中氮氧化物和硫氧化物的浓度也减少了。下面是当前微系统与微/纳加工技术在环境友好方面有望大展身手的一些领域：

(1)蓄电

改进传统充电电池的效率，使之能用于运输领域来减少排放，或作为高效可再生能源的备用能源。微系统与微/纳加工技术有望用于开发超级电容器，为蓄电提供新的解决方案。

(2)热电

新型纳米材料可将废热转化为电能，因而对于那些利用燃烧作为主要供能方式的领域(如混合动力汽车)来说，这将大大促进节能。

(3)燃料电池

作为可持续氢经济的组成部分或者是基于燃料电池的高效碳氢化合物，在减少汽车尾气排放方面都大有潜力可挖，抑或作为热电联产电站，来降低排放。

(4)照明

对于传统的白炽光源来说，LED是一种高效能的替代产品，微系统与微/纳加工技术可用来开发更多新的光源。

(5)发动机/燃料效率

采用纳米颗粒燃料添加剂能够减少柴油机的能耗并改善局部空气质量。微/纳材料也可用来改善飞机涡轮叶片的热阻性能，使得发动机可以在更高的温度下继续运转，进而提高整个发动机的效率。

(6)减重

新型高强度复合材料能够减轻材料的重量。未来的目标包括：在金属合金和塑料中掺杂纳米管来减少飞机的重量；改进橡胶配方中掺杂入轮胎的纳米颗粒；利用通过微系统与微/纳加工技术制得的汽车催化式排气净化器来优化车内燃料的燃烧过程。

当前，获得或保持领先竞争对手的优势将维持强劲的经济，提供动力以满足社会需求，而微系统与微/纳加工技术正在成为这其中的关键因素。各国政府都非常重视微系统与微/

纳加工技术。它已成为世界各国投入大量资金研究的热点。从 1997 年到 2001 年，仅美国 DARPA（美国国防部先进研究计划署）每年投入的研究经费就达 7000 万美元。美国国家科学基金从 1988 年起每年投入大约 200 万～300 万美元用于微系统研究。日本、德国及英国等发达国家也极其重视推进微系统加工技术的研究。德国从 1994 年到 1999 年的微系统计划每年投资 6000 万美元。1993 年起欧盟将各国研究机构组织起来进行微系统的联合研究，推出了 EUROPRACTICE 和 NEXUS 计划，从科研和产业化两个方面推进微系统的发展。第三世界科学院在 2005 年发表的报告显示，美国、日本和欧盟这三大经济实体在 2005—2008 年度对微系统及纳米科技相关投入分别达 37 亿、30 亿和 17 亿美元以上，研究项目覆盖能源、药物、微电子工业、材料、环保等众多领域。例如，在欧盟框架计划的支持下，欧洲微/纳制造技术平台（MINAM）于 2006 年 9 月开始启动，于 2008 年初正式成立。MINAM 致力于推动微/纳制造技术的研发与产业化，为欧洲的微/纳产品制造商及设备供应商提供技术支撑，帮助他们在关键技术领域建立和维持全球领先地位。MINAM 发布的微/纳制造技术前景展望总结了其战略研究议程（SRA）的要点，确定出微/纳制造发展的新趋势，为维持和进一步增强欧洲工业在微/纳制造技术领域中的领先地位提供了未来投资和研发战略指导。据美国国家科学基金会统计和预测，2002 年全球微系统及纳米技术产业市场约为 450 亿美元，2008 年这一市场扩大到 7000 亿美元，2015 年将超过 1 万亿美元。欧洲联盟委员会在一项研究报告中说，未来 10 年微系统及纳米技术的开发将成为仅次于芯片制造的世界第二产业。2010 年纳米技术市场的价值达 400 亿英镑。欧洲微系统协会所做的 NEXUS 的微系统/微机电系统（MST/MEMS）市场分析报告（2004—2009 年）给出了微系统与微/纳制造技术对各经济部门直接影响的量化分析以及未来趋势。研究结论认为，由于具有低制造成本、紧凑的尺寸、低重量、低能耗以及改进的智能和多功能性等一系列特性，微系统（包括 MST/MEMS）传感器和制动器正在已确立的市场中巩固其地位并寻找新的应用。2004—2009 年间，包括 26 种 MST/MEMS 产品在内的市场以 16%的年均速度增长，从 2004 年的 120 亿美元增长到 2009 年的 250 亿美元，如图 1-1 所示。

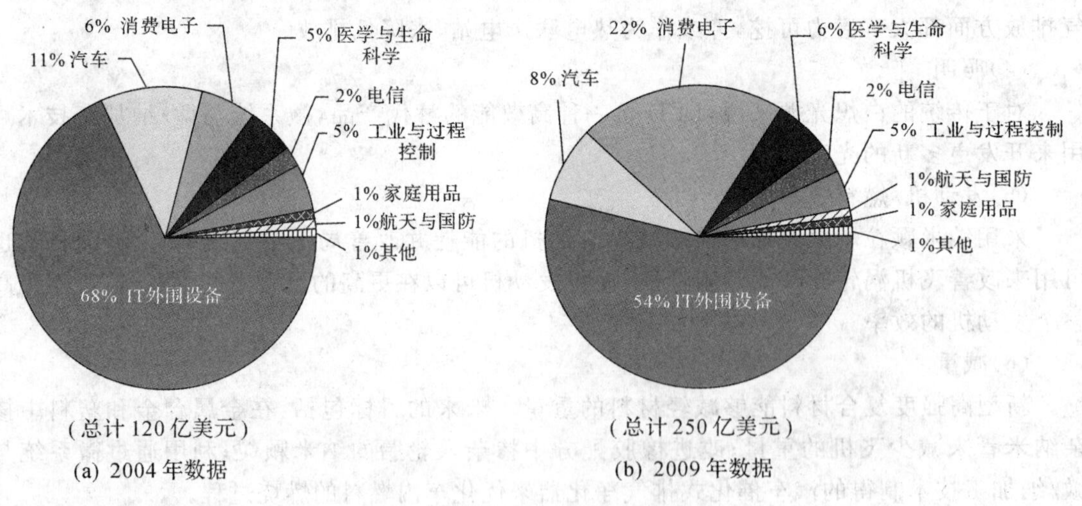

图 1-1 微系统应用与市场分析

根据里斯本目标，2010 年欧盟每个成员国将 GDP 的 3% 投入到研发中，以使欧洲成为全球最具竞争力的地区。目前，由于其发展良好的技术创新和新技术（微、纳、光、生物）产业化开发应用，欧洲已经拥有了一定的优势。与此同时，国外各大公司也加紧了微系统产品开发的步伐。微型压力传感器于 20 世纪 70 年代进入市场，现在年产值已达十几亿美元，其代表公司为欧姆龙、Honeywell、Motorola 等。ADI 公司的集成加速度计是微机械与微电子集成的标志性产品，主要用于汽车防撞气囊的弹出控制，年产值超过 2 亿美元。IC SENSOR、DELPH、Motorola 等公司也从事加速度计的生产，年总产值超过 10 亿美元。以 TI 公司为代表的 DMD 器件已经在投影显示系统占据很大的市场份额。微喷墨打印头、生化分析微系统已经被人们熟知，年产值超过 40 亿美元，并且显现出强劲的增长势头。用微系统技术制造的 RF 无源元件可以与系统集成，这被认为是无线通信的未来技术。微系统专利数目也随着微系统研究的升温而迅速增加，从 20 世纪 70 年代每年不到 10 个发展到 1997 年以后每年超过 150 个，而且还在迅速增长之中。

微系统与微/纳制造技术可以帮助企业、产业形成竞争优势。在欧洲，得益于私营部门和公共部门之间的合作，它们的快速发展提升了许多不同应用领域的欧洲公司的市场份额，促进了协作研究。需要强调的，产业界和学术界的合作在增加公司市场实力上发挥了重要作用，这种合作使得那些阻碍创新、新技术与高水平教育需求等进展的问题的解决变得更为容易。

在过去的几年中，全球各地的研究机构和大学已开始集中研究微观和纳米尺度现象、器件和系统。虽然这一领域的研究产生了微/纳制造方面的先进知识，但很显然，这些知识的产业应用将是增强这些技术未来增长的关键。目前在这些领域的大规模生产方面已经取得了进步，但微系统与微/纳制造技术的主要生产环境仍然是停留在实验室中，在企业大规模生产环境中难得一见。这就导致企业在是否采用这些技术方面犹豫不决，担心它们可能引入未知因素，影响制造链的性能与质量。就这一点而言，投资基础设施的发展，如更高的模块化、灵活性和可扩展性可能会有助于生产成本的减少，对于新生产平台成功推广至关重要。这将有助于吸引产业界的积极参与，与领先的研究实验室一起推动微/纳产品的不断升级换代。

总之，在充满生机的 21 世纪，信息技术、生物技术、能源、环境、先进制造技术和国防的高速发展，必然对材料和器件提出新的要求，器件小型化、智能化、高集成、高密度和信息超快传输成为未来发展的方向。新材料和新产品的创新是未来 10 年对社会发展、经济振兴、国力增强最具有影响力的战略研究领域，其中微系统与微/纳加工技术也必将起到关键作用。

3 微系统与微/纳加工技术应用

当前，微系统器件（包括 MEMS/NEMS 等）的应用几乎包罗万象，涉及惯性器件如加速度计与陀螺仪、AFM（原子力显微镜）、数据存储、三维微型结构的制作、微型阀门、泵和微型喷口、流量器件、微型光学器件、各种执行器、医用器件、实验表征器件、压力传感器、麦克风以及声学器件等多个领域，有着十分广泛的应用。MEMS的日常应用范围除了热门的IT、通信、消费类等3C市场外，还适用于汽车、生物、医疗、化学、军事等各个领域，几乎任何需要机械器件的小型化电子系统都可能用得上MEMS，而目前主要应用还是在3C和汽车等大众化的市场中。目前，最大的微系统供应商包括Agilent Technologies和Infineon（生产谐振器）、Memscap和台湾的Wolshin（生产MEMS滤波器）以及Teravicta和Magfusion（生产MEMS开关）等，其中如Analog Devices、Bosch、Dalsa、Delphi-Delco、Denso、Infineon、Motorola、VTI Technologies和X Fab等公司制造的MEMS加速计占据了约90%的MEMS汽车市场。

3.1 在汽车行业的应用

微系统发展最快的一个领域是汽车行业。目前，所有的轿车都使用了许多压力传感器和加速度传感器，其中以驾驶员和前排乘客安全气囊的自动膨开功能最为普遍，而其大规模的应用必将不限于发动机燃烧控制和安全气囊。未来5～7年内包括发动机运行管理、ABS、车辆动力学控制、自适应导航、车辆行驶安全系统在内的应用将为MEMS技术提供广阔的市场。2005年汽车传感器的市场达到84.5亿美元。速度和位置传感器、氧传感器、压力传感器、温度传感器等的需求量将更大，MEMS器件在汽车上的用途可能在70种以上。表1-1列出了微系统传感器在汽车关键部位的应用及用途。

表1-1 微系统传感器在汽车关键部位的应用及用途

微系统传感器名称	汽车应用部件	用途
压力传感器	发动机总成	反映进气量，控制喷油量和喷油时间
压力传感器	发动机总成	汽缸内气压测量
氧传感器	发动机总成	反映发动机可燃气体的浓度
曲轴位置传感器	发动机总成	反映发动机曲轴转速、转角和活塞上止点位置
节气门位置传感器	发动机总成	反映发动机负荷大小
速度传感器	发动机总成	反映车速，控制喷油量
水温传感器	发动机总成	发动机冷却液温度测控，修正喷油量
加速度传感器	安全气囊	气囊弹出时间测控
压力传感器	安全气囊	充气压力测控
压力传感器	制动系统	制动系统油压测控
压力传感器	悬挂系统	悬挂液压测控
压力传感器	轮胎	胎压检测
车轮转速传感器	ABS/TCS/ESP	测控轮胎是否抱死及牵引力控制
倾角传感器	底盘系统	测控汽车倾角大小
陀螺仪	导航设备	测控角速度

1. 汽车安全气囊

在汽车安全系统中，安全气囊已成为欧洲车辆的标准配置。在中国，该系统在新型车辆中的安装率也已上升到70%。汽车安全气囊使用加速度传感器作为汽车的触觉系统，能够迅速将速度变化反馈给CPU，为汽车提供碰撞检测功能。现在，许多汽车制造商都在额外的安全气囊中使用MEMS传感器，一类用于侧面碰撞气囊，另一类用于翻车时用到的顶部气囊。在安全系统所需的MCU和传感器产品领域，飞思卡尔、英飞凌、ST、飞利浦、瑞萨等半导体厂商都有多样化的产品线，并针对性地推出了自己的汽车安全解决方案。国内美新半导体公司是首家以CMOS IC工艺将MEMS惯性传感器和混合信号单芯片集成在一起的公司，这种技术组合成功地改良了加速度传感器，使其成本更低、系统性能更高、功能更强。在国内市场上气囊用MEMS传感器应用普及得比较快，2006年销售额达60亿元，2007年汽车气囊用MEMS传感器将近达到70亿元的销售额，约占安全气囊市场的65%～70%。

2. 发动机电子控制系统

近几年，中国汽车产业发展迅猛，目前已成为全球最大的汽车生产国和销售国。根据2010年中国汽车发展国际论坛报道，2010年前8个月中国生产汽车1091.45万辆，销售945.6万辆，继续领跑全球车市。对于汽车的“心脏”——发动机，随着中国新环保政策的出台，发动机电喷技术的推广和竞争正呈现不断扩大和加剧的态势，几大巨头也纷纷上紧发条。由于技术难度较高，利润丰厚，发动机电子控制系统多由博世、德尔福、西门子、摩托罗拉、瑞萨等国外巨头所垄断。2004年应用与发动机电子控制系统的MEMS传感器销量仅有16.8亿元，2005年随着汽车市场的好转和MEMS传感器的逐渐普及，已经将近有50%的发动机电子控制系统用传感器被MEMS传感器所替代。2007年这个市场的销售额超过300亿人民币。

3. ABS系统

ABS(制动防抱死系统)指车辆在紧急制动时轮胎不会抱死。制动防抱死系统起作用时，车轮与路面的摩擦属滚动摩擦，这会充分利用车轮与路面之间的最大附着力进行制动，从而提高制动减速度，缩短制动距离，但最重要的还是保证汽车的方向稳定性。汽车ABS系统是上世纪在汽车安全电子产品方面最重要的发明成果之一，现在全球65%的汽车装了ABS。1999年我国制订的国家强制性标准GB—12676《汽车制动系统结构、性能和试验方法》中已把装用ABS作为强制性要求。2005年，国产车辆ABS装车率已经达到了50%。微型车、客车的装车率为20%，即液压制动ABS的需求量达到75万～81万套；而中、重型载货车，大、中型客车ABS的装车率为100%，气制动ABS需求量为35万～45万套。2005年国内ABS销售量为126万套左右。2006年ABS用MEMS传感器销售额达1.2亿元，2007年达1.4亿元。

4. 轮胎压力监测

MEMS在汽车上更广泛的应用之一是在轮胎压力监测方面。根据汽车行业分析公司J.D. Power & Associates估计，截至2007年，轿车中配备1700多万套轮胎压力监测系统。MEMS轮胎压力监测系统由压力传感器、微控制器和RF发送器组成。RF发送器将轮胎压力信息通过仪表板上的读数器传递给驾驶员。目前国内上海通用的别克安装了轮胎压力监测系统，有许多汽车配件商开始代理销售国外的轮胎压力监测系统。在上海、重庆及广东等地有公司开始投入生产并销售轮胎压力监测系统，包括上海泰好电子科技有限公司、佛山市朗杰电子科技有限公司、深圳市瑞电通信电子有限公司等。

5. 其他高端应用

在高端汽车方面，例如沃尔沃、奔驰、凯迪拉克等著名汽车厂商，更是大量使用 MEMS 器件。例如高端汽车的自适应驾驶控制和电子控制悬架系统一般在轮毂和参照点(如后备箱)中要使用三到五个 MEMS 低重力加速度计($0.5g \sim 12g$)，甚至在马达减振中也使用 MEMS 传感器，同时在发动机支架中安装执行器。除此之外，表面微机械陀螺或音叉式陀螺等角速率传感器、硅基压力传感器等高端 MEMS 传感器也已经用于高端汽车的动力学控制和发动机油监测。不久的将来，随着成本降低，这些 MEMS 器件将会逐渐应用于低成本、高产量的车型。此外，人们还在考虑在许多新开发的系统中采用微型传感器。价格、可靠性和体积等方面的优势将使微型传感器成为汽车中各种参数测量的首选产品。目前，这些优势已为实践所证实，汽车用微型传感器已受到科研机构及厂商的高度重视，可以预言，未来 5～7 年其研制、生产与应用将获得高速增长。

3.2 在消费电子行业的应用

虽然 MEMS 技术行业在传统的概念上与汽车技术相关，但是随着 MEMS 传感器的灵敏度变得越来越高，并且价格越来越便宜，该技术也开始在消费电子市场中占据一席之地。以时尚、迅速更新换代著称的消费电子，导入 MEMS 技术后，使便携式产品的体积更加超小型化，并可实现更多的功能。随着潜在客户的兴趣不断上升以及资本投资的增加，MEMS 供应商们长期追求的一些应用逐渐取得成效。市场调研公司 In-Stat/MDR 公布的报告指出，MEMS 开始全面进入消费电子产品时，市场将快速成长。据估计，2003—2008 年消费电子市场中 MEMS 销售额的复合年增率达到 13.2%。专家估计消费电子市场对 MEMS 传感器的使用从 2005 年的 3.55 亿美元增长到 2010 年的 8 亿美元，并从 MEMS 传感器提供改进的易用接口中受益。MEMS 在消费电子产业的应用主要集中在打印机、手机、笔记本、便携式数码产品、数字电视、游戏机等领域，消费电子领域主要应用到的 MEMS 元件以光学 MEMS(OMEMS)、喷墨头、加速传感器和陀螺仪为主。

• **喷墨打印机** 2005 年中国喷墨打印机销售 465 万台，2006 年销售 515 万台，增长 10.6%。其中喷墨打印头就属于微流体器件，但由于市场规模较大而被单独列为一类，是应用最多的 MEMS 器件。目前市场上所有的喷墨打印头都属于 MEMS 技术。数字影像的打印成为该市场主要的驱动力。2005 年该市场总额为 15 亿美元。但由于喷墨打印头技术正由一次性喷墨头向可重复利用的喷墨头转移，该市场的增长率只有 6%，到 2010 年可达到 20 亿美元。喷墨打印头的制造技术正在向集成度和能量利用率都更高的 DRIE 技术转移，SU-8 技术的应用也成为另一股重要力量。采用的硅片尺寸将从 6 英寸(85%)和 4 英寸为主流逐渐向 8 英寸过渡，到 2010 年约 18%的硅片尺寸为 8 英寸。近年来随着国外喷墨打印头专利陆续到期，国内喷墨打印头技术发展十分迅速，已经摆脱了“无头工业”的命运。2005 年明基与半导体业者亚太优势、新磊合作，成功开发出喷墨打印头，成为继华硕之后第二家拥有自主喷墨头技术的中国厂商。

• **移动电话** MEMS 从 2002 年开始被用于移动电话，应用非常广泛，包含 MEMS 麦克风和扬声器、3D加速器、RF被动与主动组件、相机稳定与GPS的陀螺仪、小型燃料电池与生化芯片等。MEMS麦克风作为MEMS在移动电话应用中的先锋，2005年已经有10多家厂商加入这一市场战局。由于采用MEMS制造的麦克风具有低成本、高性能和小型化等特色，采用MEMS的移动电话麦克风和扬声器的用量相当惊人，2005年全球麦克风市场上共计销售了20亿部这类产品，2008年成长到30亿部。目前Knowles Acoustics和Sonion-MEMS公司实现了MEMS麦克风的量产，只有Knowles Acoustics的SiSonic麦克风可供移动电话使用，该公司几乎垄断了整个市场。我国台湾地区也急起直追，目前包括台湾地区"工研院电子所"、美律、亚太优势、探微、日月光、菱生、硅品、天瀚等20余家扬声器、麦克风和其他电声器件厂商，共同成立了"微电声产业联盟"，以整合上、中、下游厂商，建立从电声器件设计、器件制作/代工、器件封装到系统模块的完整产业为发展目标。

除了麦克风和声音共鸣器之外，惯性传感器(主要是加速度计)和几类RF元器件，包括频带/模式开关、匹配元件(如数字可调电抗器)和振荡器等也面临新兴的市场机遇，这些MEMS产品对于移动电话新功能的实现起着关键作用。根据Yole估计，从2004年开始MEMS相关产品陆续整合至手机当中，而且对手机新功能的实现起着关键作用，到2008年在手机中应用的MEMS产品市场达到5.5亿美元，2009年达到7.5亿美元。

•**笔记本电脑** 在过去的20年中，笔记本电脑从纯粹的文字处理和财务计算的商业机器转变成一种多媒体设备，可以作为电视机、游戏机、CD/DVD播放器以及电话机使用。为了支持这种演变，业界投入了大量的时间和精力用于改善笔记本数据安全、显示技术和音频输出质量，MEMS技术的应用在其中具有十分重要的作用。IBM公司2004年即在ThinkPad笔记本电脑中采用了美新公司的加速度传感器，用来检测硬盘的震动，在笔记本电脑受到冲击或者坠落的情况下，保护硬盘数据。

另外，MEMS更是为新一代笔记本电脑平台正在设计的支持实时通信应用提供了有力支持，以满足用户对高质量通信体验的需求。为了改进声音输入质量以支持诸如VoIP和语音识别等，在笔记本电脑上出现了嵌入式麦克风阵列。这也是MEMS产品在笔记本上的一个重要应用。数字输出麦克风可以抵抗显示器边框上的RF和EM干扰源的影响。这样就不需要再采用屏蔽线，从而使得麦克风阵列可以安装在边框上，而不必考虑转轴。MEMS数字输出麦克风使得麦克风阵列可以集成到哪怕是最薄的笔记本边框上。由于不再需要插槽，这些可以在很小表面安装的器件一般只需要不到2mm的有效边框高度。它们还可以直接安装在边框上的现成板块上(例如天线或者相机模块)，而不需要考虑RF干扰。单芯片MEMS数字输出麦克风采用的半导体制造工艺使其具有超强的灵敏度和相位匹配，因此能够提供最高质量的麦克风阵列性能。由于部位差异很小，使得噪音抑制和波束成形算法的性能达到了最高。而变换器和模—数转换器之间的近距离也让MEMS麦克风具有了最强的抵抗RF干扰的能力。Akustica公司推出业界第一款互补金属氧化半导体(CMOS)MEMS麦克风芯片AKU-2000，被富士通公司用于LifeBook Q2010高端笔记本电脑，以提高笔记本电脑平台的语音通信质量。

•**光学设备** 对于光学MEMS，其产品主要包括数字微镜器件(DMD)、光开关(switch)、交错联结器(cross-connect)、光可调衰减器(variable optical attenuator)、可调变波长激光器(tunable laser)和可调式滤波器(tunable filter)，主要应用领域为电信与显示产业。在电信方面，由于光学MEMS制成的光学器件具有很好的效能，例如低插入损耗、优良的波长平坦度和极小的串扰，而且能提高整合度及器件规模(scalability)，极适用于高性能的光纤网络。在显示产业方面，包括整合式可配戴的携带型设备，以及条形码扫描、自适应光学系统、商用印刷等。2004 年光学 MEMS 销售值约 12 亿美元，销售量达 300 万颗，平均单价近 400 美元，到 2008 年光学 MEMS 销售值约 32 亿美元，出货量达到 1000 万颗。

另外，MEMS 陀螺仪在数码相机中有着十分重要的应用——光学防抖功能，即通过 MEMS 陀螺仪探测相机抖动的方向及幅度，调节镜头组内部可以移动的镜片向反方向移动，抵消抖动的影响，使影像更清晰。最早推出防抖概念的是日本尼康公司。1994 年，尼康公司推出了具有减振(VR)技术的袖珍相机。次年，日本佳能公司推出世界上第一款带有图像稳定器的镜头 EOS 75-300mm f/4-5.6 IS(Image Stabilizer)，这就是通常所说的“防抖系统”。索尼公司建立了 MEMS 元件专用生产线，主要用来生产数码相机与摄像机等产品使用的防抖陀螺仪传感器(角速度传感器)。Yole 估计全球陀螺仪市场规模从 2003 年的 2.7 亿美元成长到 2007 年的 4.3 亿美元。国外生产微机械陀螺仪的最主要公司有 Bosch、BEI、Silicon Sensing、Analog Devices，全球范围内四大公司的产品垄断了近 95%的市场。Bosch 公司的陀螺仪采用音叉式振动结构。Z 轴陀螺仪采用体硅工艺和电磁驱动、电容检测并大气封装，X/Y 轴陀螺仪采用静电驱动、电容检测和真空封装。两类陀螺仪结构和 ASIC 接口电路混合封装在一起。其陀螺仪主要用在汽车电子领域。BEI 的 Z 轴石英陀螺仪采用压电驱动检测、大气封装，检测电路单独配置，应用范围主要是汽车行业。Silicon Sensing 公司生产的 Z 轴陀螺仪采用体硅工艺、电磁驱动、电磁检测和真空封装。Analog Devicesg 公司的产品为单片集成的 Z 轴陀螺仪，电路和结构都采用 iMEMS 一次加工成品，大气封装。国内东南大学、复旦大学、清华大学及上海微系统所等单位也对微机械陀螺仪进行了研究，并成功研制出陀螺仪样机。

•**游戏设备** MEMS 传感器在游戏设备中的应用正在彻底改变游戏界。MEMS 传感器将会为消费类电子设备直观的人机互动界面带来非常好的机会，同时还能使非专业的玩家体验到游戏的刺激感。在改善电子游戏的体验方面，MEMS 加速度计能提供运动和倾斜检测。这些游戏可以在多种平台上运行，包括 Microsoft 的 Xbox、Sony 的 Playstation、Nintendo 的 GameCube 等游戏机和 Nintendo GameBoy、Palm 或 Pocket PC PDA 等手持式装置以及其他膝上型和桌上型电脑。MEMS 传感器能改善控制盘和操纵杆的倾斜及运动敏感功能，让用户沉浸在游戏之中，体验其中的乐趣。2005 年全球电子游戏设备出货量市场价值已经达到 126 亿美元，2006 年市场价值达到 138 亿美元，增长率 9.7%，并保持 9.8%的年平均增长率，到 2011 年市场价值将达到 221 亿美元。2005 年电子游戏手控台市场达到 42 亿美元，2006 年达到 47 亿美元，年增长率 10.9%，并保持 9%的年平均增长率，2011 年将达到 72 亿美元。

3.3 在生物医学中的应用

对于生物医学应用来讲，MEMS 是一种丰富多样、充满生机的技术。虽然 MEMS 技术能够给治病和生活方式带来翻天覆地的变化，但在生物医学领域运用 MEMS 技术也可能为社会带来伦理和商业方面的一些困扰。目前，MEMS 技术在生物医学领域已经初露曙光，已有商品化的产品。

•保健监测 MEMS 器件在生物医学领域中的首次应用是 20 世纪 70 年代，那是在可重复使用的血压变换器中采用硅/石英微机械加工的压力传感器。除了压力传感器，温度传感器、流量传感器等在医疗中也有很多应用。将来人们可以在身上配备测量人体功能的 MEMS 传感器和驱动器，保证个人处于最佳健康状态，帮助保持积极生活方式，并提供自动的预防保健。例如肥胖症和世界人口老龄化上升导致心血管疾病和糖尿病增加，而利用 MEMS 技术可制作出新型外科移植器件，能够从人体内部监控一个人的健康状况。

•药物注入 药物注入是生物医学 MEMS 另一个可能有巨幅增长潜力的领域。目前作为商品的微型药物注入系统有 MINIMED 公司生产的胰岛素泵系统。该系统可根据病人的不同情况设定胰岛素的注入时间和剂量，方便了糖尿病患者的胰岛素注射。MicroChipd 公司正在开发的一种药物注入系统利用了硅片或聚合物微芯片，其上带有成千上万个微型贮液囊，里面充满药物、试剂及其他药品。这些微芯片能够向人体注入药物，使止痛剂、荷尔蒙以及类固醇之类的注入方式发生革命性的变化。类似这样的生物医学新进展还将催生出新型器械，如便携式掌上型透析机等。国内在药物注入方面的研究尚处于起步阶段，如华中科技大学研制出了一种用于药物注入的柔性微针。

•外科手术 当今医疗越来越注意微创和无创手术，介入治疗技术不断发展。利用 MEMS 还能制作出智能型外科器械，减少手术风险和时间，缩短病人的康复时间，降低治疗费用。Verimetra 公司正在利用 MEMS 把现有手术器械转变成智能型手术器械，可用于多种场合，包括小手术、肿瘤、神经、牙科和胎儿心脏手术等。名古屋大学制作了用于眼科显微手术的微小钳夹，与常规显微手术用钳夹相比操作范围更大，而且装有微型显微内窥镜，可以获得病变组织的侧视图。美国斯坦福大学把其研制的微型温度传感器注射到肿瘤中，用局部加热达 43℃来杀死癌细胞。国内清华大学研制出一种给药微型喷雾器，通过在某谐振频率下的电信号驱动压电换能器产生弯曲振动，迫使腔内液体药物从微系统中以细小颗粒喷出，直接作用于病区给药治疗。

•微型分析系统 微型分析系统是 20 世纪 80 年代发展起来的，主要有微型电泳仪、微型气相色谱仪、微型液相色谱仪、微型质谱仪、微型注射分析仪等，而电泳芯片和生物芯片则是近年微型生物化学分析系统研究的热点。美国 STAT 公司研制了一种手提式血液分析系统，可以在 2 分钟内显示血液的各项化学参数，其核心是一个 MEMS 生物传感器芯片。Affymetrix 公司研制的生物芯片上制作了 1.6 万种基因探针，能够完成核酸序列确定及突变监测，用于检测 HIV 病毒及基因缺陷引起的疾病。国内在微型分析系统方面取得了很多研究成果，相继开发了基于电泳技术的各种生物芯片，现已有多种可用于临床诊断的生物芯片。清华大学设计的毛细管电泳芯片，将电化学检测超微电极、多孔膜、微管道集成到一个芯片上，可进行病毒、基因突变等病理检测。

•神经元微探针系统 在医疗中，记录神经系统电信号有助于了解神经系统和大脑的复杂机理，而对神经元给予适当的电刺激有助于已丧失功能神经的恢复。采用 MEMS 微探针可以成为记录神经系统活动和刺激神经元的有效工具。美国 Michigan 大学采用 MEMS 技术研制的一种柔性探针序列可以植于内耳，部分修复耳蜗功能。它与目前使用的同等功能的系统相比，具有体积更小、重复性更好、能够提供更多的刺激点、而且成本低的优点。

3.4 其他应用

除了上述应用之外，MEMS 器件还可以作为一个常规普通器件，在科学研究、仪器设计等工作中使用。如 MEMS 压力传感器可以用于管道测量、岩土工程勘查、力学测量等；加速度传感器和微陀螺仪可以广泛用于抗震缓冲和姿态测量；化学气体传感器具可以用于煤矿安全、家庭安全及其他特殊气体测量；温湿度传感器可以应用于空调等设备。另外，立体声组合音响、电视游戏、健康秤、温度计吹风机、健身设备、洗衣机、电冰箱、洗碗机、微波炉、烤箱、真空吸尘器等现代家用电器都可以应用 MEMS 器件。

4 微系统与微/纳加工技术的研究现状及展望

4.1 国外微系统技术发展特点

微系统与微/纳加工技术是代表着未来发展方向的一种技术。2002 年，该行业的全球投资额已达到了 1140 多亿欧元，并呈上升态势。微系统技术的运用可以对地球资源起到保护作用，可以节省能源、原材料和使用空间，同时还可以降低生产成本，所以，它可以对经济和技术的发展起到良好的杠杆作用。今天，一个企业在微系统技术上的能力往往体现着该企业的创新和竞争能力。图 1-2 给出了传统机械、微系统(包括 MEMS 和 NEMS)的特征尺度以及相应的理论问题。显然，微系统在力学原理和运动学原理、材料特性、加工、测量和控制等方面都将发生变化。同时，它属于多学科交叉的新领域，融合了微电子与精密机械加工技术，是集微型机构、传感器信号处理、控制等功能于一体的，具有信息获取、处理和执行等多功能的系统。

微系统是在微电子技术基础上发展起来的，但又区别于微电子技术，在新世纪中将如同微电子技术所起的作用一样，对人类社会产生革命性的影响，因此它是关系国民经济建设和国家安全保障的战略高科技。当前，多种微系统器件已成功地应用于自动控制、信息、生化、医疗、环境监测、航空航天和国防军事等领域。微系统器件以其微型化、集成化、智能化、低成本等优势，在许多应用领域替代了传统的传感器、执行器及系统，使传统产业升级换代，促使许多新产品的诞生，而新型微系统器件的应用也促进了高新技术的发展。

综观国外微系统技术的发展进程，有如下四个特点：

(1) 国家高度重视，初期政府行为起主导作用。如 1992 年“美国国家关键技术计划”把“微米级和纳米级制造”列为“在经济繁荣和国防安全两方面都至关重要的技术”。美国国家自然基金会(NSF)把微米/纳米列为优先支持的领域。美国 DARPA 制订的微米/纳米和微系统发展计划，对“采用与制造微电子器件相同的工艺和材料，充分发挥小型化、多元化和集成化的技术优势，设计和制造新型机电装置”给予了高度的重视。日本通产省早在 1991 年就开始启动了总投资 250 亿日元的大型研究计划——“微机械十年计划”。

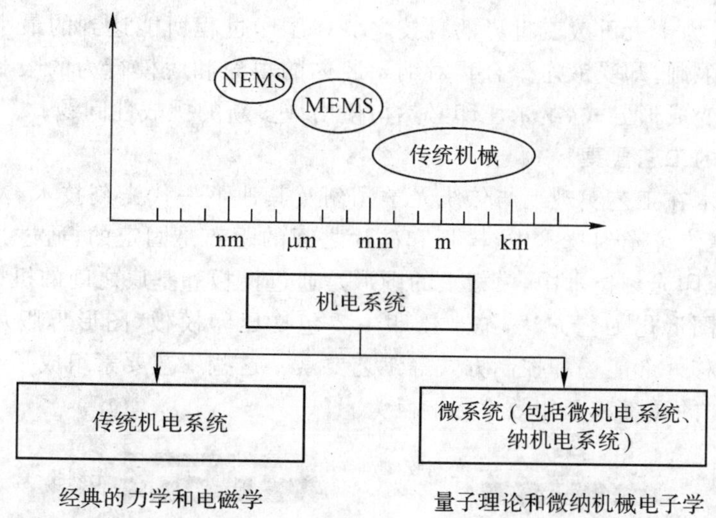

图 1-2 传统机械、微系统(包括 MEMS 和 NEMS)的特征尺度以及相应的理论问题

(2) 企业介入,市场牵引。在微系统发展初期,美国就重视牵引研究主体——大学与企业的结合。例如在微系统重点研究单位 UC Berkeley 成立的 BSAC (Berkeley Sensor and Actuator Center)就是由政府支持的大学和企业组成的。ADI 公司看到了微型加速度计在汽车领域应用的巨大前景,通过引入表面牺牲层技术,并加以改造,使微型加速度计的商品化获得巨大成功。

(3) 重点领域明确。美国在发展初期确定军事应用为其主要方向,侧重以惯性器件为代表的微系统传感器的研究;日本重点发展进入工业狭窄空间微机器人、进入人体狭窄空间医疗微系统和微型工厂,欧洲则重点发展基于 μTAS (Micro Total Analysis System——全微分析系统)或 LoC(Lab on Chip——芯片实验室)的微型仪器。

(4) 重视基础技术的建设,尤其重视设计、材料、加工、封装、测试等技术的发展。美国除在研究单位建立独立的加工实验室外,还特别建立了专门为研究服务的加工基地,如 MCNC、Sandia 国家实验室等,德国也建立了 BOSCH 实验室。

4.2 微系统与微/纳加工技术研究现状及进展

微系统和微/纳加工技术包含硅微加工和超精密机械加工等多种微/纳加工技术。下面不一一赘述,具体就其中几种典型的技术介绍其研究现状和进展。

4.2.1 纳米压印技术研究现状及进展

压印光刻技术(imprint lithography)最早由美国明尼苏达大学于 20 世纪 90 年代中期提出。该技术将具有纳米图案的模板以机械力在涂布高分子光刻胶的硅基板上等比例(×1)复制图案,其加工分辨率取决于模板图案极限尺寸(critical dimension),不受光学衍射极限的限制。目前,纳米压印技术已经能够实现特征尺寸为 5nm 结构复型。作为一种低成本的下一代光刻技术(Next Generation Lithography,NGL),纳米压印技术将为纳米制造提供新的机遇,可应用于集成电路、生物医学产品、超高密度盘片、光学组件、有机电子学、分子电子学等领域，被誉为十大可改变世界的科技之一。压印过程所能达到的最小尺度固然不受光学衍射波长的限制，却受液态聚合物对纳米腔体的填充和脱模行为的限制。作为一种接触式几何约束流变成形方式，纳米压印必然衍生出许多新的挑战性问题。

1. 纳米压印的工艺要素

压印光刻技术在工艺实现上与传统光学光刻及其他下一代光刻技术有着明显的不同。如图 1-3 所示，在传统光刻技术中，模板和硅片之间的距离是固定的，通过光学曝光即可实现图形转移；在压印光刻技术中，模板上的图形是通过模板和基底之间的机械接触来实现转移的。作为一种图形化工艺方法，纳米压印主要包括压印模板（图形母版）、图形转移介质层、基材、图形转移外部能场和控制方式等工艺要素。这些工艺要素组成了纳米压印的主要步骤，对图形转移的质量和压印效率影响巨大。

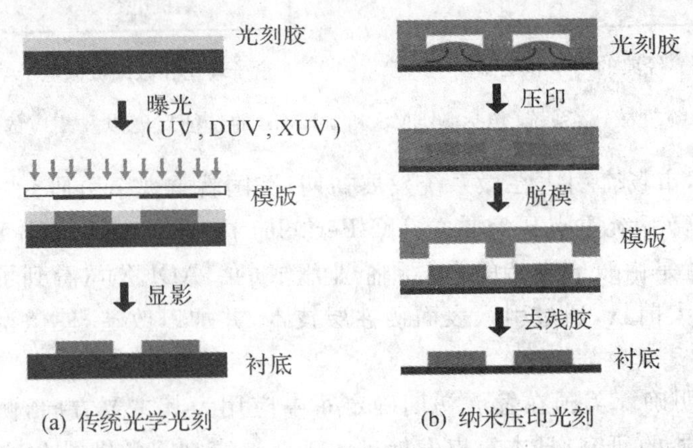

图 1-3 光刻原理比较

2. 纳米压印技术的分类

现有压印光刻工艺都是通过对上述工艺要素进行优化组合而提出的。工艺要素的多样性衍生出各种不同的纳米压印工艺变种。压印光刻技术主要分为模塑复型技术（replica molding）、热纳米压印技术（nano imprint lithography）、步进闪烁压印技术（step and flash imprint lithography）和微接触压印技术（micro conact printing）等。根据不同的环境条件，选择适用的压印光刻工艺。

在上述技术的基础上，许多相似的压印技术相继衍生而出，包括为了解决纳米压印中的热循环问题所提出的溶剂辅助压印技术、为了解决纳米压印加热过程影响效率的问题所提出的激光辅助直接压印技术、为了解决多尺寸特征转移受力不均的问题所提出的组合纳米压印技术，还有一些其他压印技术，如纳米转移印刷、逆压印技术、超声辅助纳米压印技术、光刻诱导自组装印刷、静电力辅助压印技术等。这些技术都是基于模板压印的概念，能够实现纳米结构制造。

3. 纳米压印中的基本理论问题

作为一种微/纳结构制造方法，纳米压印的实质就是液态聚合物对模板结构腔体的填充过程和固化后聚合物的脱模过程。填充能力决定了压印工艺的效率、结构复制精度、工艺稳定性和套印对准的可行性，脱模能力则决定了成形结构的完整性和可实现性。因此，纳米压印中的基本理论问题是聚合物流变填充行为和“模板—聚合物”界面行为的控制。另外，模板和成形材料界面的作用规律也影响聚合物的填充、模板和固态成形材料界面处的结合力，同时更是阻碍脱模的关键因素。模板和成形材料界面的作用规律是另一基本理论问题。

4. 纳米压印技术面临的挑战

尽管压印光刻在图形转移方面具有其他技术不可比拟的优势，然而由于压印工艺的特点，要使之成为真正实用且有竞争力的集成电路制造技术，仍有许多关键性的问题需要解决，主要包括模板的制造、模板的寿命、压印缺陷控制和多层结构对准套印 4 个方面。这些问题对模型转移的准确度会形成一定的不良影响。为了能促进微/纳加工技术的发展就需要着力解决以上方面的问题，应对纳米压印技术面临的挑战。

4.2.2 AFM 纳米加工研究现状

扫描隧道显微镜（Scanning Tunneling Microscope，STM）和 AFM（Atomic Force Microscope）作为扫描探针显微镜（SPM）的分支，主要用途都是测量样品表面的微观三维形貌。STM 通过检测针尖与样品表面原子的隧道效应电流来进行测量，AFM 通过测量针尖原子与样品表面原子的相互作用力来记录样品表面形貌。如果主动控制检测针尖原子与样品表面之间作用的大小，就能在原子大小的范围内对样品表面进行加工。STM 虽然可以实现纳米级的加工，但由于隧道电流很小（pA 级），其加工的效率较低。近年来，基于 AFM 的纳米加工技术有了很大的发展，其主要包括 AFM 纳米操纵、AFM 局部氧化法加工、AFM 机械去除加工以及其他的特殊加工方法。

AFM 纳米操纵是通过 AFM 针尖与样品相互之间力的作用将原子或原子团搬运到指定位置的加工方法。早在 1990 年，Eigler 等人就用 AFM 在 4K 的低温下操纵氙原子在单晶镍表面排布出了“IBM”的字样。直到近几年，在微/纳制造、生物医学等许多领域，AFM 原子操纵都发挥着重大的作用。L. Roschier 等人采用 AFM 操纵将纳米碳管拨动到两个金电极之间，然后通过高温使其产生连接，制成了低噪声的单电子晶体管；K. Dimitrievski 等人采用 AFM 的接触模式操纵了吸附在二氧化硅上的脂肪泡，并研究了不同形状针尖对脂肪泡的力的作用；T. Junno 等人采用 AFM 操纵原子团制作了双稳态开关；K. Yamanak 等人采用 AFM 针尖将处于分裂中期的染色体切割成片段，并用镊子形状的探针实现染色体片段的拾取；L. Miao 设计了一个带有力反馈的 AFM 纳米操纵系统，可以实现纳米粒子和碳纳米管的操纵。综上，AFM 纳米操纵被广泛地应用于实验室中，并发展成了一种微/纳尺度下进行操纵的有效手段。

AFM 局部氧化法是通过在导电的 AFM 探针和衬底之间施加负的偏压，利用电流的氧化作用来形成纳米尺度的氧化结构。这项技术采用氧化过程，简单易行，刻蚀出的结构性能稳定，目前已经被应用在半导体、聚合物、金属和厚度很薄的导电膜上的纳米结构加工，并已加工出了场效应管、单电子晶体管和单电子存储器等纳米级功能器件。如 Y. F. Mo 等人采用 AFM 局部阳极氧化的方法，在氢钝化的硅表面上制作了二氧化硅凸点，厚度在 0.7～11 nm 之间，并研究了偏置电压、脉冲宽度、相对湿度对加工结果的影响。S. Sasa 等人采用 AFM 硅探针，以 0.1μm/s 的加工速度在 InAs 表面制作了金属—绝缘体—金属二极管结构和特征尺寸小于 100 nm 的 open-dot 结构。J. F. Lin 等人采用 AFM 局部氧化的方法在硅上制作了间距为 200 nm 和 500 nm 的氧化物纳米线条，并以其为掩膜进行了各向异性刻蚀。C. C. Chiu 等人则是在加工的氧化硅纳米线条上选择性生长碳纳米管，他们还用

AFM局部氧化法加工了50 nm宽的点，并在其上方生长了单根碳纳米管。Z. Li等人采用AFM阳极氧化的方法在Ti薄膜上加工了金属氧化物半导体纳米线，并制成了氢气传感器。Takemura等应用AFM阳极氧化法在NiFe薄膜上加工出了氧化物纳米线，然后通过研究磁性材料在纳米尺度下的特性，制作出磁体单电子晶体管。F. Cuesta等应用阳极氧化法在氮化硅上刻蚀图案，结合湿法腐蚀工艺制作出了纳米压印模板。M. C. Rogge等人结合AFM探针局部氧化和电子束直写工艺在GaAs/AlGaAs异质节上制作了量子点结构。B. Legrand等人采用脉冲电压施加在AFM探针上，使Si衬底发生氧化，然后利用湿法腐蚀制作出纳米线。AFM阳极氧化法的加工精度主要受限于针尖的尺寸和形状，因此这种方法的新发展趋势是结合碳纳米管针尖进行氧化加工。

AFM机械去除加工采用探针直接与样品接触，通过耕犁、切削等机械作用，在接触区域产生局部结构的变化来进行纳米尺度加工，其主要又分为轻敲模式(tapping mode)(图1-4(a))和接触模式(contact mode)(图1-4(b))。

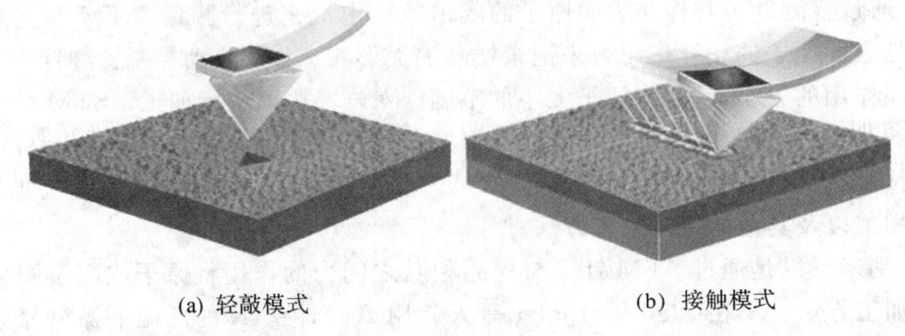

(a) 轻敲模式　　(b) 接触模式

图1-4　AFM机械刻划加工示意图

轻敲模式是通过针尖上下振动、敲击样品表面来刻划出图形的加工方法；接触模式是针尖压入样品表面后平移，在样品表面刮擦出图形的加工方法。机械去除加工法能够在聚合物、单分子薄膜、金属等多种材料表面上加工二维规则图形，主要用于功能电子器件的加工制作和微修复。在这方面国内外也有很多相关的研究，Park等通过设计制造以金刚石为针尖的AFM探针，对AFM的机械加工特性进行了研究，并刻划出"Nano"字样，证明AFM是一种有效的表面加工工具。Schumacher等人采用AFM在GaAs/AlGaAs结构表面机械刻划，加工出了一个单控制门的单电子晶体管。P. Pingue等人利用紫外光刻结合AFM机械去除光刻胶，制作了器件中的纳米结构。Y. D. Yan等人采用AFM结合高精度运动平台搭建了一个AFM机械加工系统，并用其在单晶铜上加工出了许多二维结构。Stanford大学的研究组对AFM探针进行了深入的研究，制成了AFM微探针阵列，每个探针上都集成了运动控制和电流控制等电路，可以实现大范围的快速加工和检测。

此外，AFM还可利用一些其他的原理方法来加工纳米级微小结构，比如场蒸发原理、热效应、毛细传输效应、电化学变化等。1999年，Piner等人提出了基于AFM的DPN(Dip-Pen Nanolithography)——蘸水笔纳米加工方法。他们在铂金膜上加工出了30nm线宽的细线，并且加工出了各种规则图形。2000年Seughum等人应用多针尖并行技术对DPN方法进行了改进，提高了加工效率。目前蘸水笔光刻的针尖半径为几个微米，加工尺度比较大，精度较低。

4.2.3 激光微/纳制造技术

进入 21 世纪,激光微/纳加工从简单的紫外曝光发展到直接刻蚀、微细沉积、微/纳粉末成形、固化成形、辅助压印、微焊接、微弯曲等多种工艺方法,加工所用的激光光源也从采用传统工业激光光源向采用超短、超快、高光束质量光源方向发展,包括二/三/四倍频激光、准分子激光、氩离子激光、氦镉激光、光纤激光、皮秒/飞秒激光等。短波长激光微/纳加工技术,一方面是通过深入研究曝光系统和工艺来提高光刻分辨率,并在微电子芯片、光纤光栅的制作中扩大应用;另一方面是利用深紫外激光光化学作用机理,在有机材料、无机非金属材料上实现直接加工。北京工业大学采用准分子激光在高聚物材料上直接加工制作微流控生物芯片,制备出线宽 30～350 μm、30 个循环、微流路长度 2 m 的 PCR 芯片。具有高光束质量的 Ar 离子激光、He-Cd 激光和光纤激光,由于采用简单光学系统即可获得小的聚焦斑点,因此较多研究集中在以直写工艺进行器件开发尤其是光电子、集成光波导器件开发上。作为微/纳制造的工具,飞秒激光具有超强效应可以使聚焦光强极易达到和超过物质的破坏阈值,通过控制飞秒激光的输出强度来达到不同材料的破坏(激发)阈值,就可实现对任何材料的精细加工,这一特点使其可以在超精细加工制造领域发挥重要作用,也因此成为研究热点和非硅微加工代表技术之一。2002 年欧盟就开始实施由 24 所大学和研究所参与的"纳米光子学"计划,其中纳米光子加工的主要研究内容就是利用飞秒激光的超快、超强效应进行物质的超精细加工。已有典型研究包括采用飞秒激光制作二维/三维光子晶体和信息存储器件,密度达 500 G/cm^3;采用飞秒激光双光子分层直写扫描方法加工真三维微结构,由光敏树脂扩充到复合材料微小零件微结构的直接加工,加工精度突破了 100 nm。最近有报道利用飞秒激光诱导制作固体表面周期性微/纳米结构(LIPSSs),为今后高性能隐形技术、手机辐射屏蔽技术、Si 探测器、超硬材料表面摩擦性能的研究提供了新的技术实施手段。在加工方法上,美国内布拉斯加林肯大学的陆永枫教授利用微球/微针近场光学效应来提高激光束作用材料的分辨率,可获得亚微米到 10 纳米尺度的结构。瑞士西诺瓦公司(SYNOVA S. A.)利用微细水射流导引激光技术,获得长距离、高平行度的微细光束,从而大幅度降低了微加工对焦要求,同时,利用水射流的冷却作用降低了加工的热影响,提高了加工质量。该技术适用于金属、超硬非金属等多种材料的切割和打孔。

激光先进制造技术的研究呈加速发展趋势,被加工材料的范围、工艺方法和应用领域不断拓展。随着研究和应用的不断深化,激光先进制造技术必将成为推动传统产业改造升级和其他高新技术发展不可或缺的重要手段。

4.2.4 非晶合金微细结构的超塑性成形技术

非晶态合金(amorphous alloy),又称金属玻璃(metallic glasses),由于在快速凝固时避免了结晶,因此具有与液态金属相似的原子堆积结构,在三维空间呈拓扑无序状态。非晶态合金的特殊原子结构,使其具有较常规晶态材料更加优异的力学、物理及化学性能,如极高的强度、硬度、断裂韧性,良好的耐磨性、耐腐蚀性能,过冷液态区的超塑性,以及优良的软磁性等。由于非晶态合金的原子排列呈长程无序、短程有序结构,因而表现出许多优异的性能。在力学性能方面,大块非晶合金较传统晶态材料具有更高的断裂强度、断裂韧性、屈服极限及弹性能等。如 Mg 基大块非晶合金的室温抗拉强度高达 630MPa,比 Mg 基晶态材料的强度高出近3倍。Zr基大块非晶合金的断裂强度接近工程陶瓷材料，超过2000GPa，显微硬度高达5GPa以上。目前已有十余种合金系上百个成分可以制备出块体非晶合金，所制备的块体非晶合金坯料最大直径超过100mm。块体非晶合金的优异性能，加上它对基础科学问题研究的重要性，立即在国际上引起了震动，其研究备受关注，并得到了美、日、欧共体的巨额资助。先后有加州理工学院、斯坦福大学、麻省理工学院、橡树岭国家实验室等著名的大学和国家实验室开展了这项研究。2000年，美国陆军批准了一项3000万美元的研究计划，涉及具有高强度、抗损伤性和耐腐蚀性能力的钛基、铝基、镁基和铁基等新型非晶态金属材料，希望能用于飞机和火箭推进装置及地面、海上和航空器关键部件。最近，美国又启动了更大规模的结构非晶材料研究计划，致力于非晶合金的基础及应用研究。日本也十分重视块体非晶合金的研究开发与应用。1998年，块体非晶合金研究是文部省最大的研究项目；从2002起，5年时间内投入100亿日元，重点开发非晶/纳米晶复合材料，主要用于制造微型机械、燃料电池隔板、光通讯器件、飞机零部件、汽车阀门簧等；2005年实施"世界顶尖国际研究中心计划(WPI)"之一的日本东北大学WPI材料研究先进中心分别于2007年、2008年得到拨款35和71亿日元，其中非晶合金的研究即居于最核心的基础研究位置。欧共体也在2000年专门立项，组织欧洲10个重要实验室联合攻关，相继投入大量经费开展大块非晶/纳米晶合金材料的基础性和应用性研究。我国在块体非晶合金方面的研究也有了迅速发展，2006年正式成立了中国材料研究学会金属间化合物和非晶合金分会。近十年来，我国块体非晶合金研究陆续获得了国家自然科学基金委、国家"973"、国家"863"、国防科工委预研计划、军工配套项目等的支持。

块体非晶合金的制备、性能原理和性能改善等一直是研究热点，相关成果纷纷发表在*Nature*、*Science*等杂志上。而非晶合金的成形加工包括铸造成形、热锻压成形、热挤压成形、热反挤出成形、热压印成形、吹塑成形等也逐步引起了关注。A. Inoue等利用反重力吸铸法制造出外径2 mm、壁厚0.2 mm的Ti基非晶合金管，并进一步制备出非晶合金Coriolis流量计，其性能比传统流量计好28.5倍；同时，他们采用液体锻造技术成功制造出压力传感器上的Zr基和Ni基非晶合金光圈，该传感器灵敏性比传统的高3.8倍。他们还利用Zr基大块非晶合金，通过超塑性成形获得精密光学仪器部件，其表面光洁，经测试为纳米级镜面，现已用于精密光学机械部件和MEMS零件。北京科技大学谢建新等采用精密模锻工艺制造出轮廓清晰、尺寸精密的非晶合金微型凸轮和齿轮制品。哈尔滨工业大学郭晓琳等采用闭式模锻方法制造出分度圆直径1 mm、模数0.1的Zr基非晶合金微型直齿圆柱齿轮。由于非晶合金加热到过冷液态区时体积变化非常小，又具有超塑性特点，如$La_{55}Al_{25}Ni_{20}$非晶合金在过冷液态区的延伸率可达18000%，采用超塑性成形技术能够非常精确地复制模具尺寸，零件尺寸精度非常高，而且非晶合金能够精确复制ICP刻蚀时留下的扇贝形亚微米结构。

基于非晶合金的超塑性成形制备复杂微/纳结构/零件时，模具加工是其中的关键和瓶颈。传统方法加工三维微/纳尺度模具的能力有限，电化学等微细特种工艺加工起来也很困难，LIGA制造模具则成本太高。另一方面，成熟硅工艺也引入了非晶合金的性能及成形研究。Jeffrey等2005年首次采用深反应离子刻蚀来制造硅模具，并进一步成形得到了非晶合金结构。Saotome等通过光刻和各向异性刻蚀，在〈100〉硅上制备出不同尺寸的V型槽，讨论了微/纳尺度下$La_{60}Al_{20}Ni_{10}Co_5Cu_5$的超塑性，尝试了结合硅工艺、电子束直写、刻蚀或电铸成形制备非晶合金结构。Jan Schroers 等研究了基于 Si/Ni/Al_2O_3 模具制备非晶合金模具的技术，并进一步用于制备非晶合金或其他材料微/纳结构，相应成果 2009 年发表在 *Nature* 上。他们还进一步结合硅模具和吹塑法制备了微型壳类结构。华中科技大学史铁林课题组应用硅工艺制备复杂的硅模具，结合硅模具和非晶合金的超塑性成形技术开展了非晶合金微细结构的制备研究，图 1-5 所示为制备的含内齿的非晶合金齿轮结构。他们进一步开发了三维硅模具制备方法和基于硅模具的非晶合金三维微/纳结构加工方法。流程如图 1-6 所示。

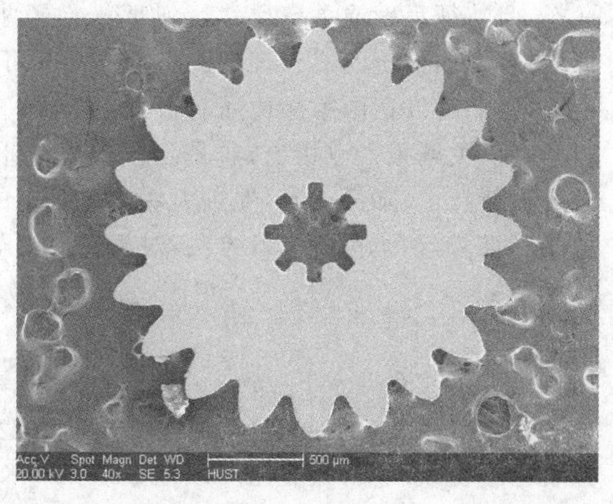

图 1-5 基于硅模具制备的 Zr 基非晶合金齿轮

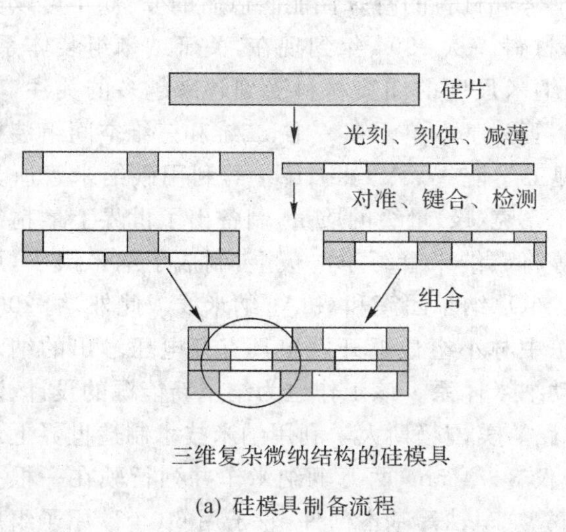

(a) 硅模具制备流程

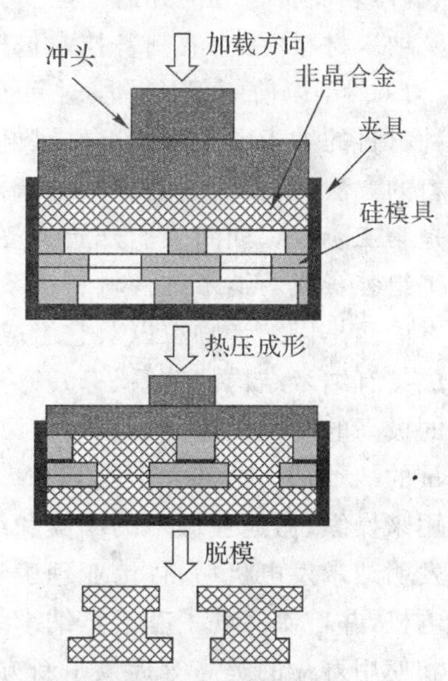

(b) 超塑性成形工艺

图 1-6 基于硅模具非晶合金微细结构的超塑性成形工艺示意

当前，美国、日本等发达国家对非晶合金精细零部件超塑性成形技术的开发非常重视，对非晶合金的超塑性成形基础理论开展了大量研究，并建立了一系列理论模型进行分析，研究水平处于世界领先地位。但总体而言，非晶合金目前的研究现状是理论建立落后于实验研究，微/纳尺度下非晶合金的超塑性成形特性、机理和规律尚不清楚，复杂工艺因素包括尺度效应等对微/纳结构成形质量的影响机制也不明了。同时，非晶合金的超塑性成形加工及应用在国外也刚起步，这也是高性能非晶合金的研究热点之一。2010 年底在 Boston 召开的会议 Materials Research Society Fall Meeting 还专门就非晶合金的加工与应用开辟专题，以推动相关研究的发展。国内在非晶合金的超塑性成形加工方面起步更晚，受非晶合金材料、模具制备、成形设备的限制，诸多工艺和关键技术还未涉及。尤其当结构或零件异常复杂，且特征尺度或关键尺寸达到亚微米或纳米时，超塑性成形非常困难。受尺度效应和表面效应影响，传统的成形理论和影响机制等可能不再适用。因此，无论是基础研究还是应用研究，我们与发达国家相比还有很大差距。2009年以"非晶合金材料与物理"为主题的香山科学会议主题报告也指出，非晶合金未来的研究领域之一就是创新的制备和加工技术，即通过开发新技术、降低成本，促进大块非晶合金的工程应用。因此，进一步着力开发非晶合金复杂三维微/纳结构的制备方法，对于发展尖端技术和加强国防建设具有非常重要的意义。

4.2.5 纳米材料/结构制备

诺贝尔奖获得者 Feynman 曾经预言：如果我们对物体微小规模上的排列加以某种控制的话，就能使物体得到大量的异乎寻常的特性，会看到材料的性能产生丰富的变化。如今，预言已经变成现实，人类已可以在微米和纳米尺度上控制物质的排列，可以制造出微米结构和纳米结构，使得具有优异性能的新材料不断涌现。当特定的微/纳结构出现在物体表面时，物体表面将具有优异的性能。

纳米材料/结构的制备技术包括纳米结构的生长、自组装等。其发展大致可分为3个阶段。1990年以前的很长一段时间可以算作是第一阶段，主要在实验室探索用各种手段制备各种材料的纳米颗粒粉体，合成块体包括薄膜。与此同时，还开展了许多研究评估表征纳米材料的方法，主要目的是探索纳米材料不同于常规材料的特殊性能。以后的4～5年可以算作是第二阶段。期间人们开始制备复合纳米材料。从1994年到现在，关于纳米组装体系、人工组装合成的纳米结构材料体系或者称为纳米尺度的图案材料受到越来越多的关注，其基本内涵是以纳米颗粒以及它组成的纳米线、管为基本单元在一维、二维和三维空间组装排列成具有纳米结构的体系。1999年佐治亚理工学院 W. A. de Heer 等利用碳纳米管所具有的极高的弹性极限与电磁共振原理，测得了飞克(fg)量级的质量，制备出了世界上最精细衡量的纳米秤。哈佛大学的 C. M. Lieber 等将碳纳米管缚于电极上，制成了纳米镊子，可以用来操纵、搬运亚微米的团簇和纳米线，如 SiO_2 纳米团簇和 GaAs 纳米线。此外，继2006年发明纳米发电机后，佐治亚理工学院教授王中林小组最近开发出具有高电压输出的纳米发电机，并首次实现了基于全纳米线的自驱动纳米体系。该工作也为纳米新能源的设计、装配和使用寿命的提高等提供了新方法和新思路。美国赖斯大学利用纳米技术制造世界上最小的汽车，拥有能够转动的轮子(对角线长度仅3～4 nm，两万辆纳米车并列行驶在一根头发上也不会发生交通拥堵)。该纳米车拥有底盘、车轴等基本部件，轮子用60个碳原子组成足球状单一分子，外观上看起来像哑铃。利用一种三合体作轴，连接每个轮子的轴都能独立转动，车能够在凹凸不平原子表面行进。这是首个利用滚动前进的纳米结构物质(非滑动)，1 g 材料就可以装载约1000 mg 的药物分子，能在器官和血管中自由通行。外形好似布满规则小孔的"空心球"，里边裹挟着药物，当纳米送药车在体外磁场的作用下抵达患处，经过调节患处酸碱度或离子强度，纳米车的"外衣"就会脱去，小车上装载的药物就被释放出来。能够用于分子构造领域，承载一个分子的"货物"，在纳米工厂之间运送原子和分子，并利用大批量这样的微型机器来建造新材料。

美国 IBM 公司首席科学家 Armstrong 在1991年就曾作过一个重要的评论，他说："我相信纳米科技将在信息时代的下一个阶段占中心地位，并发挥革命的作用，正如微米科技从20世纪70年代初以来所起的作用那样。"钱学森院士也曾指出："纳米左右和纳米以下的结构将是下一阶段科技发展的热点，会是一次技术革命，从而将是21世纪的又一次产业革命。”

4.2.6 其他微/纳加工技术及应用

自然界生物体表为适应生存环境经过自然选择和亿万年的进化，形成了许多独特结构和优异的特性。仿生技术是人类探索自然、认识自然的重要手段，对生物系统的仿生为微/纳制造带来了很多灵感。例如，荷叶表面的超疏水自清洁性能、鲨鱼表皮的高效减阻性能、蚊眼表面干性防雾性能、蝴蝶鳞翅表面鲜艳的结构色(如图1-7所示)、壁虎脚的高粘附脱附性能等。上述生物表面都具有独特的跨尺度、分级的三维微/纳结构，这些微/纳分级结构是形成优异表面性能的关键原因。生物表面微/纳结构的优异性能为新型表面材料的开发提供了生物原型和巨大的探索空间，成为探索解决工程技术难题的重要途径和孕育原始创新性的趋势。

(a) 整只蝴蝶

(b) 底层鳞片SEM图

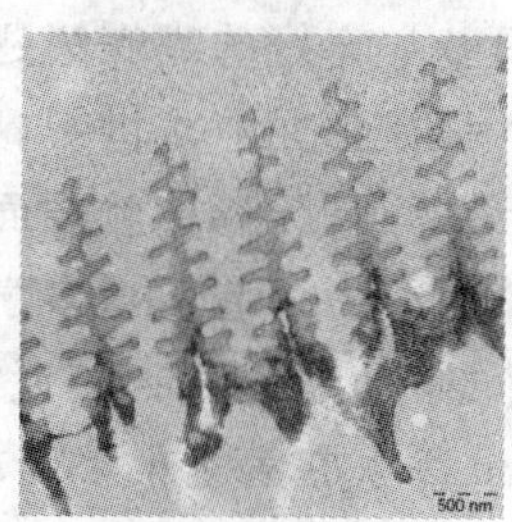

(c) 底层鳞片TEM图

图1-7 Morpho Didius 蝴蝶

随着微/纳制造技术的突破和发展，仿生三维微/纳结构的制造已成为研究的热点，取得了一些成果，其中较突出是对荷叶表面、蝶翅表面鳞片以及壁虎脚微/纳结构的研究。

荷叶表面与水滴间具有很大的水接触角(大于150°)和很小的水接触角滞后(小于10°)，使水珠易于在表面上形成，且易于滚动并带走污物；此外，即使水滴从高处落下冲击荷叶表面，其表面也不会被水滴浸润，具有很好的稳定性。超疏水自清洁表面在防水、防冰、防雾、防尘等方面有广泛的应用前景。传统的制造超疏水表面的方法主要有两种：利用疏水材料构建微/纳结构或在微/纳结构上修饰疏水材料。一般使用的疏水材料为含氟的化合物或硅烷化试剂等低表面能物质。但是，这些传统方法制备的疏水表面与荷叶表面有本质区别，因为荷叶表面并不存在疏水材料。近年来，人们认识到制造超疏水表面不一定需要疏水材料(荷叶表面蜡质层的本征接触角只有74°，表明其并不是疏水材料)，而表面的微/纳结构是形成超疏水自清洁功能的关键原因。Bhushan等通过实验发现仅有纳结构或微结构的表面虽然也有很大的接触角(大于150°)，但拥有微/纳分级结构的表面具有更大的接触角及更小的接触角滞后，具有更优异的超疏水自清洁性。人们对制造具有微/纳分级结构的超疏水表面进行了若干尝试。Bhushan等利用$C_{36}H_{74}$为原料，采用气相沉积技术在圆柱微结构表面制备了纳米结构，获得了168°的接触角和2°的接触角滞后。Lee等腐蚀铝板表面制备微米和纳米台阶结构，然后以此作为模具对热塑性材料成型。使用该工艺和HDPE材料制造的超疏水表面的接触角约为160°、接触角滞后约为2°。中科院的徐坚小组和江雷小组合作,利用聚甲基丙烯酸甲酯(PMMA)及端基为氟的聚氨酯(FPU)混合溶液直接成膜,制备仿荷叶跨尺度微/纳分级结构,得到具有超疏水和疏油功能的表面,其水和油的接触角分别为166°和140°,水滴滚动角为3.4°±2.0°。

在仿蝴蝶翅膀鳞片的研究方面,产于中南美洲的Morpho蝴蝶翅膀具有闪耀的蓝色光泽,成为自然界中生物结构色的典型代表。Morpho蝴蝶的鳞翅上分布着极其复杂的微/纳结构(包括脊、短肋等)如图1-7(b)、(c)所示,这些结构与其周围的介质共同作用,使入射光线发生干涉、衍射和散射,使得反射光呈现出闪耀的蓝色。Morpho蝴蝶的结构色现象在电磁波吸收材料以及气体传感器等方面有着广泛的应用前景。GE GRC的首席科学家Potyrailo发现了Morpho蝴蝶翅膀的微/纳结构具有敏锐的化学感知特性,利用这一新现象,可以开发出更好的气体传感器。日本的Watanabe等以$C_{14}H_{10}$为原材料,采用聚焦离子束化学气相沉积方法制作了仿生微/纳结构。浙江大学的Huang等采用低温ALD工艺,在蝴蝶鳞翅上淀积出一层厚度可控并且均匀的氧化铝薄层,再通过高温消除蝴蝶鳞翅,最终可以获得基本完好的蝴蝶鳞翅反转结构,且具有与原始的生物结构相似的光学特性。

早在公元前4世纪,亚里士多德就观察到壁虎能够“任意地在树上爬上爬下,甚至头部朝下”,而且无论接触表面是潮湿还是干燥、是光滑还是粗糙,壁虎都能穿梭自如。这种特异的粘附能力引起了众多学者的关注。近一个多世纪以来,探求壁虎粘附奥秘的研究始终是一个热点,然而直到最近才揭开了这背后的机理。2000年,美国路易斯—克拉克学院Autumn等人在著名的*Nature*杂志上发表了一篇有关壁虎腿刚毛粘附力测量的研究论文,通过特殊设计的MEMS力传感器,首次精确测量了单根壁虎腿刚毛的粘附力,其最大值达194±25μN。他们通过进一步的实验分析认为,范德华力(von der Waals)是壁虎实现粘附的物理机制,从而确认壁虎轻松行走的秘诀正是其腿足毛精细而复杂的分级层次结构,以及它与物体表面间范德华力的迅速形成与消失。此后,仿壁虎毛的设计与制作迅速成为国际上的一个研究热点。研究者们提出了仿壁虎毛设计的若干准则,包括强的粘附力、可控制脱离、能适应不同粗糙度表面、自清洁和耐久性等,并因此建立了若干设计模型。2004年,美国卡内基梅隆大学Shah和Sitti基于简化的单根有倾角绒毛的悬臂梁模型进行力学分析,建立了绒毛防自纠结模型。该模型表明弹性模量越大,绒毛阵列的间距可以越小。他们分析了阵列单位面积上最大粘附力与绒毛半径和弹性模量的关系,发现不同弹性模量的材料均是在半径约100 nm时粘附力达最大。随后,研究者们也相继提出了一些仿壁虎毛制作工艺,并在实验室中制作了若干仿壁虎毛样品。概括起来,这些工艺包括电子束光刻法、纳米压印法、微/纳米渗水孔模塑法、多壁碳纳米管生长法、软刻蚀法以及自组织聚合物生长法等。2003年,英国曼彻斯特大学Geim等人在*Nature Materials*杂志上撰文,称模拟壁虎腿刚毛的干型粘合剂“壁虎胶带”(gecko tape)已研制成功,采用的工艺是电子束光刻结合等离子体干法刻蚀,获得10种聚酰亚胺(PI)绒毛阵列,绒毛直径200～400 nm,高度0.15～2 μm,间隔0.4～4.5 μm。这种方法需要昂贵的微加工设备(电子束光刻机和等离子体干法刻蚀机),而且绒毛的深宽比也不能制作得很高。原子力显微镜测定结果显示,粘合力明显取决于预加力,使用20 kg预加力使绒毛贴在玻璃基底表面,1 cm^2 绒毛阵列只测到0.01 N的粘合力,即只有不到1%的绒毛与基底表面发生了接触。这表明单层结构的绒毛阵列对表面的适应性很不好。扫描电子显微镜观察还显示,过于纤细的绒毛在与物体表面接触时容易倒下,而过于密集的绒毛阵列又极易纠结在一起,这都是导致粘合力减少的原因。同年，Sitti 等人在实验的基础上，提出纳米压印和微/纳米渗水孔模塑两种仿壁虎毛制作方法。在纳米压印法中，他们首先通过原子力显微镜探针在柔软的蜡平面上刻印出孔阵列模板，然后浇注聚合物并形成绒毛阵列。由于孔阵列模板难以获得高深宽比的陡峭侧壁，他们最终制作出的绒毛阵列实际上只是一些突起（bump），没有显示出良好的粘附特性。微/纳米孔模塑法是以聚碳酸酯或氧化铝为主模板进行聚合物的模塑加工。清华大学化学系金美花等人也开展了类似研究。聚碳酸酯模上的孔径较大，深宽比较小，孔的倾角及间隔都是随机的，很难得到间隔均匀、方向一致的绒毛阵列。氧化铝模上的孔径是纳米级，得到的阵列绒毛易于纠结。2005 年，美国阿克伦大学 Yurdumakan 等人提出一种基于多壁碳纳米管 MWCNT（multiwalled carbon nanotube）生长的新工艺。该工艺是在衬底上直接生长多壁碳纳米管而形成仿壁虎毛阵列。台湾大学 Tsai 等人和美国 Atlas 公司 Zhao 等人也开展了类似研究。相对于壁虎绒毛粗约 100～200nm 而言，碳纳米管直径可以做得小一个数量级（10～20nm），而且可以做得非常长（>65μm）。2006 年，韩国科学技术学院 Yoon 等人采用基于毛细力（capillary force）作用的软刻蚀（soft lithography）方法，在有机玻璃（PMMA）上制作出了柱状体阵列，顶部直径约 50nm，底部直径约 150nm，高约 500nm。他们测量了这种结构的摩擦特性，显示增加深宽比可以增大接触面积，进而增大摩擦系数。同年，韩国国立首尔大学 Jeong 等人采用毛细力刻蚀 CFL（capillary force lithography）技术，通过一个微米级模板和一个纳米级模板，重复两次软刻蚀步骤，在微米级柱状体上顶部刻印了不同尺寸和间隔的纳米级结构，从而实现了微/纳层次结构的制作。他们没有测试这种结构的粘附特性，但证实这种微/纳层次结构可以提高疏水性。美国加州大学圣巴巴拉分校 Northen 和 Turner 采用可以批量制造的 MEMS 工艺和自组织生长法，制作出了另一种形式的仿壁虎毛分级层次结构。该结构由大小为 20～150μm 的若干二氧化硅平台组成，每个平台由一根粗约 1μm、高达 50μm 的细长立柱支撑在衬底上，平台和立柱结构都采用光刻和干法刻蚀进行制作，平台表面则通过外加静电场的自组织生长法，生成一层粗约 200nm、长约 2μm 的聚合物阵列。这种分级层次结构表现了良好的粘附表面顺应性。但该结构由异质材料组成，与壁虎毛的真实层次结构差别很大。

由上述讨论可以看出，目前人们利用超精密制造设备已经可以制造出仿生微/纳单元结构，但仍无法完成大面积的复制，无法实现实用化。广大科技工作中正在进一步研究，以期在仿生微/纳制造上取得更大的突破和进展。

4.3　微系统与微/纳加工技术发展展望

4.3.1　纳米制造

纳米材料制造和纳米表面制造是纳米制造的重点。纳米表面至少包含一种尺度特征在 100nm 以下的结构。纳米表面的制备既与表面功能化（纳米薄膜）相关，又与表面构建（纳米形貌特征、纳米簇涂层）相关。纳米表面可产生自材料的消解、沉积、改性或形成过程，这导致制备出的纳米表面带有纳米尺度所特有的新的化学、物理和生物特性（比如催化作用、磁性质、电性质、光学性质或抗菌性）。在纳米科学许多已有的和新兴的子领域中，表面工程已经实现了从基础科学向现实应用的转变，比如材料科学、光学、微电子学、动力工程学、传感系统和生物工程学等。在改进和简化生产过程方面，还需要做许多工作才能降低高品质纳米表面的生产成本。可重复性、尺寸形状的控制、均匀性以及结构的鲁棒性等，都是工业生产过程中必须要考虑的关键参数。未来几年，纳米材料制造领域值得特别关注的内容包括：

(1)经济和自动化的工业生产以及纳米颗粒功能化所需的加工过程与装备；

(2)块体纳米材料经济和自动化的工业生产所需的加工过程与装备；

(3)纳米颗粒制造和功能化的生产环境。

而纳米表面制造工艺则需要满足以下需求：

(1)更高品质(鲁棒性、形状尺寸控制长程有序)；

(2)更佳性能；

(3)更高灵活性(自聚焦、自上而下/自下而上结合、与机器人技术结合)；

(4)高工艺集成度；

(5)高产能；

(6)高产量；

(7)结构更微小，表面更智能；

(8)质量控制，包括方法学和测量设备。

未来纳米制造将重点关注高品质纳米构筑和涂覆工艺与设备、高品质表面功能化和纳米分层(nanolayering)工艺与设备。

4.3.2 微器件与系统

当前，微器件与系统发展的持久挑战是生成三维部件或形态，以及选择和开发能同时满足功能要求和经济性要求的工艺。在大批量生产中，基于模具(模式)的复制，如纳米压印等通常是最为合适的；而在小批量生产环境中，那些不需要产品特定的工具作业的工艺通常更具经济性。发展趋势之一是将功能性(如互联和接口)集成到器件中，以减少零部件数量和装配成本。

当前，即使面临尺寸不断减小的挑战，人们仍然可以通过为加工过程链确定合适的工艺、设备、工具和技术，使其能够满足新兴单一材料和多材料产品的特定功能要求和技术要求，并确保整个制造链中材料和加工技术的兼容性，使微/纳制造能力的范围进一步扩大，以涵盖更大范围的材料和几何造型。此外，这种微/纳制造能力的形成还需满足：

(1)弥合“机械式”的超精密工程和基于 MEMS/IC 技术间的缺口；

(2)各种尺度规模在新产品中的集成，特别是介观、微观和纳米尺度特征在新产品中的集成；

(3)便于新兴多材料产品进行功能集成的新方法和新技术；

(4)建立新的硬件方法，构建更好的制造平台。

未来几年，微系统制造的重点是：

(1)微/纳制造工艺技术；

(2)适于批量生产的微/纳制造工艺链；

(3)多功能、多材料介观、微观装置的微装配工艺。

4.3.3 微/纳制造集成系统与平台

无论是大批量还是小规模生产定制产品，都需要开发新一代的模块化、知识密集的、可升级的和可快速配置的生产系统，而这将用到那些新近涌现出来的微/纳技术研究成果以及新的工业生产理论体系。微/纳制造系统与平台的发展应着眼于开发一种新型的可配置、可升级的微/纳制造平台和系统，以降低大批量或是小规模定制产品的生产成本。新一代微/纳制造系统应满足下述要求：

(1)能生产多种多样高度复杂的微/纳产品；

(2)具有微/纳特性组件的小型化连续生产；

(3)为了掌握基于整个生产加工链制造的知识，新设计和仿真系统的产品开发过程的全部跨学科知识进行条理化储存；

(4)为了保证生产的灵活性和适应性，应确保在分布式制造中各企业的有效合作，以支撑通过新型商业生产、管理和物流方法来实现的中小型企业在综合制造网络中的有效整合；

(5)一个拥有更高级的智能和可靠性、可根据相应环境自行调整设置及生产加工参数的、可嵌入整个生产制造行业的制造系统；

(6)新型可快速配置和价格适中的微/纳制造系统，融入了面向任务和可重复配置的理念，能够实现连续的系统升级和无缝重复配置。

未来几年微/纳制造系统和平台的发展前景包括以下几个方面：

(1)微/纳制造系统的设计、建模和仿真；

(2)智能的、可升级的和适应性强的微/纳制造系统(工艺、设备和工具集成)；

(3)新型灵活的、模块化的和网络化的系统结构，以构筑基于制造的知识。

4.4 小 结

研究和探索表明，微系统与微/纳加工技术在环境监测、医疗、生物化学分析、汽车、信息、航空航天、工业过程控制、仪器仪表和国防等领域展现出诱人的应用前景，它作为21世纪科技发展的前沿领域之一，也必将成为各国战略必争的高新技术。值得注意的是，微/纳制造业是一个高度资金密集和知识密集的产业，因此，对于新技术的开发投资必须由风险投资者、高校研究组织和公共团体协作完成。

5 我国微系统与微/纳加工技术现状与发展对策

5.1 概 述

我国的微系统(或MEMS)研究始于1989年，以跟踪国外为主，在国家“八五”、“九五”计划期间，得到了国家自然科学基金委员会、科技部、教育部、中国科学院和总装部的积极支持,经费总投入约为 1.5 亿人民币。在“十五”期间,国家科技部又将 MEMS 的研究作为“863”重大专项进行资助,总经费约为 3 亿人民币,以支撑我国 MEMS 产业化发展的应用基础为切入点,掌握了 MEMS 设计、制造、检测、工艺、装备与系统集成等方面的具有自主知识产权的一些关键技术,初步建立了我国的 MEMS 研发体系和产业化基地,围绕医疗、石化等行业,开发出若干小批量、多品种、高质量 MEMS 器件及微系统,为 MEMS 的可持续发展和产业化的形成打下良好的基础,大大增强了我国在 MEMS 领域的竞争力。科技部和总体组也十分重视国际合作。结合欧盟第六框架,总体组与法国 LETI 公司、微系统 CAP 公司等开展了多次接触和考察。“十五”863 计划重大专项的主要研究内容与法国 LETI 公司和微系统 CAP 公司的研究与开发内容存在很多共同之处,并具有很大的互补性和合作空间。本着“优势互补、互惠互利、共同发展”的原则,加强与欧盟有关单位的实质性合作,包括:建立中法联合设计中心,共同进行微系统设计工具和 IP 库的开发,知识产权共享;双方对微系统器件、工艺、封装等方面共同感兴趣的课题联合立项,共同投入研究经费,合作开发,知识产权共享;互派学者,定期进行学术交流。国内有多家研究单位与欧盟有关单位共同申报了第六框架中的相关课题,其他工作也正在推进之中。微系统研究与开发越来越得到地方政府、高校、研究所和企业的重视。如上海市科委投入 1500 万元设立了上海市微系统重大专项,重庆市科委也启动了相应的计划;多个高校结合“211 工程”和“985 工程”的建设,加强了在微系统方面的投入,成立了多个与微系统有关的研究中心,如北京大学、浙江大学、华中科技大学、北京航空航天大学、北京理工大学、哈尔滨工业大学等;中科院微系统研究所 13 所、24 所、44 所、55 所等单位也大力加强对微系统的投入,改造和完善了微系统工艺线和封装线等,为微系统重大专项提供了良好的硬件平台;许多企业开始关注微系统,开展了微系统产业化方面工作。经过二十余年的发展,我国在多种微型传感器、微型执行器和若干微系统样机等方面已有一定的基础和技术储备。

在 MEMS 设计方面,在 MEMS IP 库的开发上,针对目前商用 MEMS 设计软件制造模块不足,而 IP 库的开发又与加工有密切的联系,开展 MEMS 表面加工模型模拟与 IP 库、ICP 加工模型模拟与 IP 库、热键合技术模型模拟与 IP 库、静电技术模型模拟与 IP 库、测试结构设计模型模拟与材料特性数据库、真空封装模型模拟与 IP 库、封装材料特性测试及数据库、多端口组件库的研究与开发。现已形成具有自主版权的 MEMS 设计方法和仿真库,并在商用软件中得到了应用和验证。这些 IP 库的开发成功一方面可以参与国际竞争,因为商用 MEMS 软件中没有这些 IP 库,有一定的先进性;另一方面可以将中国自己的 IP 库与国内工艺线相连接,提高设计效率。在 MEMS CAD 软件集成开发上,通过将国际商用软件与 IP 库进行集成,形成 MEMS CAD 设计工具,增强了系统集成能力。另外,在与 COVENTOR 公司的合作与软件培训的基础上又将国内 3 家加工工艺流程集成到 COVENTOR 软件中,大大提高了中国 MEMS 整体设计能力,同时缩短了 MEMS 设计周期,提高了效率。在 MEMS 制造方面,我们已经解决了硅基 MEMS 加工的关键技术,提高了加工工艺的重复性、一致性,初步解决了 MEMS 集成化的关键技术,基本形成了 MEMS 分类的制造平台,为我国 MEMS 下一步产业化奠定了基础。我们也解决了气密 MEMS 封装的关键技术,初步开展了真空封装、圆片级封装、柔性封装等关键技术研究。这些方面的研究大大提高了我国 MEMS 进入产业化的能力。除此之外,还解决了微流控芯片通道成形技术及其装备、LIGA 与 UV-LIGA 加工关键技术,初步开展了微探针加工技术、微塑性成形技术、各种激光加工技术、电火花加工技术、纳米压印技术和电化学约束加工技术研究，并且研制出一些微装配设备、动态测试设备，提高了自主开发MEMS装备的能力。在MEMS器件与微系统方面，我们的特种高温压力传感器达到实用化、进入产业化阶段，在MEMS加速度传感器的实用化方面也取得重要进展。此外，对于人体消化道诊疗微系统实用化的研究也进展迅速；血液检测微系统已经开始实施产业化；对于气象检测微系统的实用化研究也取得了重要成果。除了我们在MEMS的设计、制造及器件与微系统方面取得的成果之外，通过MEMS重大专项的实施，我们不仅掌握了MEMS设计、制造、检测、工艺、装备与系统集成等方面具有自主知识产权的一些关键技术，而且也初步建立了我国的MEMS研发体系和产业化基地，培养了一批高水平的MEMS研究、开发和应用方面的人才，取得了良好的社会效益。

5.2　我国微系统与微/纳加工技术现状

目前，微系统研究在我国已形成了如下方向：微型惯性器件和惯性测量组合、机械量微型传感器及致动器、微流量器件和系统、生物传感器、生物芯片、微操作系统、微型机器人、硅和非硅制造工艺。微系统在我国的近期应用和市场主要有导航和控制、汽车电子、生化分析和医学、微小卫星、微飞行器、工业检测、高密度存储等。为了掌握微系统设计、制造、检测、工艺、装备与系统集成等方面的具有自主知识产权的关键技术，建立我国的研发体系和产业化基地，并围绕医疗、消费电子、家电等行业，开发出若干小批量、多品种、高质量微系统器件及微系统，推动微系统技术的可持续发展和未来产业化的形成，我国政府和科技部门结合国际微系统发展趋势和我国社会经济发展的需要、微系统发展的实际情况，以支撑我国微系统产业化发展的应用基础为切入点，重点开展了如下的研究工作：

(1)微系统材料与微系统设计方法研究

开展机理和设计方法研究，以形成具有自主知识产权的微系统设计方法和仿真库，提高我国设计能力和设计水平；开发纳米材料在微系统中的应用，为提升微系统性能水平及发明新型微系统器件奠定基础。

(2)微系统产业化关键技术

提高加工的重复性和均匀性以及微系统器件可靠性；提供工艺设计规则、标准工艺及流程、材料参数等；产生一批有自主知识产权的关键技术，形成分类的微系统制造能力。选择优势单位，在研究单位相对集中的地区建设各具特色的制造基地。重点开展硅基微系统加工技术研究、微系统封装技术研究、LIGA及UV-LIGA技术研究、在线测试技术研究、微系统微机械装配技术研究等。

(3)微系统器件及微系统

围绕生物化学分析、工业自动化、信息技术等行业的社会经济发展需要，开发出若干小批量、多品种、高质量的微系统器件及系统，包括：硅微型压力传感器、微型加速度传感器、惯性微硅陀螺、气体等微型传感器；微阀、微型电机、微泵、微喷等微型执行器；微型生化(血糖)分析检测仪器、环境监测微仪器等微系统。

主要研究内容如表1-2所示。

表 1-2 国内微系统技术主要研究内容

研究分类	具体研究内容
基础理论	微摩擦学 微机械学 微运动学 微动力学(固态、液态) 微传热学 换能理论 静电力学 仿真、CAD、优化、可靠性
微工艺	IC 工艺(表面硅、体硅) LIGA 工艺(X 射线、紫外线、激光) EDM 小机械加工 化学三维刻蚀 微键合(静电、高温、低温键合等) 微组装
微器件	微驱动器、微执行器(包括微元件如微弹簧、微探针、微梁,微电机如静电驱动、压电驱动或电磁驱动的微电机,微泵包括膜片泵、电渗泵、叶轮泵以及螺杆泵、微阀、微喷嘴、压电式、SMA 或电磁式微夹钳、微齿轮减速器、微连杆机构、微谐振器、微麦克风) 微传感器包括压力、加速度、热敏、湿敏、磁敏、声表面波、光学、光电、流量、风速等物理量传感器,气体、生化、鲜度等化学量传感器 微波器件包括波分复用器、开关、天线 光通讯器如光开关
微系统	微操作系统(如细胞操作、微装配) 微惯性测量系统(MIMU) 微小管道机器人(电磁式、压电式) 微流体控制系统 生化芯片(阵列芯片、微流控芯片) 微型光谱议 微型飞行器 纳米卫星 集成微传感系统
微测试	微机械性能测试(弹性模量、摩擦磨损、强度) 微运动学测试(速度、加速度、角速度、角加速度) 微动力学(静力矩、动力矩、固有频率) 微管道流通特性

5.3 我国微系统与微/纳加工技术进展

5.3.1 人才培养

我国微系统技术的研究队伍正逐步扩大，据不完全统计，全国已有 120 多个单位开展 MEMS 研发，在新原理微器件、通用微器件以及初步应用等方面取得了较大的进展。目前我国微系统研究单位分布如图 1-8 所示。

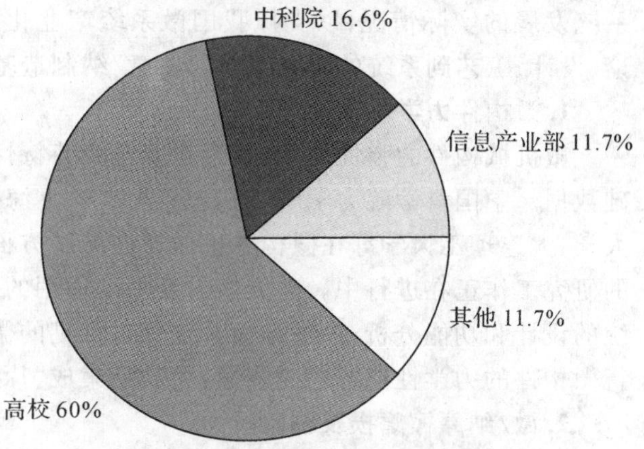

图 1-8 国内微系统研究单位分布

这些研究单位主要分布如下：

• **华北地区** 清华大学、北京大学、中科院电子所、中科院声学所、中电集团 13 所、中科院力学所、中科院半导体所、中科院高能物理所、中科院微电子所、中科院电工所、中科院化学所、解放军总装备部、北京理工大学、北京航空航天大学、南开大学、天津大学、中北大学、北京工业大学、北京博奥生物芯片有限公司、北京创威纳科技公司以及河北科技大学等。

• **华东地区** 中科院上海微系统与信息技术所、上海交通大学、东南大学、浙江大学、厦门大学、中国科技大学、中电集团 55 所、复旦大学、华东师范大学、上海大学、中科院上海光机所、南京航空航天大学、南京理工大学、苏州大学、中科院合肥智能机械所以及生物芯片上海国家工程研究中心等。

• **东北地区** 大连理工大学、哈尔滨工业大学、吉林大学、中电集团 49 所、中科院长春光机所、沈阳仪表研究院、东北大学、黑龙江大学、沈阳工业大学、东北微电子研究所(47 所)、中科院大连化物所以及长春科技大学等。

• **西南地区** 重庆大学、重庆微系统科技股份有限公司、中电集团 24 所、中电集团 26 所、中电集团 44 所、中科院成都光电技术所、中国工程物理院电子所、成都电子科技大学和四川大学等。

• **西北地区** 西安交通大学、航空工业总公司 618 所，西北工业大学、西安电子科技大学和航天科技集团 771 所等。

• **中南地区** 华中科技大学、国防科技大学、中南大学、广东工业大学、武汉大学和武汉科技大学等。

• **香港地区** 香港科技大学、香港中文大学等。

• **中国台湾地区** 台湾大学、台湾清华大学、交通大学、成功大学以及新竹工业园机械所等。

国内在微/纳米制造方面已成立了 3 个专业学会——中国微米纳米技术学会(一级学会)、中国机械工程学会微/纳米制造技术分会、中国仪器仪表学会微器件与系统技术学会。

5.3.2 理论研究进展

为了掌握微系统设计、制造、检测、工艺、装备与系统集成等方面的具有自主知识产权的关键技术，建立我国的研发体系和产业化基地，并围绕医疗、消费电子、家电等行业，开发出若干小批量、多品种、高质量微系统器件及微系统，推动微系统技术的可持续发展和未来产业化的形成，我国政府和科技部门结合国际微系统发展趋势和我国社会经济发展的需要、微系统发展的实际情况，以支撑我国微系统产业化发展的应用基础为切入点，重点开展了理论、设计、工艺到系统的研究工作。在微/纳制造基础理论方面主要取得了以下进展：

1. 微构件力学性能

微机械构件的弹性模量、断裂强度及疲劳特性等力学性能参数是微机电系统设计的基础数据。中国科学院力学所、西安交通大学、上海微系统与信息技术研究所、中北大学、天津大学、大连理工大学等在微构件机械特性测试方面进行了较多的工作。目前这方面进一步的研究工作正在进行中。一方面需要一个通用的微构件力学性能参数数据库进行微机电系统的设计和功能分析；另一方面希望针对常见的微器件结构类型开发集成在线测试结构进行微构件的力学性能“片上”测试，尤其是集成“片上”测试的工作需要进一步加强。

2. 微/纳摩擦磨损及粘附行为

摩擦问题是微/纳米系统中运动结构设计和制造的主要困难之一，近年来研究微摩擦机理及减摩策略成为重点。粘着或粘附是造成微机电系统加工和运行失败的一个主要因素，研究粘着机制为发展合理的防粘附策略提供理论基础成为一个重要目标。为此清华大学摩擦学国家重点实验室进行了卓有成效的工作。他们从理论上说明了界面摩擦中原子不稳定跳动发生的原因、条件和能量耗散机制，研制出芯片式微摩擦测试仪。对原子级光滑的云母表面“趋近—分离”过程中的粘着动力学行为进行了试验，发现开启力随接触次数增加略有下降，介质存在会使开启力大大增加，同性电荷反而使开启力增大，以及异性电荷试样的开启力明显高于同性电试样等试验规律和现象。

为了寻找和制作能够改善微构件摩擦状况、抗粘附的改性膜，大连理工大学微系统中心和清华大学摩擦学国家重点实验室合作进行了研究，首次探讨了类金刚石(Diamond-like carbon，DLC)膜在解决用平面硅工艺制备 MEMS 典型微构件——微悬臂梁粘附问题的作用，对解决 MEMS 梁粘附问题有很好的作用。

3. 典型微流体器件输运特性

微流体器件是微/纳系统的重要分支。当流体通道小至一定程度时，其机理和外在表现与宏观流体有许多差异。近年来微流体已成为基础研究的热点。我国开展微流体方面研究的单位主要有清华大学、中科院力学所、中国科技大学、浙江大学以及大连理工大学等。中科院力学所对微米尺度的通道内流体流动特性进行了深入试验研究，发现高压条件下 3～10μm 直径的微管道液体流动出现了偏离 Hagen-Poiseuille 流动规律的倾向，认为压力对液体黏性的影响是主要因素，提出了量纲—阻力系数和流量的修正公式，并将微尺度流动引入流体力学参量的试验测量，提出了微量液体黏度仪的设计思想。浙江大学针对微流体全流场测试需求，发展了短波段滤光技术，建立了 Micro PIV 测试设备，用于测量 10μm 以上管道内流体流动特性。大连理工大学针对微流控电泳芯片，对片上电泳微流体输运现象进行了研究。他们结合有限体积法、贴体网格生成和高阶界面离散等方法，建立能计算多尺度和多物理场耦合的微流体计算平台，对复杂通道内的电泳分离进行了数值计算；建立微流体动态测试平台，分析了测试平台主要技术指标和性能，利用该平台，可进行微流体扩散、电泳分离控制、电渗流测量等微流体试验。

4. 拓扑优化技术在微/纳结构设计中的应用

在结构型微/纳器件的设计中，拓扑优化为微结构中材料分布的确定提供了一个很好的解决思路。针对连续体结构拓扑优化中出现的棋盘格式问题，大连理工大学提出了一种变节点密度法，并将该方法应用于柔性微结构的拓扑优化设计，完成了用于微装配的电热驱动微夹钳的结构概念设计，得到了多种新的一体化 MEMS 尺度电热微夹钳。

5. 微传热学的研究进展

在微尺度领域，特征尺寸的不断减小带来了不少新的理论和技术问题，微尺度传热学就是其中之一。微尺度传热学与"介观"物理、"细观"力学、纳米材料科学等一起，逐渐形成了微尺度的理论体系。近年来，对微尺度传热学（含声子传热学），以清华大学、大连理工大学、浙江大学等为代表的研究单位，从理论建模、计算机数值模拟、声、热、力耦合以及试验技术等方面进行了研究和探索，对毛细微槽内三维流动相变强化传热机理、微通道内低速气体流动传热的 DSMC-NS 耦合算法、微/纳尺度孔隙结构内传热传质机理、采用热边界层中断概念强化硅基微通道传热、两相歧管式微通道的均热热沉气液两相流流动与传热特性、微 PCR 芯片中的传热、多孔支撑微结构中反应气的传热特性等进行了深入研究，发现了很多微槽、微孔、微型热管、微型毛细泵环、微器件和微系统等的内部传热特性和规律，对设计优化各种微机电系统有很重要的指导意义。

5.3.3 微系统设计与微/纳加工工艺研究进展

近年来我国科技部、教育部、国防科工委等部委在微/纳系统关键设计与加工技术装备上持续投入，在我国形成了几个 MEMS 研究力量比较集中的地区，并且突破了若干关键技术，加工能力和成品率得到很大的提高，为国内微/纳系统研发提供了良好的服务平台。微系统设计与加工工艺研究方面主要取得了以下进展。

1. 设计方法

东南大学、北京大学和西北工业大学针对目前商用 MEMS 设计软件中制造模块的不足，重点开展了工艺模型建模、模拟与验证、工艺与封装材料特性数据库等方面的研究。开发出 MEMS 表面加工模型模拟与 IP 库、ICP 加工模型模拟与 IP 库、热键合技术模型模拟与 IP 库、静电技术模型模拟与 IP 库、封装材料特性测试及数据库等，并将测试结构 IP 库、ICP 加工 IP 库集成到了软件 INTELLISUITE 中，同时将 ICP 加工 IP 库、硅各向异性腐蚀 IP 库、表面加工 IP 库、静电键合 IP 库集成到自行开发的集成设计平台中。

2. 硅基 MEMS 制造工艺

通过在中科院上海微系统所、北京大学、中电科技集团 13 所、中电科技集团 24 所和中电科技集团 55 所重点建立 5 个 MEMS 加工平台，解决了 MEMS 表面微机械加工技术、体硅微机械加工技术、键合技术、低应力多层薄膜淀积技术以及互补性氧化金属半导体（Complementary Metal-Oxide Semiconductor，CMOS）MEMS 加工的主要技术问题，提高了加工工艺的重复性、一致性，基本形成了 MEMS 分类制造平台，对提高我国 MEMS 的研究与开发水平，促进产业化进程发挥了重要的作用，工艺流程及规范在网上发布，初步解决了

MEMS集成化的关键技术。

3. 非硅 MEMS 制造工艺

开展了紫外光刻电铸(ultraviolet-lithographie galanoformung 和 abformung)、聚合物微结构热压成形、激光微加工及交叉融合的非硅加工技术的研究。

大连理工大学、北京航空航天大学和北京工业大学等单位联合研制成功具有自主知识产权的聚合物微流控芯片通道成形与自动对准装配系统。针对热压成形金属模具的需求,在改进 UV-LIGA 工艺的基础上,自行研制开发了金属微模具的“无背板生长法”工艺。通过大量热压键合试验研究,开发出了聚合物微流控芯片热压键合工艺。针对微流控芯片加工的要求,应用激光微加工进行芯片储液池通孔、芯片标记与修边等加工,建立了微流控芯片统一的质量检测方法和质量管理体系,建立了微流控芯片制作精度的等级和标准。所制备的微流控芯片片内不一致性小于5%,片间不一致性小于8%,符合生化分析的要求。

上海交通大学研究了 UV-LIGA 和深刻蚀电铸(Deepetching Electroforming Microreplication,DEM)技术的标准加工工艺,解决了 X-射线掩膜制备、SU-8 台阶微结构制备、硅深层刻蚀与电铸工艺结合等关键技术,开发出多层复杂金属三维微结构加工工艺。光刻胶深宽比达到 20∶1,金属微结构深宽比达到 15∶1,复制的塑料微结构深宽比达到 10∶1。

厦门大学开展了约束刻蚀剂层技术(Confined Etchant Layer Technique,CELT)的研究工作。该技术通过电化学方法和 IC 工艺相结合,不仅适用于导体,也适用于半导体和绝缘体的复杂三维立体结构加工,已成功地在 Si、GaAs、Cu 等材料上加工出复杂三维立体结构,用 CELT 技术在 GaAs 表面上刻蚀出与模板互补的精细结构图形。

5.3.4 微/纳器件与微/纳系统的研究进展

1. 物理量微传感器

物理量传感器在武器装备、石油化工、汽车等领域有广泛需求,而许多应用场合要求传感器体积小、灵敏度高,能工作在恶劣的高温、高湿、高冲击环境中。与传统传感器结构相比,采用微/纳技术制造的物理量微传感器更容易满足上述需求。我国重点开展了压力微传感器、惯性微传感器和微流体传感器等方面的研究。

西安交通大学利用单晶硅压阻效应,研制出系列化耐瞬时高温冲击的高温压力传感器、硅杯结构耐高温压力传感器和电容式差压传感器,并实现了小批量生产,在胜利油田等 30 多家应用近万只。上海飞恩公司等单位联合研制出一系列用于监测汽车运行状态的传感器,部分器件在奇瑞汽车上进行了整车测试和台架测试。清华大学研制的铁电微麦克风和超声频段声传感器达到实用化,并实现了小批量生产和应用示范。

气象传感器及其便携式仪器、电场传感器在环境检测方面有广阔的应用前景。东南大学采用 CMOS 工艺和 MEMS 后处理技术,研制出 30 套便携式气象检测仪,包括风速、风向、温度、湿度和气压微传感器等芯片。中科院电子所研制出静电梳齿式和热激励式微型电场传感器,实现了较低电压下的大振幅振动测定,并已在探空系统中试用。

上海微系统研究所等单位对微加速度计进行了研究,开发了基于微加速度计原理的地震勘探检波器。与石油勘探部门联合进行的多次野外试验表明,该检波器在精细勘探方面具有良好的应用前景。另外,上海微系统研究所研制的高冲击微加速度传感器的阻尼特性、频响和抗冲击均达到实用化程度,在武器系统的应用上取得突破,对加快我国武器装备更新换代具有重要意义。

2. 微执行器件与系统

对微执行器的研究是微/纳系统的重要方向,它涵盖了微射频器件、微机器人、微飞行器、微流体驱动器件和微光学器件等方面。

微射频器件在军事和民用方面有着巨大潜力。清华大学制作了螺旋式射频(Radio Frequency,RF)MEMS开关和斜拉梁式RF MEMS开关,有效降低了开关的"关"态谐振频率。中国科学院电子学研究所研制了高电容率的电容式RF MEMS开关,利用在绝缘层上覆盖金属板技术降低"开"状态电容值,提高了RF MEMS开关电容率。

在微机器人方面,哈尔滨工业大学研制了一种面向微操作的无线控制的微型机器人,机器人所有驱动电路均集成到本体内,采用锂电池供电,通过蓝牙模块和图像处理实施系统通信,可以用于全方位的精密移动。他们还研制了纳米操作机器人。在微型飞行器方面,清华大学成功研制了直径为25cm内燃机驱动的盘形飞机。西北工业大学根据飞行动物扑翼飞行的规律,研究了扑翼飞行器的设计方法,并制造了质量约16g的可飞微扑翼飞行器。西北工业大学还研制成功了一种四旋翼微型飞行器,通过调整电动机转速控制飞行姿态。

南京理工大学基于微流体数字化技术研制的数字化微流体器件既无可动件又无嵌入式微电路,集驱动—控制—扰动三功能于一体,能实现各种液体和粉体的数字化微流动,流动稳定性好、分辨率达飞升级,有望在此基础上发展出数字化微流体器件。吉林大学研制了一种微型薄膜阀宽频压电驱动微型泵,适用于内置式或便携式药品输送系统。清华大学研制出了三明治结构的介质上电润湿(Electro Wetting-on-Dielectrics,EWOD)液滴发生器,在35V电压下得到了包围在硅油中的水液滴。

3. 微/纳生化传感与分析

微/纳生化传感与分析研究包括药物筛选芯片、蛋白质芯片、单细胞分析芯片等微全分析系统,纳米声波生物传感器、纳米光学生物传感器、纳米磁性生物传感器、纳米电化学传感器等器件与相关技术。

在器件研究方面,取得了一系列新原理、新方法和新结构成果。浙江大学建立了新颖的微流控系统进样和试样前处理方法。长春应化所成功研制了化学发光检测器等微型化装置,还实现了利用重力驱动的细胞检测分选微流控系统。大连化学物理研究所构建了微型酶芯片反应器和基于介孔材料固定酶的酶反应器芯片。东北大学建立正交结构芯片激光诱导荧光检测系统。清华大学则针对多种检测原理微型化进行了研究。武汉大学研究了纳米电极监测囊胞释放问题,发现了神经细胞囊胞释放的新机理。

在系统集成技术与应用方面,中科院电子所和北京怡成生物电子技术有限公司等攻克了血糖、乳酸、胆固醇传感器的多项实用化技术,实现全血分析微系统及配套的批量生产,推出多功能全血生化检测微系统,填补了我国在全血微系统检测领域的空白。上海交通大学等研制了核心为微型电子胶囊的人体消化道生理参数检测微系统,已在16家医院进行了60多例人体临床试验。中科院力学所成功研制出蛋白质芯片生物传感器系统,已成功完成乙肝五项指标同时检测、肿瘤标志物检测、SARS抗体药物鉴定等多项应用试验。重庆金山科技公司等研制了人体消化道药物定点释放微系统,解决了微流体部件集成关键技术。重庆大学、长春光机所等开展了基于MEMS技术的微型光谱仪和微型生化分析仪方面的研究,完成肝功能、肾功能、血脂等37种检测项目,并在30余家单位示范应用,已进入产业化开发阶段。上海微系统所研制了尿蛋白检测分析微系统，解决了系统设计与制造、稳定性及电气隔离等关键技术，完成了500多例临床应用，并获得浙江省医疗仪器产品注册证。

在有毒有害气体检测方面，中电科技49所开发出以微/纳技术为核心的易燃易爆气体微检测仪，可以用于测量CO和CH_4气体，与城市能源检测、煤矿开采、电气设备等领域多家单位达成合作意向。中国国际海运集装箱股份有限公司等单位将多MEMS传感器进行了集成，用于测量运输车运行状态和危险品泄漏情况，并结合GPS技术，实现全球定位和远程检测报警，其关键部件已通过防爆认证，完成3000 km公路运行试验。

4. 微能源

便携电子设备的飞速发展对便携式电源的能量密度提出了更高的要求，而采用微细加工技术制造微能源装置，可以大幅度减小供能装置尺寸，为发展高能量密度便携电源提供有力工具。微能源装置的研究是目前能源领域与微/纳领域的交叉研究热点，近年有望在实用化方面取得重大突破。我国清华大学、大连化学物理研究所、上海交通大学、上海微系统所、大连理工大学、重庆大学和西北工业大学等正积极研制各种可用于各类便携设备的微型燃料电池，已开发出甲醇微型燃料电池、微型质子交换膜燃料电池等微能源样机。放射性同位素电池是利用放射性同位素在衰变时释放的能量而制备的电池，由于其具备自身功率小、寿命长、稳定性好等特点，使得微/纳系统技术的应用成为可能。西北工业大学和大连理工大学等研究单位已经开始着手这方面研究。浙江大学和江苏大学则从燃烧的角度研究了微型燃烧发动机机理和实现技术。

5.3.5 结　论

(1)中国微/纳米技术的发展已步入了一个健康的轨道，已经从“能看不能动，能动不能用”，走向实用化与产业化。

(2)迎合21世纪科学技术发展的主流，信息MEMS/NEMS和生物医学MEMS/NEMS得到了优先发展，传感技术在巩固国防中发挥了作用。

(3)微/纳米器件的制造工艺瓶颈问题有所缓解，但仍有待加强。微系统设计与工艺软件仍被外国所占据，有待开发中国自己的软件。

(4)微/纳米技术研究中，有关基本理论的研究明显滞后，多物理场跨尺度耦合问题的研究仍是一个难点，微/纳尺度下尺度效应的机理性揭示还远远不够。

(5)微/纳米技术和生物医学技术的结合是一个重要方向，开发新型的高灵敏度生化微/纳传感器成为未来的研究热点。

(6)区域性联合体和产学研相结合已在学术交流和产业化方面发挥了效能。今后，在加强基础理论与基础技术研究的同时，有待于进一步强化开发性工作，推进中国高技术产业化进程。

在未来的一段时间内，我国将推动企业与高校、研究院所合作。高校和研究院所主要从事基础性、前沿性研究，研发样件与样机；企业则进行工程化、产业化和商品开发。针对国际微/纳技术发展趋势和我国未来的产业化前景，还应围绕医疗与健康、环境监测等重要行业的需要，重点研究开发具有自主知识产权的微/纳系统设计与制造核心技术、系统集成技术和关键微/纳器件与系统，初步建成我国微/纳制造研发体系，提升我国微/纳制造技术的整体水平和核心竞争力，推动微/纳制造高技术产业的形成，为创新型国家做贡献。

5.4　我国微系统与微/纳加工技术发展对策

5.4.1　当前微系统技术发展特点

在国外，MEMS 产业化经过了多年的平缓增长。但 20 世纪 90 年代以来，随着通信的宽带化、网络化的急切需求，人类基因研究的迅速发展和汽车业的巨大需求等市场牵引，全球投资增加，技术趋向成熟，使 MEMS 商品化的速度加快。目前有些 MEMS 产品开发已经取得实质性的进展，有些产品已经上市并正在扩展应用市场。MEMS 在国外具有很好的市场发展前景，呈现出如下特点：微系统技术研究方向多样化、加工工艺多样化、系统单片集成化、MEMS 器件芯片制造与封装统一考虑。

5.4.2　我国微系统发展目标

从技术上讲，MEMS 的发展基本上是借鉴了 IC 工业的成功之处，即集中化批量制造，提供高性价比产品。但 MEMS 又与 IC 有较大的差别，因此 MEMS 产业化所面临的关键技术的挑战又不同于 IC 产业。在 IC 中，有一个基本单元即晶体管。利用这个基本单元的组合并通过合适的连接就可以形成功能齐全的 IC 产品；在 MEMS 中不存在通用的 MEMS 单元，而且 MEMS 器件不仅工作在电能范畴，还工作在机械能范畴或其他能量范畴（如磁、热等），因此 MEMS 是多种能量耦合并且是模拟性质的。这决定了 MEMS 产业化要走分类制造、封装和测试的道路。MEMS 产业化首先要利用 IC 产业基础设施，这些基础设施是：模拟、仿真和设计平台，标准化制造、测试和封装技术；其次是加速 MEMS 产业化关键技术（即与 IC 的差别之处）的实现，这些关键技术是 MEMS CAD、MEMS 制造、测试和封装。正是 MEMS 的这种特点，决定了发达国家不能垄断 MEMS 领域，我们有很大的创新和发展空间。

我国微系统发展的目标是，针对国际 MEMS 发展趋势和未来的产业化前景，结合国家竞争力核心技术发展战略，围绕生物化学分析、工业自动化、信息技术等行业的社会经济发展需要，以发展我国 MEMS 产业化基础的关键技术作为切入点，掌握 MEMS 相关的设计、加工、测试、封装、装配和系统集成等方面的具有自主知识产权的理论方法和关键技术；开发出若干小批量、多品种、高质量的 MEMS 器件及系统；逐步建立起我国 MEMS 研发体系和产业化基地，提高我国在 MEMS 领域的核心竞争力，为推动 MEMS 的可持续发展和产业化打下良好的基础，并在某些方面达到国际领先水平。

5.4.3　发展对策分析

目前，我国通过重大项目的实施，在基础研究、技术攻关、工艺与装备、应用系统等几个层面上实现突破，拥有了一批具有自主知识产权的关键技术；通过各种途径，培养出一支高素质的 MEMS 人才队伍，建立和完善了我国 MEMS 的技术创新体系，具有 MEMS 设计、开发、工程应用和产业化的能力。但应该看到，尽管我国微系统在研究领域已有一段历史，但离真正进入大规模产业化阶段还有相当一段距离。近年来，我国微电子或 IC（集成电路）产业的发展势头非常迅猛，引进了大批新型 IC 加工设备，建成了多条现代化的 IC 生产线，并在自主IC设计方面取得了较大突破。这对微系统的产业化发展是个有利因素。但对比更为成熟的IC(集成电路)领域,虽然微系统领域有很多机会,但现在其技术和市场都尚未成熟,成本依然很高,资金投入的回报不能得到保证。从目前的市场来看,我国微系统元件还仅仅是刚开始从实验室走向应用,在产业化发展方向上还面临诸多问题。而且,迄今为止,我国已经完全产业化了的MEMS器件和具备MEMS器件量产的公司屈指可数,能够量产的MEMS器件也主要集中在中低端,究其原因,主要有以下几个方面:

(1)我国微系统技术研究起步比美、德、日等发达国家晚,基础比别人差,投资力度也相对较弱。

(2)MEMS是一个结合了多种学科的交叉领域,所涉及的物理量多种多样,如力、电、磁、声、光、热等,这就给制定统一的MEMS工艺标准带来了较大的难度。

(3)MEMS工艺和技术的另一项挑战就是制造MEMS器件的材料。

(4)MEMS器件与系统的封装亦须达到更高程度的标准化。

为了促进我国MEMS技术的提高和MEMS产品的更新换代,促进微系统产业化,提高微系统市场竞争力,解决我国微系统从研究成果到批量化生产面临的各种问题,建议采取如下对策:

(1)国家要制定MEMS产业化发展的战略规划,要把握该行业的近期和中长期市场需求,进而制定相应的国内发展战略。要找准应用突破口,扬长避短,以特别适合MEMS应用的重大领域为目标进行研究,取得突破,从而带动MEMS产业的发展。

(2)必须瞄准MEMS未来的主流市场,包括汽车、消费电子如家电、办公等。只有抓住主流市场才能实现真正的产业化。而微系统产业化当前的重点应该是传感器。未来的传感器技术,总的发展趋势是微型化、集成化、多功能化和智能化。微型化指未来的传感器将做得更微细;多功能化指利用一种材料或在同一个芯片上制作出能检测2个或3个以上的不同物理特性参数的传感器;集成化指利用IC制造技术和精细加工技术制作IC传感器,集成度更高;智能化指传感器与大规模集成电路相结合并带有微处理器、自检、自校、信号传输和放大电路等智能作用。

(3)应用风险投资等市场手段和市场运行机制来运作MEMS产品。由于我国发展市场经济时间短,风险投资等市场措施在诸多领域还未能发挥应有作用。特别是当系列MEMS产品还处于研发阶段,其工艺尚未成熟前,距生产实现产业化还有相当长的时间,具有一定风险,再加上由于MEMS的很多产品在真正推向市场过程中仍存在相当多的难题,使得这种投入在很大程度上风险很大,即便是发达国家,也颇受限制,为此,我们应该吸取国外经验,完善风险投资的政策体系和自主知识产权的法律体系,健全市场机制以利于建立通畅的风险投资的退出渠道,拓展风险投资的投资渠道,利用可预期的MEMS产品的市场前景,理顺制度,加大风险投资的支持,尽力吸引各国风险投资流向MEMS领域,使风险投资等措施更好地服务于MEMS产业化,以加速MEMS市场化、产业化速度。引进国外先进的MEMS技术平台管理与运行机制,以市场化为目标,注意知识产权保护,通过竞争使MEMS技术平台更好地为用户服务,便于将已商业化的MEMS产品推向市场,走向世界。

(4)要培养并引进人才,加强合作。相对于发达国家,国内MEMS专业人才显得不足。认识到这个差距,我国应该把人才作为MEMS研发和市场化推广的关键因素之一,通过多种机制和特惠政策支持,吸引并培养一批国内外MEMS研发和市场化运作的高层次人才。

务必改变观念，既重视研发人才，也要培养和国际接轨的市场人才，特别是复合型新人才。采用多种人才合作方式，积极开展 MEMS 技术的国际交流和合作，提高我国 MEMS 研究的起点，加速实现更多种类、更大产值的 MEMS 产品市场化，占领国内外市场，并形成自己的品牌。

(5)微系统的产业化发展应该百花齐放，不可能一家通吃，各研究机构可在已有线上进行流片。微系统产业化工作一定要专注，做产品一定要做到可产业化程度，不能跟着项目走，这样很难做到产业化的水平。政府或其他机构可以投入研发经费折算入股方式给予持续的支持和扶植。实现微系统产业化一定要在国内扶持典型企业，流片生产线一定要集中，要有一定的规模，并保证企业有一定的利润率。近年来我国已在微型惯性器件和惯性测量组合、机械量微型传感器和制动器、微流量器件和系统、生物传感器和生物芯片、微型机器人和微操作系统、硅和非硅制造工艺等方面取得一定成果。现有的技术条件已初步形成 MEMS 设计、加工、封装、测试的一条龙体系，为保证我国 MEMS 技术的进一步发展提供了较好的平台。因此，为了追赶国外先进水平，使得 MEMS 产品商业化，走进国外市场，还需要各单位进一步加强合作，加大研发力度。根据国外 MEMS 技术发展状况和国内现有条件及基础，克服条块分割，组织国内优势单位，开展关键技术研发，逐步形成分类的加工能力和技术平台。通过国际交流，本着互利互惠的原则，优化资源，整合现有研发和推广力量，加大与跨国公司合作开发和市场推广的力度。

(6)要抓 MEMS 与 IC 的集成技术，这是目前国内 MEMS 技术发展的主要瓶颈。可以是多片集成，也可以是单片集成，这一问题解决不了，国内 MEMS 的产业化工作将难有出路。要攻克微系统技术领域的前沿关键技术，也要注重封装、系统集成等应用性技术的发展，通过应用性技术的发展，实现应用技术的产业化。在 MEMS 理论与基础技术方面能否取得更大的突破性进展，决定了人们能否高效地设计制造出所需的 MEMS 产品。MEMS 器件的生产要经过设计、模拟、加工、封装和测试等一系列生产步骤，这些步骤决定了 MEMS 的性能和价格，性价比的成熟程度决定了 MEMS 产品的开发速度和商业化市场化进程，因此必须攻克关键技术，包括：

- **微系统设计技术** 主要是微结构设计数据库、有限元和边界分析、CAD/CAM 仿真和模拟技术、微系统建模等，还有微小型化的尺寸效应和微小型理论基础研究等课题，如力的尺寸效应、微结构表面效应、微观摩擦机理、热传导、误差效应和微构件材料性能等。
- **MEMS 的 CAD 与模拟技术** CAD 和模拟技术的发展可以优化 MEMS 结构和工艺，可以缩短设计周期，增强市场竞争力。
- **微系统组装、封装和测试技术** MEMS 封装比集成电路复杂，组装和封装包括粘接材料的粘接、硅玻璃静电封接、硅键合技术和自对准组装技术；测试主要有结构材料特性测试技术，微小力学、电学等物理量的测量技术，微型器件和微型系统性能的表征和测试技术，微型系统动态特性测试技术等。
- **MEMS 的材料和加工技术** MEMS 所用的材料分为结构材料和功能材料两种。加工技术主要指高深度比多层微结构的硅表面加工和体加工技术，利用 X 射线光刻、电铸的 LIGA 和利用紫外线的准 LIGA 加工技术；微结构特种精密加工技术包括微火花加工、能束加工、立体光刻成形加工；特殊材料特别是功能材料微结构的加工技术；微系统的集成技术；微细加工新工艺探索等。

5.4.4 小 结

微系统技术是以微电子技术和微加工技术为基础的一项新技术。世界各国在研究MEMS技术的同时都十分重视微型系统的产业化问题，预计在不远的将来会形成庞大的高新技术产业。虽然我国的微电子技术相对落后，但并不影响我国微系统技术的发展。目前我国的半导体工艺水平足以满足微机械发展的要求，加之有原来的硅基压力传感器和石英加速度计的基础，只要投资正确，政策得当，与国外竞争是有一定机会的。为此，我国也应十分重视MEMS技术的发展，把MEMS看作是一个21世纪新的经济增长点，制定相应政策，投入人力和财力，大力推进MEMS的开发和研究，积极促进其产业化发展。

参考文献

[1] 王立鼎，褚金奎，刘冲，等.中国微/纳制造研究进展.机械工程学报，2008，44(11)：2—12
[2] 朱剑英.关于制造科技与制造业发展战略问题的思考.机械制造与自动化，2007，36(1)：1—9
[3] 蒋庄德.从宏观到微观——微/纳制造技术研究进展.装备制造，2009，9(4)：9—17
[4] 丁玉成.纳米压印光刻工艺的研究进展和技术挑战.青岛理工大学学报，2010，31(1)：9—15
[5] 彭万波.微/纳制造技术的发展现状与发展趋势.航空精密制造技术，2009，45(2)：32
[6] 肖荣诗，陈铠，陈涛.激光制造技术的现状及发展趋势.电加工与模具，2009增刊，18—22
[7] http://news.sciencenet.cn/html/shownews.aspx? id=212453
[8] 周兆英，扬兴.微/纳机电系统，仪表技术与传感器，2003，2 ：1—5
[9] 苑伟政，马炳和.微机械与微细加工技术.西安：西北工业大学出版社，2000
[10] Nadim Maluf. An Introduction to Microelectromechanical Systems Engineering. Boston: Artech House Publishers, 2000
[11] 何希才.传感器及其应用.北京：国防工业大学出版社，2001
[12] Kong J, Franklin N R, Chongwu Z, et al. Nanotube Molecular Wires as Chemical Sensors. Science, 2000, 287: 622-625
[13] Modi A, Koratkar N, Lass E, et al. Miniaturized Gas Ionization Sensors Using Carbon Nanotubes. Nature, 2003, 424: 171-174
[14] Zhang Y, Liu J H, Li X, et al. Study of Improving Identification Accuracy of Carbon Nanotube Film Cathode Gas Sensor. Sensors and Actuators B, 2005, 125(1): 15-24
[15] Studer V, Pepin A, Chen Y. Nanoembossing of Thermoplastic Polymers for Microfluidic Applications. Appl Phys Lett, 2002, 80: 3614
[16] 江雷.从自然到仿生的超疏水纳米界面材料.现代科学仪器，2003，3：6-10
[17] Bechert D W, Bruse M, Hage W, et al. Fluid Mechanics of Biological Surfaces and

Their Technological Application. Naturwissenshaften,2000,87:157-171
[18] 任露泉,王再宙,韩志武.仿生非光滑表面滑动摩擦磨损试验研究.农业机械学报,2003,34(2):87-92
[19] Vukusic P,Sambles J R. Photonic Structures in Biology. Nature, 2003,424: 852-855
[20] Interview. On the Wing of a Butterfly. Nature Photonics,2007,1(2):130
[21] Potyrailo R A,Ghiradella H,Vertiatchikh A,et al. Morpho Butterfly Wing Scales Demonstrate Highly Selective Vapour Response. Nature Photonics, 2007, 1(2): 123-128
[22] Huang J Y,Wang X D,Wang Z L. Controlled Replication of Butterfly Wings for Achieving Tunable Photonic Properties. Nano Letters,2006,6(10): 2325-2331
[23] Zhang W,Zhang D,Fan T X,et al. Fabrication of ZnO Microtubes with Adjustable Nanopores on the Walls by the Templating of Butterfly Wing Scales. Nanotechnology,2006,17: 840-844
[24] Autumn K,Liang Y A,Hsieh S T,et al. Adhesive Force of a Single Gecko Foot-hair. Nature,2000,405: 681-685
[25] Johnson K,Kendall K,Roberts A. Surface Energy and the Contact of Elastic Solids. Proceedings of the Royal Society of London A,1971,324: 301-313
[26] Huber G,Gorb S N,Spolenak R,et al. Resolving the Nanoscale Adhesion of Individual Gecko Spatulae by Atomic Force Microscopy. Biology Letters,2005,1(1):2-4
[27] Huber G, Mantz H, Spolenak R, et al. Evidence For Capillarity Contributions to Gecko Adhesion from Single Spatula Nanomechanical Measurements. Proceedings of the National Academy of the United States of America,2005,102(45): 16293-16296
[28] Hansen W R,Autumn K. Evidence for Self-Cleaning in Gecko Setae. Proceedings of the National Academy of the United States of America,2005,102(2): 385-389
[29] Autumn K,Majidi C,Groff R E,et al. Effective Elastic Modulus of Isolated Gecko Setal Arrays. Journal of Experimental Biology,2006,209(18): 3558-3568
[30] Autumn K,Hansen W. Ultrahydrophobicity Indicates a Non-adhesive Default State in Gecko Setae. Journal of Comparative Physiology A,2006,192(11): 1205-1212
[31] Gao H J,Yao H M. Shape Insensitive Optimal Adhesion of Nanoscale Fibrillar Structures. Proceedings of the National Academy of the United States of America,2004,101(21): 7851-7856
[32] Spolenak R,Gorb S,Gao H J,et al. Effects of Contact Shape on the Scaling of Biological Attachments. Proceedings of the Royal Society of London A, 2005, 461 (2054): 305-319
[33] Gao H J,Wang X,Yao H M,et al. Mechanics of Hierarchical Adhesion Structures of Geckos. Mechanics of Materials,2005,37(2—3): 275-285
[34] Autumn K,Dittmore A,Santos D,et al. Frictional Adhesion: A New Angle on Gecko Attachment. Journal of Experimental Biology,2006,209(18): 3569-3579
[35] Shah G J,Sitti M. Modeling and Design of Biomimetic Adhesives Inspired by Gecko

Foot-hairs. Proceedings of the 2004 IEEE International Conference on Robotics and Biomimetics,2004,873-878

[36] Sitti M,Fearing R S. Synthetic Gecko Foot-hair Micro/Nano-Structures as Dry Adhesives. Journal of Adhesion Science and Technology,2003,17(8):1055-1073

[37] Persson B N J,Gorb S. The Effect of Surface Roughness on the Adhesion of Elastic Plates with Applications to Biological Systems. Journal of Chemical Physics,2003,119(21):11437-11444

[38] Hui C Y,Glassmaker N J,Tang T,et al. Design of Biomimetic Fibrillar Interfaces:2. Mechanics of Enhanced Adhesion. Journal of the Royal Society Interface,2004,1(1):35-48

[39] Spolenak R,Gorb S,Arzt E. Adhesion Design Maps for Bio-inspired Attachment Systems. Acta Biomaterialia,2005,1(1):5-13

[40] Geim A K,Dubonos S V,Grigorieva I V,et al. Microfabricated Adhesive Mimicking Gecko Foot-hair. Nature Materials,2003,2(7):461-463

[41] Jin M H,Feng X J,Feng L,et al. Superhydrophobic Aligned Polystyrene Nanotube Films with High Adhesive Force. Advanced Materials,2005,17(16):1977-1981

[42] Yurdumakan B,Raravikar N R,Ajayan P M,et al. Synthetic Gecko Foot-hairs from Multiwalled Carbon Nanotubes. Chemical Communications,2005,30:3799-3801

[43] Zhao Y,Tong T,Delzeit L,et al. Interfacial Energy and Strength of Multiwalled-Carbon-Nanotube-Based Dry Adhesive. Journal of Vacuum Science and Technology B,2006,24(1):331-335

[44] Yoona E S,Singha R A,Konga H,et al. Tribological Properties of Bio-Mimetic Nano-Patterned Polymeric Surfaces on Silicon Wafer. Tribology Letters,2006,21(1):31-37

[45] Jeong H E,Lee S H,Kim J K,et al. Nanoengineered Multiscale Hierarchical Structures with Tailored Wetting Properties. Langmuir,2006,22(4):1640-1645

[46] Northen M T,Turner K L. A Batch Fabricated Biomimetic Dry Adhesive. Nanotechnology,2005,16(8):1159-1166

[47] Northen M T,Turner K L. Meso-scale Adhesion Testing of Integrated Micro-and Nano-Scale Structures. Sensors and Actuators A,2006,130:583-587

[48] Suh K Y,Kim Y S,Lee H H. Capillary Force Lithography. Advanced Materials,2001,13(18):1386-1389

[49] Xia Y,Whitesides G M. Soft Lithography. Angewandte Chemie International Edition,1998,37(5):550-575

[50] Odom T W,Love J C,Wolfe D B,et al. Improved Pattern Transfer In Soft Lithography Using Composite Stamps. Langmuir,2002,18(13):5314-5320

[51] Choi S J,Yoo P J,Baek S J,et al. An Ultraviolet-curable Mold for Sub-100-nm Lithography. Journal of the American Chemical Society,2004,126(25):7744-1745

[52] Suh D,Choi S J,Lee H H. Rigiflex Lithography for Nanostructure Transfer. Ad-

vanced Materials,2005,17(12): 1554-1560

[53] 戴振东,孙久荣.壁虎的运动及仿生研究进展.自然科学进展,2006,16(5): 519—523

[54] Dai Z D,Tong J,Ren L Q. Researches and Developments of Biomimetics in Tribology. Chinese Science Bulletin,2006,51(22): 2681-2689

[55] Dai Z D,Yu M,Gorb S. Adhesion Characteristics df Polyurethane for Bionic Hairy Foot. Journal of Intelligent Material Systems and Structures, 2006, 17(8—9): 737-741

[56] Yu M,Ji A H,Dai Z D. Effect of Microscale Contact State of Polyurethane Surface on Adhesion and Friction. Journal of Intelligent Material Systems and Structures,2006, 17(8—9): 819-822

[57] 王辉静,梅涛,汪小华.一种新型仿壁虎爬行机器人的粘附阵列设计.机器人,2006,28(2): 191—194

[58] Wang H,Mei T,Wang X,et al. Interaction and Simulation Analysis Between the Biomimetic Gecko Adhesion Array and Rough Surface. Proceedings of the 2005 IEEE International Conference on Mechatronics and Automation,2005:1063-1068

[59] Wang H,Chen S,Wang X,et al. Design of a Biomimetic Gecko Adhesion Array for Microrobots. Proceedings of the 2005 IEEE International Conference on Robotics and Biomimetics,2005: 495-498

[60] Ren N,Wang X,Mei T,et al. Detachment Control Analysis for Nanofabricated Adhesive Mimicking Gecko Foot-hirs. Proceedings of the 2006 IEEE International Conference on Mechatronics and Automation,2006: 267-271

[61] 金邦坤,何平笙.微接触印刷法制造聚合物多层次准三维立体微结构. 2005,18(3): 439—442

[62] 刘建平,石锦霞,杨小敏等.薄层软刻蚀法制备PMMA微图案结构.高分子学报,2007,(1): 42—45

[63] Fan Xia,Lei Jiang. Bio-inspired Smart Multiscale Interfacial Materials,Advanced Materials,2008,20: 2842-2858

[64] Chen Y,Pepin A,Youinou P,et al. Nanoimprint Lithography for the Fabrication of DNA Electrophoresis Chips. Microelectronic Engineering,2002:927-932

[65] 朱英,张敬畅,郑咏梅.浸润性可调的导电聚苯胺/聚丙烯腈同轴纳米纤维.高等学校化学学报,2006,27: 196—198

[66] 任露泉,佟金,李建桥等.松软地面机械仿生理论与技术.农业机械学报,2000,31:5—9

[67] Osorio D,Ham A D. Spectral Reflectance and Directional Properties of Structural Coloration in Bird Plumage, The Journal of Experimental Biology, 2002, 205: 2017-2027

[68] Shuichi Kinoshita,Shinya Yoshioka. Structural Colors in Nature: the Role of Regularity and Irregularity in the Structure. ChemPhys Chem,2005,6: 1442-1459.

[69] Pete Vukusic,Benny Hallam,Joe Noyes. Brilliant Whiteness in Ultrathin Beetle Scales. Science,2007,315: 348

[70] Yoshimitsu Z, Nakajima A, Watanabe T, et al. Effects of Surfaces Structure on the Hydrophobicity and Sliding Behavior of Water Droplets. Langmuir, 2002, 18(15): 5818-5822

[71] Torkkeli A, Saarilahti J, Häärä A, et al. Electrostatic Transportation of Water Droplets on Superhydrophobic Surfaces. IEEE Traps Ind App, 1998, 34(4): 732-737

[72] Krupenkin T N, Taylor J A, Sehneider T M, et al. From Rolling Ball to Complete Wetting: the Dynamic Tuning of Liquids on Nanostructured Surfaces. Langmuir, 2004, 20(10): 3824-3827

[73] Zhu L, Feng Y, Ye X, et al. Tuning Wettability and Getting Superhydrophobic Surface by Controlling Surface Roughness With Well-designed Microstructures. Sensor Actuat A-Phys, 2006, 130-131: 595-600

[74] Guo S S, Sun M H, Shi J, et al. Patterning of Hydrophilic Micro Arrays with Superhydrophobic Surrounding Zones. Microelectron Eng, 2007, 84(5—8): 1673-1676

[75] Tserepi A D, VlachoPoulou M E, Gogolides E. Nanotexturing of Poly(Dimethylsiloxane) in Plasmas for Creating Robust Super-Hydrophobic Surfaces. Nanotechnology, 2006, 17(15): 3977-3983

[76] Zhang L, Zhou Z, Cheng B, et al. Superhydrophobic Behavior of a Perfluoropolyether Lotus-leaf-like Topography. Langmuir, 2006, 22(20): 8576-8580

[77] Geim A K, Dubonos S V, Grigorieva I V, et al. Microfabricated Adhesive Mimicking Gecko Foot-hair. Nature Materials, 2003, 2(7): 461-463

[78] Sitti M, Fearing R S. Synthetic Gecko Foot-hair Micro/Nano-Structures as Dry Adhesives. Journal of Adhesion Science and Technology, 2003, 17(8): 1055-1073

[79] Jin M H, Feng X J, Feng L, et al. Superhydrophobic Aligned Polystyrene Nanotube Films with High Adhesive Force. Advanced Materials, 2005, 17(16): 1977-1981

[80] Yurdumakan B, Raravikar N R, Ajayan P M, et al. Synthetic Gecko Foot-hairs from Multiwalled Carbon Nanotubes. Chemical Communications, 2005, (30): 3799-3801

[81] Zhao Y, Tong T, Delzeit L, et al. Interfacial Energy and Strength of Multiwalled-Carbon-Nanotube-Based Dry Adhesive. Journal of Vacuum Science and Technology B, 2006, 24(1): 331-335

[82] Yoona E S, Singha R A, Konga H, et al. Tribological Properties of Bio-Mimetic Nano-Patterned Polymeric Surfaces on Silicon Wafer. Tribology Letters, 2006, 21(1): 31-37

[83] Jeong H E, Lee S H, Kim J K, et al. Nanoengineered Multiscale Hierarchical Structures with Tailored Wetting Properties. Langmuir, 2006, 22(4): 1640-1645

[84] Northen M T, Turner K L. A Batch Fabricated Biomimetic Dry Adhesive. Nanotechnology, 2005, 16(8): 1159-1166

[85] Northen M T, Turner K L. Meso-scale Adhesion Testing of Integrated Micro-and Nano-scale Structures. Sensors and Actuators A, 2006, 130: 583-587

[86] Dovidenko Katharine, Le Tarte Laurie A, Potyrailo Radislav A. Focused Ion Beam

Techniques for Butterfly Wing Scales Analysis and 3-D Reconstruction. Materials Research Society Symposium Proceedings,2007,983: 103-106

[87] Staveng D G,Leertouwer H L,Pirih P. Imaging Scatterometry of Butterfly Wing Scales. Optics Express,2009,17:193-204

[88] Huang J Y,Wang X D. Controlled Replication of Butterfly Wings for Achieving Tunable Photonic Properties,Nano Letters,2006,6: 2325-2331

[89] Keiichiro Watanabe,Takayuki Hoshino,Kazuhiro Kanda,et al. Optical Measurement and Fabrication from a Morpho-Butterfly-Scale Quasistructure by Focused Ion Beam Chemical Vapor Deposition. J Vac Sci Technol,2005,23: 570-574

[90] Lu Z P,Liu C T,Thompson J R,et al. Structural Amorphous Steels. Physical Review Lettrers,2004,92 (24): 24550321-24550324

[91] Yao J H,Wang J Q,Lu L,et al. High Tensile Strength Reliability in a Bulk Metallic Glass. Applied Physics Letters,2008,92: 041905-1-041905-3

[92] 惠希东,陈国良.块体非晶合金.北京:化学工业出版社,2007

[93] Takuya T,Kenji A,Rudi S R,et al. Electromagnetic Vibration Process for Producing Bulk Metallic Glasses. Nature Materials, 2005,4: 289-292

[94] Pauly S,Gorantla S,Wang G,et al. Transformation-Mediated Ductility in Cuzr-based Bulk Metallic Glasses. Nature Materials,2010,9: 473-477

[95] Akihiko Hirata,Pengfei Guan,Takeshi Fujita,et al. Direct Observation of Local Atomic Order in a Metallic Glass. Nature Materials,2010,10: 28-33

[96] Ye J C,Lu J,Liu C T,et al. Atomistic Free-volume Zones And Inelastic Deformation of Metallic Glasses. Nature Materials,2010,9: 619-623

[97] Evan Ma,Ze Zhang. Amorphous Alloys Reflections from the Glass Maze. Nature Materials,2010,10: 10-11

[98] Wu X,Li J J,Zheng Z Z,et al. Micro-Back-Extrusion of a Bulk Metallic Glass. Scripta Materialia,2010,63: 469-472

[99] Fan C,Liaw P K,Liu C T. Atomistic Model of Amorphous Materials. Intermetallics, 2009,17: 86-87

[100] Zhang Y,Wang W H,Greer A L. Making Metallic Glasses Plastic by Control of Residual Stress. Nature Materials,2006,5(11): 857-860

[101] Lu Z P,Beia H,Wu Y,et al. Oxygen Effects on Plastic Deformation of a Zr-based Bulk Metallic Glass. Applied Physics Letters,2008,92: 011915-1-011915-3

[102] Langer J S. Shear-Transformation-Zone Theory of Plastic Deformation Near the Glass Transition. Physical Review,2008,E77:021502-1-021502-14

[103] Chan K C,Liu L,Wang J F. Superplastic Deformation of $Zr_{55}Cu_{30}Al_{10}Ni_5$ Bulk Metallic Glass in the Supercooled Liquid Region. Journal of Non-Crystalline Solids, 2007,353: 3758-3763

[104] Liu L,Chen Q,Chan K C,et al. The Effect of High Temperature Plastic Deformation on the Thermal Stability and Microstructure of $Zr_{55}Cu_{30}Ni_5Al_{10}$ Bulk Metallic

Glass. Materials Science and Engineering,2007,A449-451: 949-953

[105] Guo H,Yan P F,Wang Y B,et al. Tensile Ductility and Necking of Metallic Glass. Nature Materials,2007,6: 735-739

[106] Liu Y H,Wang G,Wang R J,et al. Super Plastic Bulk Metallic Glasses at Room Temperature. Science,2007,315(9): 1385-1388

[107] Jan Schroers,Quoc Pham,Amish Desai. Thermoplastic Forming of Bulk Metallic Glass-A Technology for MEMS and Microstructure Fabrication. Journal of Microelectromechanical Systems,2007,16(2):240-247

[108] Baran Sarac,Golden Kumar,Thomas Hodges,et al. Three-dimensional Shell Fabrication Using Blow Molding of Bulk Metallic Glass. Journal of Microelectromechanical Systems,2011,20(1):28-36

[109] Nishiyama N,Amiya K,Inoue A. Novel Applications of Bulk Metallic Glass for Industrial Products. Journal of Non-Crystalline Solids,2007,353: 3615-3621

[110] Saotome Y,Fukuda Y,Yamaguchi I,et al. Superplastic Nanoforming of Optical Components of Pt-based Metallic Glass. Journal of Alloys and Compounds,2007, 434-435: 97-101

[111] 张志豪,刘新华,谢建新. Zr基非晶合金精密直齿轮超塑性成形试验研究. 机械工程学报,2005,41(3):151－154

[112] Kawamura,Y.,et al.,High-strain-rate superplasticity due to Newtonian viscous flow in La55Al25Ni20 metallic glass. Materials transactions-JIM,1999. 40(8): 794-803

[113] Bardt J,Mauntler N,Bourne G,et al. Micromolding Three-Dimensional Amorphous Metal Structures. J Mater Res, 2007,22(2): 339-343

[114] Saotome Y,Itoh K,Zhang T,et al. Superplastic Nanoforming of Pd-based Amorphous Alloy. Scripta Mater. 2001,44: 1541-1545

专题2 数控技术

国家数控系统工程技术研究中心 唐小琦[①]

1 引 言

1.1 高档数控机床产业是国家的战略产业

数控技术是数控机床实现自动化、柔性化、集成化、网络化、智能化的关键技术。数控机床产业是国民经济的支柱产业。经济建设和国防建设所需要的大、特、精、小等装备必须应用数控机床进行加工，例如：航空航天、国防军工制造业需要大型、高速、精密、多轴、高效数控机床；汽车、摩托车、家电制造业需要高效、高可靠性、高自动化的数控机床和成套柔性生产线；电站设备、造船、冶金石化设备、轨道交通设备制造业需要高精度、重型数控机床；IT业、生物工程等高技术产业需要纳米级、亚微米级的超精密加工数控机床；工程机械、农业机械等传统制造行业的产业升级，特别是民营企业的蓬勃发展，需要大量数控机床。数控机床越来越广泛的应用已充分证明数控机床对国民经济的发展、国防建设和综合国力的增强具有非常重要的意义。20世纪80年代初著名的“东芝事件”，就是日本东芝机械公司卖给苏联5轴联动数控机床用来加工核潜艇上用的螺旋桨以提高潜艇的性能，从而招致美国对日本的制裁。西方发达国家在5轴联动高档数控机床方面至今对我国仍然实行封锁和限制政策。2008年10月，美国政府以“帮助伊朗和朝鲜研制大规模杀伤性武器”为借口，将国内著名数控系统研发和生产企业武汉华中数控股份有限公司列入制裁“黑名单”。事实说明：高档数控机床是国家的战略物资，其所配套的高档数控系统是高档数控机床的核心部件。

---

① 唐小琦，男，1957年生，博士，教授，博士生导师。现为国家数控系统工程技术研究中心副主任、全国机床数控系统标准化技术委员会及全国工业机械电气系统标准化技术委员会委员、湖北省引进国外技术管理人才项目专家咨询委员会委员。1982年获华中理工大学（现华中科技大学）工业电子学专业学士学位，1985年获华中理工大学工业自动化硕士学位。1985—1994年在华中理工大学机械学院工作，从事非电量测量、智能仪器和数控技术等方面的研究。1998年获华中理工大学博士学位。1996年1月至1998年7月在香港科技大学从事合作研究。发表论文50余篇，其中SCI/EI收录12篇。获国家发明专利4项、软件著作权2项，申报发明专利20余项，获省部级奖励4次。近年来，承担和主持完成了国家、省部级项目十余项。目前从事的专业为交流伺服驱动技术、数控技术等。

1.2 数控机床是实现制造业现代化的关键装备

制造装备是工业现代化的基础装备，其性能质量、生产效率、成本及市场快速反应能力对制造业发展影响极大。可以说“没有装备，就没有制造业，没有先进的装备制造业，就不可能实现工业现代化”。

机床是装备制造业的工作母机，实现装备制造业的现代化取决于机床发展水平。数控技术的典型产品就是数控机床。随着世界科技进步和机床工业的发展，数控机床作为机床工业的主流产品，已成为实现装备制造业现代化的关键装备，它对制造业的产品结构、生产方式、管理机制和产业结构，乃至对其他各行各业和人类的劳动方式都会产生巨大的影响。数控机床的拥有量是衡量一个国家制造业现代化水平的重要标志，世界上各工业发达国家对此都给予了高度重视。数控机床的推广应用将使现代制造业产生巨大的变革。

1.3 数控技术是数控机床的核心技术

数控机床是制造装备的装备，是“工作母机”，是国家创新能力和综合实力的重要标志。数控系统是数控机床的“大脑”，其性能和水平的高低直接影响着数控机床的生产效率、质量和效益。数控技术是数控机床的关键核心技术，它的发展使产品实现更新和升级换代，技术性能指标大幅度提高，在功能、水平、质量、品种、使用效果和价格等方面能更好地满足制造业的市场需求，增强产品的竞争能力。另一方面，数控装备易于根据市场需求组织和改变产品生产，缩短新产品生产周期，降低能耗和生产成本。因此，数控技术以其本身特有的技术优势迅速改变着现代制造产业的产品结构和生产装备结构。

2 数控技术的发展历史

2.1 数控技术的发展历程

1952 年，美国帕森斯(Parsons)公司和麻省理工学院(MIT)合作研制了世界上第一台三坐标数控机床，其控制系统由电子管组成。1955 年，在 Parsons 专利的基础上，世界上第一台工业用数控机床由美国 Bendix 公司生产出来，这是一台实用化的数控机床。

作为数控机床“大脑”的数控系统，在微电子技术推动下其技术水平发生了翻天覆地的变化。从 1952 年至今，数控系统的发展经历了五代。

第一代：1955 年，数控系统主要由电子管组成，体积大、功耗高、可靠性低。

第二代：1959 年，数控系统主要由晶体管组成，广泛采用印刷电路板，体积缩小、功耗降低、可靠性得到提高。

第三代：1965 年，数控系统采用小规模集成电路作为硬件，其特点是体积小、功耗低，可靠性得到进一步提高。

以上三代数控系统，由于其数控功能均由硬件实现，故历史上又称其为“硬件数控”。

第四代：1970 年，数控系统采用小型计算机取代专用硬件，其部分功能由软件实现，这种系统首次在 1970 年美国芝加哥国际机床展览会上展出。

第五代：1974 年，数控系统以微处理器为核心，不仅价格进一步降低、体积进一步缩小，而且性能也不断提高。

微处理器的应用，为数控系统增加了活力，并且其性能随着微处理器的不断升级而不断提高。这一代数控系统又可细分为六个发展阶段。

1974 年，系统以位片微处理器为核心，有字符显示、自诊断功能；

1979 年，系统采用 CRT(阴极射线管)显示、VLIC(超大规模集成电路)、大容量磁泡存储器、可编程接口和遥控接口等；

1981 年，具有人机对话、动态图形显示、实时精度补偿等功能；

1986 年，数字伺服控制诞生，大惯量的交直流电机进入实用阶段；

1988 年，采用高性能 32 位机为主机的主从结构系统；

1994 年，基于 PC 的数控系统诞生，使数控系统进入了开放型、柔性化的新时代，新型数控系统的开发周期日益缩短。它是数控技术发展的又一个里程碑。

2.2 我国数控技术发展的三个阶段

第一阶段——封闭式发展阶段

从 1958 年到 1979 年的 21 年中我国数控技术处于自我封闭式发展状态，由于国外的封锁，数控机床和主要配套产品均靠国内开发和生产，技术水平低、质量差，因此，在这 21 年中，几起几落，未能得到广泛应用。数控技术和数控机床发展缓慢。

第二阶段——引进技术，消化吸收，初步建立起产业体系阶段

自从 1980 年实行改革开放政策以来，数控技术和数控机床才开始有了较大的发展，经过“六五”至“九五”期间对数控技术的引进、吸收、自主开发及产业化攻关等几个阶段的努力，我国已初步建立起数控产业体系基础。到“八五”末期，我国数控机床产量已由 1980 年的 692 台发展到 1995 年的 7291 台，增长了 10.5 倍，数控机床的品种达到 500 多种，数控系统主要生产企业 10 多家，数控机床主要生产企业 40 多家，数控机床配套产品主要生产企业 100 多家，中国数控产业的发展已经有了一定的基础。

第三阶段——实施产业化工程，进入市场竞争阶段

上世纪 90 年代以来，随着国民经济持续、稳定、高速发展，国民经济各部门对数控机床的需求量迅猛上升。强烈的市场需求为中国数控技术的发展和数控产业的建立提供了良好的机遇，但是，由于中国数控产品的水平和质量与国外差距较大，缺乏市场竞争力，因此，在国内市场需求迅猛增长的同时，数控机床的进口也增长很快，这就对中国数控产业的发展产生了严重冲击。

3 国外数控技术的发展现状

3.1 高速高精与多轴加工成为数控机床的主流

缩短加工时间、实现高效的高速加工已成为数控的发展趋势。运行高速化是指进给速率、主轴转速、刀具交换速度、托盘交换速度等实现高速化(高加速度)。目前的水平是机床主轴转速从以前的8000～12000 r/min提高到100000 r/min,并向200000 r/min逼近;在进给速度方面,当分辨率为1 μm时,最大快速移动速度可达240 m/min。在最高进给速度下可获得复杂型面的精密加工。在加工长度为1 mm的小线段时,最大进给速度达30 m/min,并且具有1.5g(重力加速度)的加减速率。

高速加工是机床、刀具、夹具和数控系统以及编程技术的集成,机床的高速化需要新的数控系统、高速电主轴和高速进给伺服驱动系统以及机床结构的优化和轻量化。直线电机在机床上开始使用,主轴上大量采用内装式主轴电机等使数控机床的速度又将跃上一个新的台阶。在提高速度的同时要求提高运动部件起动的加速度,该加速度由过去一般机床的0.5g提高到1.5g～2g,最高可达15g。

要提高数控机床的加工精度,机床不仅要具有很高的几何精度,还必须具有很高的运动轨迹控制精度,对数控机床精度的要求已经不局限于静态的几何精度,运动精度、热变形和振动的监测和补偿越来越获得重视。数控机床的定位精度已由一般的0.01～0.02 mm提高到0.004 mm左右,亚微米级机床达到0.5 μm,如加工中心的定位误差为±0.4 μm,重复定位精度为± 0.3 μm。纳米级机床达到0.005～0.01 μm。近年来数控系统的插补精度和速度大为提高,纳米级插补使两轴联动加工的圆弧都可以达到1 μ的圆度,插补前的程序预读大大提高了插补质量,并可进行自动拐角的自动加减速处理。

除了提高机械部件的制造精度和装配精度以外,还可以通过减少数控系统的误差和采用补偿技术来提高加工精度。

3.2 复合加工技术得到不断扩展与深化

加工的复合化是指工件在一台设备上一次装夹后,通过自动换刀等各种措施来完成多工序和多表面的复杂零件的全部加工工序。加工的复合化包括:工序复合(如车、铣、镗、钻、攻螺纹等);不同工艺复合(集车、铣、滚齿、磨、淬火等)(不同工艺复合加工的机床可对大直径、短长度回转体类零件进行复合加工);切削与非切削工序复合(如铣削与激光淬火装置的复合、冲压与激光切割的复合、金属烧结与镜面切削的复合、加工与清洗融于一台机床上的复合等);多功能化,如数控车床由单主轴、单刀架机构扩展为双主轴、双刀架结构,形成卧式平行双主轴、对置双主轴或立式双主轴结构等。复合加工不仅提高了工艺的有效性,而且由于零件在整个加工过程中只有一次装夹,大大缩短了生产过程链,工序间的加工余量大为减少，既能减少装卸时间，省去工件搬运时间，提高每台机床的能力，减少半成品库存量，又能保证和提高形位精度，从而打破了传统工序界限和分开加工的工艺规程。工件越复杂，复合加工相对传统工序分散的生产方法的优势就越明显。由于过程链的缩短和设备数量的减少，车间占地面积和维护费用也随之减少，从而降低了固定资产的总投资和生产成本。

复合化促使新结构数控机床大量出现，如 5 轴 5 面体复合加工机床、5 轴 5 联动加工各类异形零件的机床、虚拟轴机床、串并联铰链机床等。复合加工机床必须采用特殊机械结构，相应的数控系统需要特殊的运算方式、特殊的编程要求。

3.3　机床与机器人的集成应用日趋普及

作为工厂自动化的重要手段，机器人及其与数控机床的集成运用近年来得到了快速发展。机器人不仅用于搬运、焊接等单独岗位，更进入机床上下料、换刀、测量等岗位，大大提高工厂的作业效率。如国外的 FANUC、KUKA、ABB、Metro M 等厂家的机器人，在加工、上下料、测量、工厂自动化以及 IC 封装等方面获得了大量应用。目前的工业机器人结构多样、运动速度快，具备视觉功能和柔性化夹具等多方面特点。机器人的负载重量、动作速率等性能进一步增强，如 FANUC 的重型机器人，可搬运重量高达 1.3 吨的重物。

3.4　智能化加工与监测功能不断扩充

21 世纪以来，世界机床向高精度、高效率、自动化、智能化、网络化、集成化方面发展，不断出现新的飞跃。2006 年在美国举办的 IMTS’06 展览会上，日本公司第一次展出了智能机床，引领世界机床技术进入一个新的发展领域。智能机床的开发是在纳米化、高速化、复合化、五轴联动化等浪潮之后的一个新的发展，为今后进一步研究开发自适应控制、FMS、CIMS 创造了更多的有利条件，对将来发展工厂自动化具有很大的影响和促进作用。数控机床的智能化发展趋势对数控系统的智能控制技术、智能误差补偿技术、网络环境下的远程故障诊断等技术提出了更高的要求。

4　国外典型数控系统

世界上著名的数控系统企业主要有日本的 FANUC、三菱，德国的 SIEMENS、海德汉，西班牙的 Fagor，法国的 NUM 等。

4.1　FANUC 数控系统

4.1.1　概　述

FANUC 公司创建于 1956 年，1959 年首先推出了电液步进电机，在后来的若干年中逐步发展并完善了以硬件为主的开环数控系统。进入20世纪70年代，微电子技术、功率电子技术，尤其是计算技术得到了飞速发展，FANUC公司毅然舍弃了使其发家的电液步进电机数控产品，从GETTES公司引进直流伺服电机制造技术，1976年研制成功5系统；随后又与SIEMENS公司联合研制了具有先进水平的7系统；1979年研制出6系统；1980年在6系统的基础上同时向低档和高档两个方向发展，研制了3系统和9系统；1984年又推出新型系列产品10系统、11系统和12系统；1985年推出了0系统；1987年又成功研制出15系统。

当前，FANUC的新一代数控系统包括3个系列：

(1)0i系列

高可靠性和高性能价格比的普及型，该系列包括FS0i/0i Mate-MODEL C。

(2)16i系列

高档数控系统，适合于各种数控机床的高速、高精、纳米CNC，该系列包括FS16i/18i/21i-MODEL B。

(3)30i系列

高档数控系统，适合于先进、复合、多轴、多通道、纳米CNC，该系列包括FS30i/31i/32i-MODEL A。

4.1.2 FANUC 0i-C/0i Mate-C系统

FANUC公司在推出0i-A、0i-B系统之后，2004年上半年推出了具有高性能价格比和高度集成的FANUC 0i-C和0i Mate-C系统。该系统除保留了0i-B系列的功能外，还增加了一些新的功能。主要特点有：

(1)系统结构

0i-C/0i Mate-C采用了系统和显示器一体化的结构，系统较0i-B系列更加小型化。0i-C系统有0槽和2槽结构，可根据系统配置的硬件要求进行选择，0i Mate-C系统仅为0槽结构。系统为0槽结构时仅为70mm，2槽结构时也仅为120mm。系统面板有横式和纵式两种结构，可以满足机床的不同需要。在安装结构上，0i-C系列采用了新的结构设计，前面板采用了无螺钉孔结构，在面板背后安装螺钉，使得系统的前面板外观简洁、美观。将PC-MCIA卡接口设置在系统的面板上，可以很方便地实现ATA卡的操作。

(2)连接结构

保留了与0i-B系统相同的结构，伺服仍选用αi/βi系列伺服放大器，系统与伺服之间采用FANUC的FSSB总线(光纤)连接，采用αi/αis/βis伺服电机，I/O接口采用FANUC的I/O-Link总线连接。

(3)强大的伺服调试工具

FANUC的Servo Guide软件可以通过以太网把计算机和数控系统连接起来，通过软件程序画面、图形画面和参数画面，实现对伺服系统的测试程序的执行、伺服系统运行状况的波形显示和伺服参数调整的全过程。

4.1.3 FANUC16i/18i/21i-B系统

FANUC16i-MB/18i-MB/21i-TB是具有网络接口的高性能数控系统，有显示器与系统一体化的结构和显示与系统单元分开的独立结构，可以根据机床的实际需要进行选择。三种系统最多控制轴依次为 8-8-5 轴，其中 16i 可以实现 5 轴联动，可用于五面体加工机床。该系列按其功能的覆盖面来区分，高低顺序为 16i、18i 和 21i，其中 16i 和 18i 具有纳米插补、加速度控制功能。使用此功能可以在快速的条件下实现精度更高、粗糙度值更小的工件加工。

4.1.4　FANUC30i/31i/32i-Mode A 系列

多轴、多通道的纳米控制系统 FANUC 30i/31i/32i-Mode A 系列产品，是继 16i/18i/21i-B 系列之后，为了满足更高性能、更高精度和复合机床的需要而开发的新一代数控系统。由于该系统采用了最新的硬件，包括最尖端的高速处理器、高速 CNC 内部控制总线和高速数据传送总线，与以往的数控系统相比，大幅度地提高了数控系统的性能。该系统具有如下突出的特点：

（1）多轴、多通道

该系统具有 10 个通道、32 伺服轴和 8 个主轴的控制能力。可以支持各种大型机床和复合机床，如多塔头车床、单铣头复合机床和多轴多指令的自动车床的控制。另外，该系统还提供了多通道功能，如同步重组功能、路径间主轴控制和路径间的干涉检查等。

（2）丰富的 5 轴加工功能

该系统具有丰富的 5 面体加工功能，可以满足不同形式机床的需要。如主轴头旋转型、转台旋转型和主轴头转台旋转型等。

（3）强大的 PMC 控制功能

采用了专用的处理器和最新的 LSI 技术，实现了 PMC 的高速度、大容量的控制。PMC 每步处理周期为 25ns，最大程序容量为 112200 步，4 个 I/O Link 通道，可以管理 4096 点/4096 点的输入/输出点。

（4）支持以太网络和具有多种现场总线

安装了通讯速率 100Mbps 的以太网接口，可方便地实现数控机床的网络管理。另外，该系统可支持 FL-net、PROFIBUS－DP、DeviceNet 现场网络接口，可非常方便地构成车间网络。

4.1.5　FANUC 数控系统主要特点及技术数据

FANUC 数控系统主要特点是能满足低端到高端的不同需求。它从一般的车床、铣床、加工中心、磨床到功能齐全的复杂、先进的复合、高精、高速和高效、多轴联动、多工位、多通道数控机床等，都能满足，也可以适应从金切机床到冲压成形机床的不同品种的需要。FANUC 的新一代低端 CNC FS0i/0i Mate-MODEL C 是非常小型化的高可靠性、高性能价格比的数控系统。其中 FS0i-MODEL C 最多可以进行 4 轴控制，它的功能以功能包形式划分为 A、B 两种，以便更适合不同机床的档次，比如对 A 功能包，可以用于模具加工。而 FS0i Mate-MODEL C，最多可以控制 3 轴，并具有操作工具“操作指南 0i”及“TURN MATE i”。

表 2-1 列出了 FANUC 数控系统各系列分辨率和快速进给率的比较。

表 2-1 分辨率和快速进给率的比较

分辨率	快速进给率				
	0C 系列		新一代数控系列		
	0C	0D	0i（FANUC Series0i/0i Mate-MODEL C）	16i（FANUC Series16i/18i/21i Mate-MODEL B）	30i（FANUC Series30i/31i/32i Mate-MODEL A）
1 μm	100 m/min	100 m/min	240 m/min	240 m/min	1000 m/min
0.1 μm	24 m/min	24 m/min	100 m/min	100 m/min	100 m/min
0.01 μm	—	—	—	10 m/min	10 m/min
0.001 μm	—	—	—	—	1 m/min

FANUC 新一代数控系列采用高速光缆 FSSB 将 CNC 与多个伺服放大器串行联接。FANUC 串行伺服总线 FSSB 的传送速度比以往提高 2 倍以上，1 根光缆最多可以控制 16 轴伺服电机。采用高速 DSP 和高速 FSSB 传送伺服控制信号，实现 31.25μs 的伺服电路控制周期。由于采用光缆传送信号，速度高，同时大大减少了连接的电缆，因此也大大提高了可靠性。

4.2 SIEMENS 数控系统

4.2.1 概　述

德国 SIEMENS 公司凭借其在数控系统及驱动产品方面 30 年的专业思考与深厚积累，不断制造出机床产品的典范之作，为自动化应用提供了日趋完美的技术支持。SINUMERIK 不仅意味着一系列数控产品，更在于生产一种适于各种控制领域不同控制需求的数控系统，其构成只需很少的部件。它具有高度的模块化、开放性以及规范化的结构，适于操作、编程和监控。

SIEMENS 公司的数控装置采用模块化结构设计，经济性好，在一种标准硬件上，配置多种软件，使它具有多种工艺类型，满足各种机床的需要，并成为系列产品。随着微电子技术的发展，新的系统越来越多地采用大规模集成电路（LSI）、表面安装器件（SMC）及应用先进加工工艺，从而使结构更加紧凑、性能更强、价格更低。该系统采用 SIMATICS 系列可编程控制器或集成式可编程控制器，用 STEP 编程语言，具有丰富的人机对话功能，具有多种语言的显示。

SIEMENS 公司的 CNC 装置主要有 SINUMERIK3/8/810/820/850/880/805/802/840 系列。

图 2-1 所示是 SIEMENS 各系统的定位。

SINUMERIK 和 SIMODRIVE 被广泛应用于汽车工业、模具制造业、航空制造业、消费类物品制造业、能源和动力设备制造业等制造自动化领域。SIEMENS 运动控制产品能够充分满足各种领域内的具体要求。无论是高技术高精度机床，还是经济型数控设备，从全球

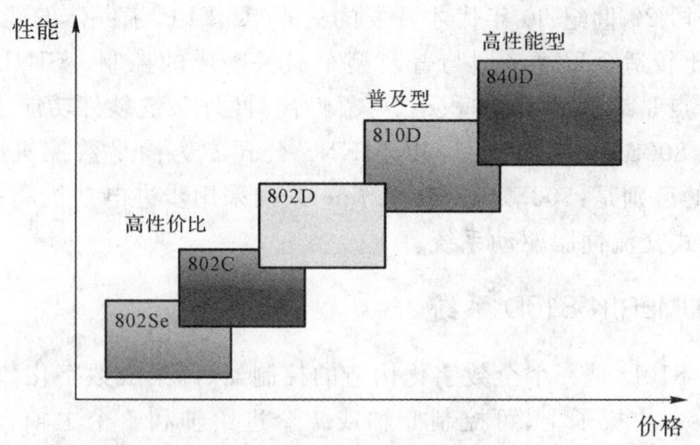

图 2-1 SIEMENS 各系统的定位

技术领先的 840D 到经济实用的 802C/S base line，SINUMERIK 的全系列产品总有一款适合需求。

SIEMENS 公司还开发了各种不同的用于数控装置的人机操作接口软件，令工作更轻松。同时，本地化的研发和生产将使 SIEMENS 数控产品更加贴近中国市场，满足广大用户的需求。SIEMENS 还致力于中国数控加工领域的人才培养事业。SINUTRAIN 数控教育培训软件已成为大专院校进行数控教学的有力工具。

4.2.2 SINUMERIK 801 系统

SINUMERIK 801 数控系统正是 SIEMENS 公司针对中国客户、针对经济型车床的市场需求，依托多年来在中国市场的成功经验，并结合 SIEMENS 先进的数控技术以及设计理念，全新打造的经济型数控系统。为了更加贴近中国的市场与客户，该系统由 SIEMENS 数控(南京)有限公司进行研发测试与生产，通过充分的本地化，为广大的国内用户提供更近距离的产品与服务。

SINUMERIK 801 可配备两个进给轴，一个模拟主轴，能够充分满足经济型车床的技术要求。801 系统集成了一系列数控功能与特性，使得调试过程更为简便，包括精简的机床参数集、固化的 PLC 应用程序、机床参数与用户数据的备份等，为机床的批量生产提供了便利。

该系统具有高度集成的系统设计：4.7 英寸液晶显示器，紧凑美观的一体式机床操作面板，高可靠性的操作控制键；并且集成了各种丰富的机床控制功能和完整的图形轮廓支持，使得机床的操作使用更为简单便捷，包括带有图形支持的对刀功能、丰富的带有图形支持与中文注释的车削工艺循环、图形轮廓编程以及支持轮廓计算的袖珍计算器等。SIEMENS 在机床数控系统领域的丰富经验与强大技术能力使 801 系统能够胜任多种车削工艺：开深槽、坯料去除、螺纹车削、深孔、弹性攻丝等，都可以通过固定的车削循环以及丰富的编程指令集来实现。

4.2.3 SINUMERIK 802 系统

SINUMERIK 802 系统包括 802S/Se/Sbase line、802C/Ce/Cbase line、802D 等型号，

它是SIEMENS公司20世纪90年代才开发的集CNC、PLC于一体的经济型控制系统。该系统的性价比高，比较适合于经济型与普及型车、铣、磨床的控制。SINUMERIK 802系列数控系统的共同特点是结构简单、体积小、可靠性高，此外系统软件功能也比较完善。

SINUMERIK 802S、802C系列是SIEMENS公司专为简易数控机床开发的经济型数控系统，两种系统的区别是：802S/Se/Sbase line系列采用步进电动机驱动，802C/Ce/Cbase line系列采用数字式交流伺服驱动系统。

4.2.4 SINUMERIK 810D系统

SINUMERIK 810D是一个全数字化构造的控制器、高集成数字化数控系统，可将CNC和驱动系统集成在一块板子上；可控制5轴或4个进给轴和1个主轴；可实现4轴线性插补；采用SIMATIC S7-300家族紧凑I/O模块；高速加工中的综合运动控制；提供机械扰动补偿等。

在数字化控制的领域中，SINUMERIK 810D第一次将CNC和驱动控制集成在一块板子上。快速的循环处理能力，使其在模块加工中独显威力。

SINUMERIK 810D NC有一系列的软件选件，如提前预测功能，可以在集成控制系统上实现快速控制；坐标变换功能；固定点停止功能可以用来夹紧工件或定义简单参考点；刀具管理功能、样条插补功能(A、B、C样条)用来产生平滑过渡；压缩功能用来压缩NC记录；多项式插补功能可以提高810D/810DE运行速度；温度补偿功能。此外，系统还提供钻、铣、车等加工循环。

4.2.5 SINUMERIK 840D系统

SINUMERIK 840D数字NC系统用于各种复杂加工。它在复杂的系统平台上，通过系统设定而适用于各种控制技术。840D和SINUMERIK_611数字驱动系统和SIMATIC 7可编程控制器一起构成全数字控制系统，可适用于各种复杂的加工任务控制，具有高于其他系统的动态品质和控制精度。

SINUMERIK 840D是SIEMENS数控产品的突出代表，于20世纪90年代推出。它保持SIEMENS前两代系统SINUMERIK 880和840C的三CPU结构——人机通信CPU(MMC-CPU)、数字控制CPU(NC-CPU)和可编程逻辑控制器CPU(PLC-CPU)。三部分在功能上既相互分工，又互为支持。它在复杂的系统平台上，通过系统设定而适于各种控制。840D与SINUMERIK 611数字驱动系统和SIMATIC S7可编程控制器一起，构成全数字控制系统。它适于各种复杂加工任务的控制，具有优于其他系统的动态品质和控制精度。标准控制系统的特征是具有大量的控制功能，如钻削、车削、铣削、磨削以及特殊控制，这些功能在使用中不会有任何相互影响。由于开放的结构，这个完整的系统也适于其他技术，如剪切、冲压和激光加工等。

SINUMERIK 840D的突出之处在于其不断扩展的特性：

(1) 包括神经网络，其自学习、自优化系统使系统的调整时间大为缩短。精调也可按机床用户的要求简单自动地进行。

(2) 交互式编程是操作简单但功能强大的编辑工具，它给操作人员极大的自由度，使零件设计到工件成形的时间大幅度缩短。

(3) 为便于 PLC 编程,开发了 S7-HiGraph 点阵图形辅助编程工具,用于快速、简单的机械运动及时序的逻辑设计。

(4) 全新的 AUTOTURN 软件使车削工件的编程大幅度简化,加工计划也可简单地通过按键生成。

(5) 在 SINUMERIK 840D 和 SIMODRIVE 611 的基础上,只需最少的硬件和软件投资,即可生成易于使用的仿形数字化系统。

SINUMERIK 840D 系统适用于所有的数控场合,10 个加工通道,从 2 轴到 31 轴控制。系统有三种不同类型的主板而分别适用于高级、中级和基本的应用范围。840D 系统控制器和相关的软件均按照模块化结构进行配备,可以实现从复杂的多轴运动控制直到高速切削所需要的数控系统基础平台和应用范围很广的应用操作知识库。零件的编程以易于操作使用为原则,可使用循环方式和轮廓方式直接进行编程,用通俗易懂的图形模拟方式验证切削路径和几何尺寸,可选定一个面、顶部或三维观察的方式,采用带刀尖轨迹或不带刀尖轨迹进行模拟显示。

4.2.6 SINUMERIK 828D

SIEMENS 推出的最新系统为 SINUMERIK 828D。它突出了紧凑、强壮、简单、完美等特色。828D 是为紧凑机床而设计的新的 CNC 控制系统,是专门针对 FANUC 0i 系统而开发的中档产品,因此其未来将成为国产数控系统的强劲对手。

该系列数控系统具有如下特点:

(1)80 位纳米插补。可工作在 80 bit 的浮点计算精度,达到无法匹敌的轮廓控制精度,从而获得最高的工件精度。

(2)高级曲面技术。Advanced Surface 实现完美的工件表面加工质量,在提高工件表面质量的同时,大大减少机器时间,创新的“look-ahead”方法实现计算前后路径动作的一致性,从而获得完美的加工表面,特别适用于模具加工。

(3)智能定位与运动转换。无论是在加工旋转工件的端面、外围,还是在旋转平面进行铣削,都能智能转换加工平面,确保加工正确的位置。

(4)Program GUIDE。灵活的数控编程语言和可读性强的高级语言,灵活性方便地将强大技术工艺循环组合在一起。

(5)独特的 ShopMill / ShopTurn 顺序编程功能。便利编程,极大减少编程时间,实现最大生产效率。

(6)动态线条图形显示。CNC 程序中所有几何元素都可以按真实的比例显示,即使没有仿真,也可完美地显示程序代表的几何元素改变或增加。

(7)宽范围的自动循环功能。钻铣循环、自由选择位置式样选择以及强大的旋转循环等定制的工艺循环,实现复杂加工的最短编程时间,获得最大加工效率。

(8)复杂轮廓的几何处理器,可在 CNC 上直接生成复杂的轮廓,甚至部分定义的轮廓元素可自动计算。

(9)高程序质量的 CNC 模拟仿真,无论是在端面、周边的表面或者旋转加工,在保证最高的加工稳定性的同时,可任意放大观察小的角落的数控加工仿真。

4.3 FAGOR 数控系统

4.3.1 概　述

西班牙发格(FAGOR)公司是专门生产数控产品的公司,是世界著名的机床数控(CNC)、数显(DRO)和光栅尺制造商(世界第二大数显表、光栅尺、编码器制造商,世界前四名数控系统制造商)。它诞生于20世纪50年代,经过半个世纪的发展、壮大,现已拥有员工上万名,产品涉及众多领域,如数控系统、伺服驱动系统、数显表和光栅反馈系统、半导体、大型冲压机械设备、汽车零部件、机械制造工程、家用电器、高档家私。其生产的自动化控制产品包括高中低档可控制 1～32 轴的各种规格型号的数控系统、数字化交流伺服和电机系统、数显表、光栅尺和编码器等,产品畅销国际市场,其特点是品种全、质量好、功能强、价格低和良好的售后服务。发格公司生产的数控系统主要用于数控雕铣机、数控车床、数控镗铣床、加工中心、激光/火焰/等离子/切割机等。其中雕铣机是发格公司在国内发展较快的一个市场。

发格品牌的产品畅销全球。该品牌已成为象征技术超群、管理领先的世界著名品牌。20 世纪 80 年代末进入中国市场,并以优质低价和良好的服务赢得了许多国内用户的好评。

发格公司产品的显著特点是操作和安装极其方便,界面友好,宜人化强。其产品的可靠性和耐用性也经受住了时间的检验。多年来,发格公司在产品开发过程中,始终致力于把世界先进技术同产品的适用性有机地结合起来,使得其所开发的产品具有极好的宜人性,便于操作、便于编程、便于维护。特别是发格公司在世界上率先开发出的一种全新概念的、用象形符号方式进行编程与操作的“傻瓜”数控系统更是把数控系统的操作方式推向了一个崭新的阶段。高质量的产品、良好的性价比、优秀的技术人员、充足的备件、优质高效的服务是发格公司的优势所在。

发格数控系统操作友好、简单、直观,支持符合 ISO 标准的 G 代码编程及高级语言编程,且具备交互式编程功能(通用式或开放式)。发格数控系统能适应单件加工及批量加工。

发格数控系统提供的辅助调试、示波器、圆周几何测试等功能可帮助机床厂商用最短的时间来制造机床。发格公司还提供用于高速加工的性能卓越的数控系统。

4.3.2 FAGOR 8070 数控系统

FAGOR 8070 是发格公司目前最高档的数控系统,代表了 FAGOR 的顶级水平。速度快、精度高、开放性好、功能强大、升级容易是其显著的特点。CNC 8070 是 CNC 技术与 PC 技术的结晶,是与 PC 兼容的数控系统,采用 Pentium CPU,可运行 WINDOWS 和 MS-DOS。

FAGOR 8070 的主要技术特性:可控制 16 轴＋3 电子手轮＋2 主轴,可运行 VISUAL BASIC、VISUAL C＋＋,程序段处理时间小于 1ms,PLC 可达 1024 输入点/1024 输出点,执行时间 1ms/1K 指令,具有以太网、CAN、SERCOS 通讯接口,可选用±10V 模拟量接口。

8070 CNC 数控系统在保证机床精度的条件下,指令执行时间极短。

FAGOR 8070 CNC 作为开放式数控系统,具有较大的程序及数据存储能力(硬盘)及较强的通讯能力，可集成第三方软件，具有丰富的用户定制功能。

可扩展的输入/输出模块（模拟、数字、反馈）可组合以获得最佳配置。这些模块可按照 OEM 的要求，安装在机床的不同地方（通过 CAN 连接）。利用 8070 CNC 模拟器，用户可在 PC 机上模拟 FAGOR 8070 CNC 的功能。

FAGOR CNC 8070 数控系统主要用于要求具有高速度、高精度、高配置的机床上。

4.3.3 FAGOR 8055 数控系统

功能强大的 FAGOR 8055 CNC 系统可应用于绝大多数机床，包括车床、车削中心、铣床、加工中心和其他通用机床。由于其强大的计算能力和处理速度，它为用户提供了高档的性能和最大的编程灵活性。

轮廓编程及交互式人机对话编程功能使编程极为容易。

PLC 逻辑分析仪使安装调试极为容易。

交互式型号 FAGOR 8055 (MC/TC) 系列 CNC 除具备所有的标准功能外，还提供了交互式图形编程界面，这样操作起来不需任何编程知识。其技术参数及功能如下：三维实体图形刀具轨迹模拟，直线、圆弧、螺旋线插补，7 轴联动，智能轮廓编辑。

FAGOR 8055 TCO/MCO 系列数控系统，基于 PC 的工具可使用户定制自己的循环与应用。这些集成在 CNC 内部的循环，可以像其他人机对话式系统一样使用。其特点如下：用户定制键盘 TCO/MCO，用户界面 TCO/MCO，简洁的高级语言定义设置个性化窗口的配置文件，由 PLC 控制切换屏幕不同区域的显示内容。

8055-i CNC 具有集成化的 CPU 和较小的安装尺寸，它可以安装在机床的任何部位。该款功能强大的 CNC 可配置不同的型号：带 ISO 编程，人机对话式型号，OEM 定制型号。

教育型 8055 CNC 数控系统是特别为培训中心设计的，它可以编辑并模拟零件加工程序，并将程序通过 DNC 或网络传输到数控机床，以便加工零件。它的中央单元可以工作在铣床或车床模式，并提供 8055 系列数控系统的所有软件选项。

4.4 HEIDENHAIN 数控系统

4.4.1 概　述

海德汉（Heidenhain）是拥有 110 多年光刻制造技术的德国公司，它以生产高精度的产品而著名，产品主要包括直线光栅尺、长度计、角度编码器、旋转编码器、轮廓控制器、三维接触探测器、数字显示器等，其中光栅尺的分辨率高达 1 nm，光栅尺的精度高达 $\pm 0.1\ \mu m$，角度编码器精度高达 $\pm 0.2''$，绝对式角度编码器位数为 27 位，产品遍布全球。海德汉公司在 43 个国家有分公司，而其中大部分也有自己的分支机构，共有员工近 6000 人，在德国总部 Traunreut 大约有 2500 人。其销售工程师和技术服务人员都能够用当地语言为用户提供技术信息和服务。2005 年该公司的销售额约 8 亿欧元。产品具有广泛的应用领域，包括机床行业、三坐标测量机、精密转台、工厂自动化、电机行业、电子制造设备、印刷行业、造纸行业、水利行业、纺织行业、天文望远镜、航空和航天工业等。海德汉在光栅尺、编码器及数控系统等产品的销售和研发在当今世界居于领先地位。

海德汉具有从简单的小型iTNC320三轴数控系统到数控系统最高支持15轴加主轴的iTNC530,其TNC数控系统几乎能满足任何应用要求。

4.4.2 iTNC530数控系统

HEIDENHAIN iTNC530数控系统是一个万能的、面向车间的,用于铣床、钻床、镗床和加工中心的轮廓加工数控系统。它内置了数字驱动系统和变频器,能在高速加工中生产出高精度的工件轮廓。iTNC530数控系统最多可控制13个主轴。程序段时间处理只有0.5ms,采用硬盘保存程序。iTNC530可选配两个处理器,将Windows 2000操作系统选作用户界面,运行标准的Windows程序。

iTNC530采用全新的微处理器结构,具有非常强大的计算能力。iTNC530控制系统具有可控制达12轴,控制器本身包含了主机单元(MC)和控制单元(CC)两个部分。

主机单元(MC)采用了奔腾Ⅲ-800芯片、133MHz总线频率,这是进行所有计算、屏幕显示和数据通讯的保证。iTNC530所有的实时任务均在自己开发的实时操作系统(HEROS)下完成,而且海德汉也可提供带双处理器的主计算机,它既可以保证系统的实时计算和稳定性能,同时又能满足用户对Windows应用程序的需求。同时主机单元中的存储是通过容量达30G的硬盘实现的,这对复杂模具加工提供了充足的存储空间。主机单元带有各类数据通讯接口(Ethernet/RS232/RS422/USB等),所配备的快速以太网通讯接口能以100Mbit/s的速率传输程序数据。

控制单元(CC)最新的设计集成了控制系统的所有伺服控制回路(位置环/速度环/电流环),所有的伺服计算都在DSP(数字信号处理器)中完成。从而测量元件的反馈均集成在控制单元上,包含位置反馈和速度反馈。其优势在于:保证伺服计算快速和实时要求,减小各伺服回路周期,减少各个回路间的通讯延迟,可在位置回路实现高增益,实现高速和高表面质量加工,并可很好地控制直接驱动(直线电机和力矩电机)。

海德汉公司可以根据需要提供全套的iTNC530数控系统,包括变频器模块、电源模块和伺服电机及主轴电机。同时,海德汉数控系统还具有很好的开放性能,能够连接第三方的变频器或电机,组成全套系统数字系统。由于iTNC530特殊的控制单元设计,所有的伺服运动控制均在控制单元中实现,其输出为数字PWM信号,因而后续的变频器主要提供运算放大功能。

针对复杂的曲面,如果要实现高速、高精和高表面质量加工,在具备好的硬件基础上控制系统软件也必须具有好的伺服性能及高速控制能力。

4.4.3 iTNC320数控系统

HEIDENHAIN iTNC320是一个小型的面向车间使用的轮廓加工数控系统,主要用于简单钻床、铣床、镗床。带有TFT纯平液晶显示器和TNC控制键盘内置了功能强大的主计算机、显示单元和TNC操作面板,通过模拟量速度指令接口最多可控制4轴(选装5轴)。用户可以在机床上用HEIDENHAIN对话格式编程语言和实用、可靠循环对控制系统编程。图形显示功能为编程提供了更多帮助。

5 我国数控技术的发展现状

5.1 我国数控技术的现状

经过“六五”至“十五”5个五年计划的实施，中国数控技术及其产业的发展有了长足的进步，具备了相当规模，取得了令人瞩目的成就。

(1)数控机床产值和产量快速增长

数控机床产值从“九五”末的4.9亿美元增加到“十五”末的21.8亿美元，年平均增长34.8%。数控金切机床的产量从“九五”末的1.4万台增加到“十五”末的6.0万台，年均增长达到33.5%。到2007年，国产数控机床产量达到了12.6万多台，同比增长32.6%，占全部金切机床产量(606835台)的比重由2005年的13.3%增长到2007年的20.7%。按照年平均汇率折算，我国机床销售产值达到107.5亿美元，机床产值数控化率从2004年的32.7%提高到2007年的43.7%，比上年同期增加5.2个百分点，产值继续保持世界第3的位置。

数控机床产量的快速上升也带动了出口，2007年数控金属加工机床出口5.0亿美元，同比增长48.2%，占金属加工机床出口额的30.0%。不仅一般数控机床出口，高档数控机床也相继出口，如四川长征机床集团的GMC2000H/2五轴联动高速、高精重型龙门加工中心出口美国艾勒德机械工程公司，齐二机床集团的TK6920重型数控镗铣床打入欧洲市场，济二机床集团的冲压生产线出口巴西和美国等，标志着中国机床产品出口结构开始发生变化。进口增幅回落，进出口逆差有所缩小。

有了一定规模的产业基地，产业组织结构也得到了明显优化，已有一批具有自主版权的数控系统生产厂家，形成了一批数控机床生产的主导企业。2005年，数控机床年产量达到1000台的企业已有11家，数控机床年产量前10名企业的产量集中度达到45.9%。沈阳机床集团公司年产数控金切机床达到10008台，占全国总产量的16.8%；大连机床集团公司年产数控金切机床4734台，占全国总产量的7.9%，双双进入世界数控金切机床生产大企业行列。在数控系统生产方面，以华中数控、广州数控为代表的企业，开发生产有自主知识产权的中、高档系统，完全打破了国外封锁，国产数控系统市场占有率迅速提高。截至2006年6月，共有大连机床、沈阳机床、秦川机床、上海电气机床集团、哈尔滨量具刃具集团公司、北京第一机床厂、杭州机床集团公司等7家国内企业，并购了10家国外知名的机床工具企业，在国际化经营中迈出了可喜的一步，提高了中国机床工业在国际上的知名度，为行业引进技术、发展成套和扩大出口创造了条件。

总量供给能力不凡，市场占有率有了根本性的改观。2007年，随着我国机床行业的产品结构的优化，市场竞争力进一步提升，国内企业终于夺回了机床市场的半壁江山，从2001年以来国产机床市场占有率首次突破50%。表2-2所示为“十五”初年以来各年度国产机床市场占有率状况。

表 2-2 “十五”初年以来各年度国产机床市场占有率状况

年份	2001	2002	2003	2004	2005	2006	2007
国产金属加工机床市场占有率(%)	39.3	39.3	38.6	37.4	39.7	44.8	57.4

普及型及经济型数控机床发展很快，尤其是经济型数控机床已能完全满足国内需求。

至 2007 年底，数控产品达 1500 种，覆盖超重型机床、高精度机床、特种加工机床、锻压设备、前沿高技术机床等领域。

(2)研制开发出一批重大数控机床

研制开发出一批“高、精、尖”重大数控机床，为国民经济和国防建设提供了一大批关键装备。

五轴联动数控机床产品已陆续推向市场。五轴联动数控重型落地镗铣床、重型复合车铣床、龙门式铣镗床、加工中心等已推向市场。

在数控超重型机床方面，已开发成功、投入使用加工件直径可达 16 m 的数控立式车床，加工工件重 300 t、直径 4.5 m 的卧式车床，工件重 200 t、直径 2200 mm 的数控轧辊磨床，成为少数几个超重型机床供应国之一。

立式和卧式加工中心是占数控金切机床需求总量约 30%左右的加工装备，国内约有 40 家企业在进行生产，几百个通用品种批量生产，少数厂家已有高精度型、大规格型进入市场。在第 5 届中国数控机床展览会(CCMT 2008)上我国展出的加工中心共有 179 台，其中立式加工中心 111 台，卧式加工中心 37 台，龙门加工中心 21 台，其他加工中心有 10 台。

数控车床同样是数控机床中占比重最大者之一，我国约有近 50 家企业在生产，产品品种齐全，质量稳定可靠。

在数控齿轮加工机床方面，成系列的六轴五联动数控滚齿机、七轴五联动蜗杆型砂轮磨齿机、七轴六联动弧齿锥齿轮磨齿机都是最近 3 年来进入批量生产的具有世界先进水平的机床新品。在第 5 届中国数控机床展览会(CCMT 2008)上我国展出了数控磨床有 100 多台，数控齿轮加工机床有 30 多台。

(3)掌握了具有世界水平的现代数控技术

掌握了数控系统、伺服驱动、数控主机、专机及其配套件的基础技术，其中大部分技术已具备进行商品化开发的基础，部分技术已经实现产业化，主要体现在：

1)突破和掌握了多项数控前沿技术和共性关键技术，成功开发了具有网络功能的开放式数控系统，通过对开放式数控系统的体系结构和规范的研究，建立了开放式体系结构的硬件平台和基于 LINUX、WINDOWS 等多种操作系统的软件平台，其中华中世纪星是以工业 PC 机为基础构成的总线式、模块化、开放型、嵌入式的硬件体系结构和多通道软件技术的数控体系结构，其功能扩展及剪裁方便，可用于不同档次、不同品种数控系统的开发，可进行多轴联动控制，标志着我国已完成了具有自主版权的数控系统的开发，使我国数控技术的发展进入了一个新阶段。

2)通过自主开发和引进技术，掌握了数字交流伺服驱动单元和交流主轴控制系统的部分关键技术，完成了系列产品型谱设计，设计开发了部分规格的数字交流伺服驱动单元和交流主轴控制单元，并形成批量生产能力。

3)高端数控机床关键技术取得了重大突破，五轴联动技术、复合加工技术及装备的实际应用领域不断扩大，代表产品有五轴联动横梁移动式高速龙门铣床、五轴联动龙门加工中心、五轴联动车铣中心、五轴联动立式叶片加工中心、五轴联动卧式加工中心、六轴五联动弧齿锥齿轮磨床等。五轴联动编程技术和应用技术的突破，不仅打破了国外对我国的技术封锁，而且使该技术的应用进入实用化阶段。与此同时，复合加工技术的研究也取得了一定进展，已研制完成的五轴联动车铣复合中心、五轴五面体加工中心、双主轴双刀架车削中心等关键设备也已实现商品化。

4)高速加工技术(HSM)的研究与应用取得重要进展。通过对高速主轴、直线电机、高速加工刀柄(HSK)等单元技术开展研究，完成了 8000～10000 r/min 的分离式主轴单元和 10000～18000 r/min 的内装电机电主轴单元的开发和加工制造工艺，实现了在国产加工中心和数控机床上的应用。研制成功适合高速机床加工的 HSK 工具系统，并已将其转化成国家标准。直线电机关键技术的开发与应用技术的研究取得实质性进展，基本掌握了负载变化扰动、热变形补偿、隔磁和防护等部分关键技术。

由于上述高速加工单元技术的突破与应用，使国产数控机床的技术水平有了较大提高，缩短了与国外同类产品的差距，部分替代了进口。目前，立式加工中心主轴最高转速由 6000～8000 r/min 提高到 10000～15000 r/min，最高可达 24000 r/min；快速进给从16 m/min 提高到 24～40 m/min，最高可达 60 m/min；数控车床主轴最高转速从 3000 r/min 提高到 4500 r/min，车削中心的主轴转速最高达到 7000 r/min；快速进给从 8 m/min 提高到 15 m/min，最高达 40 m/min。

5)精密和超精密加工技术的研究不断深入。如针对导航系统关键零件加工的超精密加工技术与装备，不仅打破国外对我国的封锁，而且满足了国防建设的急需。

(4)产品研发手段有较大提高

CAD、CAPP 技术在国内主要机床制造企业中得到了普及。技术人员产品开发与市场结合的思想有了根本性的转变。通过工业造型 CAD 设计技术的研究与应用，开展智能化辅助网络协同造型设计，产品设计与市场需求紧密结合，较大幅度地提高了国产数控机床的外观造型水平。11 家承担产业化任务的机床厂研发的数十种产品，投入市场后取得了显著的效果。用户普遍反映我国数控机床的直接感观连续上了几个台阶，具有时代感和实用性，大大增强了市场竞争力。

(5)数控机床的可靠性增长技术研究取得较好效果

“十五”期间，继续对数控机床的可靠性增长技术开展深入研究和应用实践，同时开展了数控系统的可靠性增长技术研究与应用，并在上述应用实践的基础上开展了可靠性技术评定规范的研究，目标是使国产数控机床的可靠性指标(MTBF)比“九五”末期提高 15%～20%。由于国产数控机床可靠性的不断提高，提高了广大用户对使用国产数控机床的信心。从近三年国内技改投资购买设备看，通用型的数控车床、加工中心、大型数控机床等大多采用了国产设备。

(6)开展了相关技术规范的研究

在开展数控配套技术研究的同时开展了相关技术规范的研究，如对精密加工中心、数控车床和车削中心、开放式数控系统体系结构、关键功能部件的相关技术规范开展研究，并有部分研究成果形成了国家标准。

5.2 我国数控技术存在的问题

我国的国产数控机床总量虽然增加很快，但核心竞争力不强，市场占有率不高。我国是机床生产大国，但不是机床制造强国，国产机床的发展仍然难以支撑国民经济和国防军工的需要。尽管近几年国产机床市场销售量不断提高，但至2005年进口机床在国内市场占有率仍高达60%，其中汽车、航空、航天、兵器、造船、通用机械等行业是主要进口大户。2002—2006年，我国已经连续五年成为世界最大的机床进口国，以2004年进口为例，从日本、台湾、德国进口的数控机床分别占国内市场的19.7%、12.1%和8.6%。国产高档数控机床在品种、水平和数量上远远满足不了国内发展需求。目前经济型数控机床基本自给，但高级型数控机床绝大部分依靠进口，普及型数控机床国内市场进口产品占据很大数量。从行业总体来看，主要差距是：

(1)产业化水平不高

这主要表现在以下四个方面：一是国产数控机床品种不全，总量不大，企业生产规模较小，新产品推向市场速度不快。目前国产数控机床按价值量计算占国内市场不足三分之一，经济型、普及型数控机床品种比较齐全，高级型数控机床刚刚起步，高水平的产品品种数只相当于德、日等国的10%左右。二是产业结构不合理，专业化配套和协作水平低，没有形成数控产业发展的功能部件支撑体系。三是机床工具行业自身技术装备比较落后，全行业的装备数控化率(按设备台数计)平均值仅为3%～5%，企业信息化管理水平不高；四是行业生产效率较低，目前金切机床行业人均年销售收入仅为19.3万元，企业的赢利能力较差，多数企业尚未进入良性循环。

(2)功能部件发展滞后

数控机床的发展需要高水平、专业化、规模化生产的功能部件做支撑。目前我国低端数控机床所需的功能部件，如经济型数控系统、滚珠丝杠、四方刀架等基本可以满足配套需要。但为中档及中高档数控机床配套的功能部件，如加工中心用刀库和机械手、数控车床转塔刀架、高速主轴单元、高速传动单元、数控回转工作台、高速工具系统等几乎都是从国外购买的。多年来，我国数控机床功能部件产品开发能力弱，设计与制造技术水平不高，发展速度较慢，没有形成适应主机产业化需要的开发、专业化生产和社会化服务配套体系。在技术高起点、生产专业化、产量规模化方面与国际功能部件生产企业有较大差距。根据行业调查，各类功能部件国内配套比例大约在15%～50%之间不等，而在普及型和高级型数控机床中，国产关键功能部件配套比例更低。功能部件产业发展滞后，已经明显阻碍了国产数控机床的发展。没有高水平的功能部件，就不可能生产高水平的数控机床。没有功能部件的产业化，就不可能实现数控机床的产业化。

(3) 技术开发能力不足

国有企业经济效益相对较低，基础研究、技术攻关和新产品开发的投入严重不足。根据行业内调查，主要企业平均科技投入不足年销售收入的2%，直接影响了创新能力的提高。民营企业大多处在发展的初级阶段，技术开发能力相对较弱，还需要技术和资金积累的过程。三资企业的技术开发多数受制于外方。从行业总体来看，产品开发能力不足，高级型数控机床开发还停留在引进技术或引进产品的消化吸收上，技术转化和创新进展缓慢，导致高水平数控机床品种发展不快。产品结构不合理，目前，国产数控金切机床经济型台数与普及型高级型(中高档)台数之比约为 7∶3，而相应国内市场消费台数之比约为 4∶6。全行业科技人才不足，特别缺乏技术带头人。基础开发理论研究、基础工艺研究和应用软件开发不能适应数控技术快速发展的要求。

(4)高档数控系统发展缓慢

随着改革开放和市场经济的逐步建立，国外知名数控系统生产企业相继在国内建立了合资企业，利用其强大的技术、资金和人才优势扩大了在国内的生产和销售，市场份额逐年增加。目前在为主机配套的国产数控系统中，主要是为数控车床配套(2～3 轴)的数量占 90%以上，而加工中心和数控铣床用数控系统由于技术难度较高(3～4 轴)，配套比例大约为 30%，高档数控系统配套比例更低，约为 1%。目前，国产高档数控机床仅占数控机床总产量及价值量的 1.5%和 2.5%，航空航天、船舶、发电设备、轨道交通等所需的大型专用数控机床及工艺装备基本依赖进口，汽车及关键零部件成套设备的 70%依赖进口。这种情况已严重影响了国民经济建设和国防安全，必须自主发展高档数控系统。要发展高档数控机床，发展高档数控系统是关键。因此，提高数控系统技术性能和可靠性，引导和大力推动国产数控系统的配套成为当务之急。

(5)综合服务能力不强

机床行业大部分企业的管理水平不适应市场要求，运用信息化手段提高企业基础管理水平尚有很大差距。由于体制、机制改革不到位，人的积极性和创造性没有得到充分发挥，影响了企业效率以及成本、质量的改善。服务体系不健全，用户服务工作不规范，服务人员素质和基本功不高，没有形成全方位的服务能力，主要表现在新的市场开拓、成套技术服务、快速反应能力等方面不能满足用户要求。

6 我国数控产品市场情况

6.1 经济、国防建设对高性能机床的需求

(1)能源发展需要超大型数控车床

能源是我国经济发展的关键资源，热能、水能、核能、风能要转化为电能，离不开大型的发电设备。2005 年底，我国发电装机容量达到 5 亿 kW，年发电量 2.4 万亿 kW·h，两者均居世界第二位。在大型发电设备中，汽轮机、燃气轮机、水轮机是能源转换的关键设备，我国已经能够制造 70 万～100 万 kW 的超临界、超大型机发电机组。在三峡发电站中，巨型水轮机转轮的重量达 550 t。这些超大型装备中的大型复杂曲面零部件及其他特大型部件的加工制造需要超大型、自动化程度高的数控立式车床和数控车床来完成。

(2)船舶制造需要大型数控曲轴机床

我国造船吨位居世界第二。2005 年船舶工业完成工业总产值首次突破千亿，达到 1256 亿元。大型低速船用柴油机是大型船舶的心脏，一根曲轴的重量就达数十吨，一个大型的螺

旋桨重达 150～200 t。进口一台大型曲轴的机床装备需 6000 万元人民币，进口一套加工柴油机的机身的成套制造装备需要上亿元人民币。

(3)大型飞机制造需要高性能大型数控机床

未来 20 年中国大型飞机需求量将为 1200 架，近年对大型军用运输机的需求量就在 200 架以上。飞机机身、侧壁、机翼等大型薄壁复杂曲面的加工需要高速、多轴联动的、复合的龙门式加工中心来完成。

(4)钢铁制造对高性能重型数控装备的需求

自 1996 年以来，我国钢铁产量一直居于世界首位，是世界上唯一年产钢超过两亿吨的国家。钢铁制造要大量设备。例如，冷轧薄板是汽车、家电生产的重要原材料。我国冷轧薄板市场缺口很大，每年需从国外大量进口。2005 年我国冷轧薄板的消费量超过 2000 万 t，到 2010 年我国冷轧薄板的需求量达到 3500 万 t。精密冷轧辊是大型冷轧设备中的关键部件。大的冷轧辊重量达 250 t，直径 2000 mm，长度 14000 mm，圆度偏差 0.005 mm，要求中凸，需要用精密高性能的重型数控精密磨床来完成。

(5)汽车制造对高性能成套数控机床需求巨大

机床消费量的 50％为汽车工业占有，汽车制造要求有高效、精密、可靠、成套、实用、柔性、环保的数控加工中心、数控齿轮加工机床等。

数控机床组成的柔性生产线是汽车制造需求重点，它对生产线的要求：一是高速，主轴转速为 8000～24000 r/min，进给速度为 40～60 m/min，换刀时间为 2～3 s；二是可靠性高，MTBF 为 1000 小时以上；三是成套性好，配备夹具、刀具、工艺软件和控制软件；四是要求精度高，产品加工的一致性好。目前，我国轿车关键零部件生产线的 80％是从国外引进的，从国外引进一条发动机缸体生产线的价格高达 1.3 亿元人民币，一条活塞生产线也需要 8000 万元人民币。

(6)铁路及轨道交通设备需要高性能大型数控加工机床

我国轨道交通发展非常迅速，城市轨道交通建设进入了高峰期，有 25 个城市规划了轨道交通网络，总里程高达 5000 公里。到 2020 年我国铁路营业里程将达到 10 万公里，铁路车辆需求量将大幅增加。随着轨道交通、高速轮轨、磁悬浮列车等现代交通的发展，超长轨道梁的加工等需要大型先进的数控机床。地铁、隧道大型掘进机的加工制造需要大型数控机床制造装备。

(7)IT 制造业需要大量高性能数控装备

迅猛发展的 IT 制造业需要大量的制造设备。据预测，用于小型精密塑料、冲压模具制造、IT 产品上的精密机械零件加工的高速、高精的数控机床，未来几年年增长率在 50％以上。适用于 IT 行业机械加工数控机床的特点是精度高：微米、亚微米级，全闭环控制；规格小：工作台小于 400 mm×800 mm；多坐标控制：3～5 轴联动；速度高：主轴速度 30000 r/min以上；进给速度 60 m/min 以上；自动化程度高：需要换刀机械手、自动上料系统；生产效率高：以秒为单位计算生产节拍。

6.2　我国数控机床生产情况

在国家的大力扶持下，中国机床行业近 8 年来高速发展，尤其是代表装备制造业先进水平的数控机床更是乘势而上，成就喜人。2007 年，我国数控机床产量达到 12.3 万台，提前三年超额完成“十一五”规划的年产 10 万台的目标，数控机床年产量已居世界首位；国产数控机床国内市场占有率达到 48%，同比增长 10 个百分点，是上升速度最快的一年。行业规模不断壮大，中低档数控机床基本立足于国内，高档数控机床研发取得突破性进展，取得明显进步，国产中高档数控系统取得重大突破，这些都充分说明我国数控机床整体水平全面提升。中国机床业区域特征比较明显，已经形成了各具特色的六大发展区域。

(1)东北地区——数控机床主要开发生产区

东北地区是我国数控机床、量刃具的主要开发生产区。沈阳机床(集团)有限责任公司和大连机床集团有限责任公司两家企业的机床产值占全国机床产值的 26%，其生产的数控金切机床产量占全国数控金切机床产量的 25.4%。其中，数控车床产量约占全国数控车床产量的 35%、加工中心产量约占全国加工中心产量的 21%。齐重数控装备有限公司生产的大、重型数控车床产量约占全国大、重型数控车床产量的 48%，产值约占全国大、重型数控车床产值的 50%。齐齐哈尔二机床(集团)有限责任公司生产的大、重型数控镗床，产量约占全国数控镗床的 35%，产值约占全国数控镗床的 30%。东北地区 4 个企业的金切机床产值约占全国金切机床产值的 31.7%，对全国金切机床行业发展影响巨大。

(2)东部地区——数控磨床产量占全国四分之三

长江三角洲地区已成为磨床(数控磨床)、电加工机床、板材加工设备、工具和机床功能部件(滚珠丝杠和直线导轨副)的主要生产基地。以上海、无锡、杭州三市为主，形成我国磨床的生产开发基地。上海机床厂有限公司、杭州机床集团、无锡开源机床集团有限公司 3 家企业的磨床产值占全国磨床产值的 65%，磨床产量占全国磨床产量约 42%，其中数控磨床产量占全国数控磨床产量的 74%。苏州地区成为电加工机床生产基地，代表企业是苏州三光科技有限公司、苏州电加工研究所等。扬州地区成为以板材加工设备为主的锻压设备生产基地，其代表企业是江苏杨力集团有限公司、扬州锻压机床有限公司、江苏金方圆数控机床有限公司和江苏亚威机床集团有限公司，4 家企业合计机床产值占全国锻压机床产值的 16%。环黄海山东地区主要发展以机械压力机为主的锻压机械和数控车床、高速龙门铣床、龙门加工中心。济南二机床集团有限公司重点生产薄板冲压生产线的机械压力机和数控高速龙门铣床。济南捷迈数控机械有限公司重点发展数控转塔冲床、数控激光切割机、数控液压折弯机等板材加工设备。济南一机床集团有限公司和威海华东数控有限公司重点发展数控车床和各种数控机床。

(3)西部地区——重点发展齿轮加工机床

西南地区重点发展齿轮加工机床、小型机床、专用生产线以及工具。重庆机床(集团)有限责任公司重点发展各类齿轮加工机床，2005 年其产值占全国齿轮加工机床产值的 41%，产量占全国齿轮加工机床产量的 32%，其中数控齿轮加工机床占全国产量的 29%。成都市的宁江机床集团有限公司重点发展小型加工中心、小型数控纵切自动机、小型滚齿机等产品以及专用自动线。成都成量工具厂有限公司和成都工具所等重点发展各类工具。

西北地区主要发展齿轮磨床、数控车床和加工中心、工具和功能部件。以秦川机床集团公司为主，重点发展各种齿轮磨床。宝鸡机床厂重点发展数控车床。宁夏银川大河数控机床有限公司、青海一机数控机床有限责任公司将发展数控铣床和加工中心。汉川机床有限公司将发展数控镗床和加工中心。汉江工具有限责任公司重点发展工具。陕西汉江机床有限公司将重点发展数控磨床和滚珠丝杠副等功能部件。

(4)中部地区——重型机床产值占全国17%

中部地区主要发展重型机床和数控系统。武汉重型机床集团有限公司重点发展重型机床,重型机床产量占全国产量的11%,产值占全国重型机床产值的17%。武重机床集团为船舶制造业自主研发的CK53100数控船体加工机床,解决了非正圆壳体随动加工技术;又为核电设备制造业研发了CKX53613数控核电加工专用机床。武重机床集团已经生产了五台数控16 m立车,其中有3台已经实现车铣复合加工,其水平达到当代世界先进水平。最近成功制造了世界上最大规格的DL250型5 m数控超重型卧车,其最大回转直径达5 m、承重量可达500 t,总重达1450 t,主轴端面跳动和径向跳动均在0.008 mm之内,是迄今为止世界上最大规格的超重型数控卧式车床,多项技术达到国际先进水平。

(5)环渤海地区——主要发展加工中心和液压压力机

环渤海地区,包括北京、天津等,主要发展加工中心和液压压力机。北京主要发展加工中心、数控精密专用磨床、重型数控龙门铣床和数控系统。代表企业是北京第一机床厂、北京机电院高技术有限公司、北京二机床厂有限公司、北京凯恩帝机电技术有限公司、北京发那科机电有限公司等。天津主要发展锥齿轮加工机床和各种液压压力机,代表企业是天津第一机床厂、天津精诚数控机床制造有限公司和天津市天锻压力机有限公司。天津市天锻压力机有限公司研发了THP10-10000型万吨数控等温锻造液压机。

(6)珠江三角洲地区——数控车床等的生产基地

珠江三角洲地区形成了数控车床和数控系统、功能部件生产基地。广州机床工具有限公司重点生产数控车床。广州数控设备有限公司重点发展二轴控制以上数控系统,是经济型数控系统的主要生产企业,产量占全国60%左右。广东高新凯特精密机械有限公司重点发展滚珠丝杠、直线导轨等功能部件。

6.3 中国数控系统产品情况

1.经济型数控系统主导国内市场

近两年,我国经济型数控系统年产量达到6万多套,市场占有率高达95%以上,且部分出口东南亚等国家。这种系统适应中国目前市场需求,功能实用,价格低廉,可靠性得到了提高,有很大的竞争优势,得到了广大用户的认同。

外国公司也推出了几款低价格的经济型数控系统,但价格上、服务上还是没有优势,市场推广竞争不过国产系统。

2.普及型数控系统产量快速增长

近几年在国家的支持下,通过联合攻关和行业的努力,企业加大了开发和市场开拓力度,普及型数控系统的可靠性得到了极大的改善。目前,我国数控系统主导企业的普及型数控系统已实现批量生产,具备全数字交流伺服驱动系统和主轴伺服驱动系统等配套能力。从技术水平上比较,国产普及型数控系统的功能、性能与国外相比并不逊色,价格和服务方面还有较大优势,可靠性与国外系统的差距也已显著缩小,产品占有率得到了大幅度提高,在数控铣床、加工中心等中档数控机床得到批量配套应用,销售到最终用户后,反映良好。与国外品牌比较主要差距有:

(1)用户对国产品牌认同度低,表现为普及型数控系统市场主要被国外品牌占领。2006年国产普及型数控系统在中国销售约7000余套,占市场份额约17%;国外的普及型数控系统在中国销售约35000余套,占市场份额约83%。

(2)生产工艺、管理技术、生产检测手段、可靠性考核手段、质量控制等规模化生产技术比国外落后,影响产品的可靠性、质量的稳定性,表现为前期故障率较高、前期磨合周期较长。

3. 高档数控系统实现零的突破

当前我国已掌握了高档数控系统的部分核心技术,近年来在新品开发上取得了重大突破。华中数控、大连光洋等企业均开发了一些高档数控系统产品,并在我国著名军工企业得到了实际应用。如华中数控与桂林机床合作开发五坐标数控龙门铣床,打破国外封锁,已用于南昌飞机公司,这一成果还迫使国外放松了对中国五坐标数控系统的限制。华中数控与武重联合开发的"重型七轴五联动车铣复合加工中心",加工8m船用螺旋桨,打破国外封锁,已用于镇江推进器厂。2008年,在第5届中国数控机床展览会(CCMT 2008)上,作为国产中高档数控系统龙头企业代表的华中数控,展出了一批配套其高档数控系统的国产数控机床,其中TX-6数控砂带磨床更是吸引了系统厂、主机厂和用户的三方汇聚。这台由华中数控提供系统、北京胜为弘技数控装备有限公司制造、德阳东汽工模具有限公司使用的高档数控机床,在三方共同努力下,拥有了从硬件结构、控制系统到专用编程后置处理软件的完全自主知识产权,打破了国外对五轴联动数控砂带磨床的技术封锁。然而,技术虽然取得了突破,但市场方面的差距仍然较大,2006年,国外公司在中国销售高档数控系统约2000台左右,占市场份额的99%,而国产高档数控系统销售约占市场份额的1%。由于受到西方出口许可限制的约束,中国市场销售的绝大部分高档数控系统是SIEMENS的840D产品。

国产高档数控系统与外国品牌比较主要差距:

(1)功能差距:功能还不够完善,在实际应用中验证还不全面。

(2)性能差距:表现在高速(快速进给速度40m/min以上)、高精(分辨率0.1μm以下)、多通道控制、双轴同步控制方面。国外的高档系统已经采用总线技术适应高速高精加工,而国产系统则以模拟量或脉冲量接口居多。

(3)产品的系列化方面有差距,如伺服电机、伺服驱动、主轴及主轴驱动从小到大各种规格不全。

(4)电主轴、直线电动机、力矩电动机等功能部件有很大差距。

7 国内典型数控系统

7.1 概 述

我国发展数控技术起步于1958年。从1958年到1979年的21年中,由于国外的封锁和受电子技术发展的限制,数控系统和主要配套产品均靠国内开发和生产,技术水平低、质量差。因此,在这21年中,几起几落,发展缓慢,长期未能打开局面。

自从1980年实行改革开放政策以来,数控系统和数控机床才开始有了重大发展。经过"六五"至"十五"期间对数控技术的引进、吸收、自主开发及产业化攻关等几个阶段的努力,我国的数控系统产业的发展已有了一定的基础,主要表现为:

(1)形成了一批数控系统骨干企业,为我国数控系统产业的自主发展奠定了一定的基础。在国家攻关计划的支持下,我国数控系统行业中,"八五"期间出现了"三大三小"("三大"指航天数控、珠峰数控、东方西门子,主要搞普及型数控系统;"三小"指上海开通、南京大方、辽宁精密机械厂,搞经济型数控系统)和"四个I型"(航天I型、蓝天I型、中华I型、华中I型)等一批数控系统骨干企业。目前,我国数控系统主要生产企业有20多家。2007年我国数控系统的市场销量约为12.2万套,其中国产数控系统销售达到73000多台(含经济型数控系统),在近20家数控系统生产厂家中,产量超过5000台套的有广州数控、华中数控、北京凯恩帝等单位。

(2)通过自主研发,在数控系统的开发和生产上取得明显进展,涌现了一批数控系统研发和生产企业,形成了东(上海开通、南京华兴、南京四开等)、南(广州数控)、西(成都广泰、西南自动化所)、北(北京凯恩帝、沈阳高精、大连光洋等)、中(华中数控)的布局。开发了满足国内大部分使用要求的高中低档数控系统,国内市场占有率大幅度提高。

(3)开发生产了交流伺服驱动系统和主轴交流伺服系统。为适应数控系统的配套要求,华中数控、广州数控等一批企业相继开发出交流伺服驱动系统和主轴交流伺服控制系统,完成了20~200 A交流伺服系统和与之相配套的交流伺服电机系列型谱的开发,并形成了系列化产品和批量生产能力。武汉华大新型电机科技股份有限公司、武汉登奇机电技术有限公司等单位形成了交流伺服电机规模生产能力,年产伺服电机10多万台。

(4)初步形成了一支从事数控的人才队伍。通过技术研究、工程化、产业化攻关,在高校、研究所、企业中初步形成一支从事数控基础理论、数控主机、数控系统及其工程化、产业化的研究开发和经营管理的队伍;数控系统企业的开发和成果转化能力得到提高。

经过几个五年计划的奋力拼搏,我国数控系统产业在激烈的市场竞争中度过了最艰难的时期,曙光已经初现。

7.2 华中世纪星系列数控系统

武汉华中数控股份有限公司以华中科技大学为技术依托,"产、学、研"紧密结合,在数控装置和交流伺服驱动、伺服电机的研发和产业化方面形成自主成套能力。经过十几年的发展,公司建立了一支400多人的数控技术研究、开发、管理人才的基本队伍,其中大部分具有本科以上学历,70多人具有硕士或博士学历。

2000年华中数控被国家科技部首批授予"国家高技术发展计划成果产业化基地"称号;2005年,当选中国机床工具协会数控系统分会理事长单位,2007年被评为先进分会;2008年,被科技部、国务院国资委和全国总工会选为国家首批91家"创新型企业"之一;被人力资源和社会保障部、中国机械工业联合会表彰为"全国机械工业先进集体";成为全国机床数控系统标准化技术委员会的依托单位;2006和2007年连续两年获得武汉市工业经济运行先进企业;2007年和2008年连续两年被评为中国机床工具行业"综合经济效益十佳企业"、

“自主创新优秀企业”和“精心创品牌十佳企业”；2005 年以来，担任中国机床工具工业协会数控系统分会理事长；2009 年当选中国机床工具工业协会副理事长单位。2009 年，华中数控光荣入选湖北省委组织的湖北省《辉煌荆楚 60 名片》，是湖北省装备制造企业中唯一入选的企业。2009 年，作为国产数控系统唯一代表，华中数控入选中央组织的建国六十周年成就展。

华中数控在国家科技攻关项目支持下，抛弃了西方普遍采用的“基于专用计算机”的研发思路，独辟蹊径，走“以通用工业微机为硬件平台，以 DOS、LINUX、Windows 为开放式软件平台”的技术路线，避开了制约我国数控系统发展的硬件制造“可靠性”瓶颈，使得我们与国际同行站在了同一起跑线上。

华中数控是拥有成套核心技术自主知识产权(包括 5 个系列数控系统、10 多个系列的全数字交流伺服驱动单元和电机、10 余个系列的主轴驱动单元及主轴电机等)，并形成自主配套能力的企业。

1. 世纪星 HNC-21/22 系列数控系统

世纪星 HNC-21/22 系列数控系统包括 HNC-21/TD、HNC-22/TD 车削数控系统，HNC-21/MD、HNC-22/MD 铣削数控系统，采用先进的开放式体系结构，内置嵌入式工业 PC，配置 8.4 英寸(HNC-21 系列)或 10.4 英寸(HNC-22 系列)彩色 TFT 液晶显示屏和通用工程面板，集成进给轴接口、主轴接口、手持单元接口、内嵌式 PLC 接口于一体，采用电子盘程序存储方式以及 USB、DNC、以太网等程序交换功能。最多支持 6 轴联动，采用国际标准 G 代码编程，与各种流行的 CAD/CAM 自动编程系统兼容，具有直线插补、圆弧插补、螺旋线插补、固定循环、旋转、缩放、镜像、刀具补偿、用户宏程序、小线段连加工、加工断点保存/恢复、反向间隙和单、双向螺距误差补偿功能等。具有低价格、高性能、配置灵活、结构紧凑、易于使用、可靠性高等特点。主要应用于车、铣、加工中心等各类数控机床的控制。

2. 世纪星 HNC-18/19 系列数控系统

世纪星 HNC-18i/18xp/19xp 系列数控系统，包括 HNC-18i/TD、HNC-18xp/TD、HNC-19xp/TD 车削数控系统，HNC-18xp/MD、HNC-19xp/MD 铣削数控系统，采用内置嵌入式工业 PC，配置 5.7 英寸(18i/18xp 系列)/彩色(19xp 系列)液晶显示屏和通用工程面板，集成进给轴接口、主轴接口、手持单元接口、内嵌式 PLC 接口于一体，采用电子盘程序存储方式以及 CF 卡、DNC、以太网等程序交换功能。最大联动轴数为 3 轴，可选配各种类型的脉冲指令式驱动单元，采用国际标准 G 代码编程，与各种流行的 CAD/CAM 自动编程系统兼容，具有直线插补、圆弧插补、螺纹切削、刀具补偿、宏程序、恒线速切削、反向间隙和单、双向螺距误差补偿功能。具有低价格、高性能、结构紧凑、易于使用、可靠性高等特点。主要应用于各类车、铣数控机床的控制。

3. 世纪星 HNC-210 系列数控系统

世纪星 HNC-210 系列数控系统采用开放式体系结构，内置嵌入式工业 PC，配置 8.4 英寸、5～15 英寸彩色液晶显示屏和通用工程面板，集成进给轴接口、主轴接口、手持单元接口、内嵌式 PLC 接口于一体，采用电子盘程序存储方式以及 CF 卡、USB 盘、DNC、以太网等程序扩展及数据交换功能、具有低价格、高性能、配置灵活、结构紧凑、易于使用、可靠性高的特点。采用一体化模具设计，外观美观，坚固。系统联动轴数 3～8 轴，采用国际标准 G 代码编程，与各种流行的 CAD/CAM 自动编程系统兼容，具有直线插补、圆弧插补、高速小线段联系插补、固定循环、旋转、缩放、镜像、刀具补偿、用户宏程序、加工断点保存/恢复功能等功能。主要应用于车/铣削、车/铣削加工中心、5轴联动、重型及各类专用数控机床等。

4. 世纪星 HNC-08 数控系统

HNC-08 系统具备世纪星 HNC-21 系统的全部功能，并且具备高速高精加工功能，非常适合模具加工。HNC-08 系统具有高速高精模式Ⅰ和高速高精模式Ⅱ两种高速高精加工模式。

(1)高速高精模式Ⅰ

该模式以精度优先，严格按照编程轨迹进行插补，在拐角处保证机床没有冲击的前提下，自动计算最高过渡速度，在保证加工精度的同时，最大限度地提升加工速度。

(2)高速高精模式Ⅱ

该模式以速度(光顺性)优先，采用样条拟合插补算法，在保证加工曲面光顺性和高效率的同时，保证大拐角处的轮廓精度，以实现高速高精加工。

HNC-08 系统具备五轴联动刀具中心点控制功能(RTCP)，该功能是在 X、Y、Z 正交 3 轴之外，在具有包括刀具和工作台旋转在内的旋转轴的 5 轴机床中，一边改变刀具的姿态，一边补偿刀具长度而进行加工的功能。在该功能下，即使刀具对工件的方向改变，仍能保证刀具中心点沿着程序指定的路径移动。

HNC-08 系统既可以把固定在机床中的坐标系作为编程坐标系，也可把固定在工作台上的坐标系作为编程坐标系。后者可大幅度减小程序代码量、提高加工品质，同时加工程序的通用性也更强。

5. 华中 8 型系列数控系统

华中 8 型数控系统是以多处理器及总线结构为硬件平台、以实时操作系统为开放式软件平台的总线型高档数控系统。该系统充分利用硬件高处理速度与软件开放灵活的优势，集成控制算法最新研究成果，软硬结合，实现多轴多通道高速高精运动控制。系统采用具有自主开发的 100M 高速实时现场总线接口，支持单环或双环拓扑结构，可选用光纤或双绞屏蔽线传输；最大支持 8 通道，64 个进给轴，8 个主轴；每个通道最大支持 8 轴联动；插补周期 0.5ms，纳米分辨率，最大前瞻段数可达 2000 段。主要应用于车/铣削、车/铣削加工中心、重型数控机床及高档 5 轴以上联动数控机床等。

7.3 广数 GSK 系列数控系统

广州数控设备有限公司(以下简称广州数控)是中国南方的数控产业基地，国家“863”中档数控系统产业化支撑技术重点项目承担企业，广东省 20 家重点装备制造企业之一。自 1991 年建厂开始，广州数控一直致力于专业研发、生产机床数控系统、伺服驱动装置与伺服电机，推广机床数控化普及，开展数控机床贸易，现已经发展成为一家集科、教、工、贸于一体的大型高新技术企业。

广州数控是全国最大机床数控系统生产基地，目前主要产品有：GSK 系列车床(GSK980TD、GSK980TD1、GSK980TA、GSK928TE、GSK928TC、GSK218T)、铣床(GSK983M、GSK990MD、GSK980M、GSK928MA)、加工中心数控系统(GSK21MA)；处于国内领先水平的 DA98 系列全数字式交流伺服驱动装置(DA98、DA98A、DA98B、DA98D)；

DAP01交流异步主轴伺服驱动单元，DS3、DY3、DF3系列混合式步进电机驱动装置；DF3系列反应式步进电机驱动装置；GSK SJT系列交流伺服电动机；GSK ZJY系列主轴伺服电动机；CT-L数控滑台等控制设备等。

1. GSK21MA加工中心数控系统

该系统可以三轴联动（三轴直线、样条曲线插补，螺旋线插补，二轴任意圆弧插补），最大可五轴联动；各轴快移速度大于36 m/min，快移倍率F0约100%，4级实时修调；各轴直线、圆弧插补速度大于15 m/min，进给倍率0～150%，十六级实时修调。指令范围：各轴范围为±99999.999 mm，最小输出单位为0.001 mm，指令/反馈电子齿轮比为1/32767～32767。主轴功能：可配伺服主轴，实现主轴定向、刚性及柔性攻丝等功能，可配变频主轴，实现主轴无级调速，可配多速电机，配合档位控制调速。

2. GSK 983M加工中心数控系统

该系统采用7.5英寸640×480高分辨率、高亮度LCD显示屏/ GSK 983M-V采用10.4英寸640×480高分辨率、高亮度16色彩色显示屏，是为了实现机械加工所要求的高速、高精度和高效率加工而专门开发的高性能价格比、高可靠性CNC。由于该系统采用了多个高速微处理器和高速、高精度的伺服系统以及丰富的CNC功能和高速PMC功能，从而使机械加工效率真正地达到了一个更高的水平。该系统可以实现5轴5联动，是广州数控开发的高档数控系统。

7.4 沈阳高精数控系统

沈阳高精数控技术有限公司是在国家积极发展和推动具有自主知识产权的国产数控装置的背景下，在辽宁省和沈阳市政府的大力推动下，由中科院沈阳计算技术研究所暨高档数控国家工程研究中心及其他社会优势资源共同投资组建的数控专业化公司。

高档数控国家工程研究中心曾研制开发出我国第一台高档数控系统"蓝天一号"，并先后开发成功六个系列19个型号的数控产品，在数控技术方面拥有雄厚的技术和人才优势。

高精数控公司成立之后，继承和承载了中科院沈阳计算所暨高档数控国家工程研究中心的主要技术、产品及"蓝天数控"这一国内中高档数控的知名品牌，主要技术产品包括拥有自主知识产权的全系列数控系统、驱动单元及配套功能部件产品等，并将"开发拥有自主知识产权的技术产品，占领数控技术的制高点，赶超世界先进水平"作为公司发展战略的核心，致力于加强自主创新能力的建设。经过科技人员的艰苦攻关和自主创新，攻克了开放式体系结构、高速高精的工艺算法、全数字化接口、智能化以及网络化控制技术等多项制约国内数控技术发展的关键和共性技术。研发开发的新型高性能数控系统及伺服驱动装置，功能和性能与国外能够出口到中国的先进数控产品水平相当，已达到了国际先进水平，并且与国外同类产品相比价格可降低$\frac{1}{3}$～$\frac{1}{2}$，为突破国外高档数控技术对中国的封锁、赶超世界领先水平打下了良好的技术基础。

经过多年的发展，高精数控公司已经形成了NC-110、NC-200和NC-300三个系列品牌。

1. 高档系列NC-110数控系统

NC-110数控系统采用开放式结构、模块化设计、嵌入式PC机，可跟踪PC机的技术发展，不断丰富系统的功能，保持系统的高处理速度。

NC-110 数控最大支持 8 轴联动，可进行多过程控制、多坐标联动控制、大容量程序存储，内藏 PLC 控制器，提供充足的 I/O 点。

系统软件功能强大，配置了适合于用户编程的中/英文界面和菜单，可控制多种机床，如车床、铣床、磨床、各类加工中心等。

2. 中档系列 NC-200 数控系统

中档系列以 NC-200/NC-210 数控系统为核心，支持 4 轴联动；采用了 NC-110 系统开放性的特点，提高了插件之间的互换性，使系统的结构更加紧凑，便于测试与维护。

系统软件的功能丰富，可控制多种机床，如车床、铣床、磨床、加工中心等各类机械。

3. 总线式 NC-310 数控系统

NC-310 是基于现场总线的五轴联动高档数控系统，最多可实现 8 轴联动，具有功耗低、抗干扰能力强、传输距离远、加工效率高等特点。系统由显示终端、机床操作站和主机箱三大部分组成。显示终端与主机箱通过 DB9 标准网线(CAT5e)构成链式连接方式，一台显示终端可连多台主机箱。通讯速度 4Mbit/s，通讯距离可达到 100 m 以上。SSB 同步串行总线控制器采用大容量 FPGA 芯片设计，集成 ISA 总线控制器和 SSB 总线控制器于一体，提高了模板集成度，降低了系统功耗。电源采用线性滤波技术，降低了电源纹波，提高了系统的可靠性。SSB 同步串行总线具有抗+15 kV 静电放电冲击(ESD)和 4000 V 电快速瞬变脉冲群干扰(EFT)的能力。SSB 是基于数字的传输技术，相比传统 CNC 技术，具有更高的可靠性和抗干扰能力。该系统支持软驱、USB、局域网等程序文件的交换、存储和传输；支持 DNC 在线加工，可实现复杂曲面和样条曲面等异型零件的高效加工。该系统主要应用于大型分体远距离信息传输的加工中心、复合式加工机床等，广泛地应用于航空、航天、军工、船舶、汽车等工业制造领域。

7.5 大连光洋数控系统

大连光洋科技工程有限公司成立于 1993 年，是国家创新型试点企业、辽宁省知识产权示范企业、技术创新示范企业，大连市高新技术企业和软件开发生产企业，拥有全资子公司 6 家，总资产 4.5 亿元人民币。

公司引进了世界先进水平的生产制造及实验检测设备，配备了 6 条生产线(柔性钣金加工、精密机械加工、激光加工、SMT 电子板卡、涂装制造、工控装配)和 4 个全功能检测实验室(电磁兼容及环境检测、电子产品老化、伺服驱动及电机检测、高档数控系统比较验证平台)。公司是一家集产品技术研发、生产制造、市场销售、技术服务于一体的民营高科技企业，主要业务领域为数控领域(数控系统、伺服驱动、力矩电机、单轴转台、双轴转台、单摆铣头、双摆铣头、编码器、细分器、机床温度形变补偿模块、手轮手脉等)和工业自动化控制领域(智能控制器、工业测控模块/系统、全集成自动化控制系统等)。公司拥有国家人事部批准成立的博士后科研工作站、科技部认定的“中国大连国际工控技术转移中心”、辽宁省科技厅认定的“装备工业数控伺服传动工程技术研究中心”、大连数控研究院、大连市经委认定的“企业技术中心”等研发机构；构建产学研合作平台，与清华大学成立了“数控技术工程化联合实验室”、与哈尔滨工业大学成立了“运动控制技术工程化联合实验室”、与大连理工大学等高校建立了战略合作关系。

经过多年的努力，公司在我国高档数控系统及工业自控产品技术领域形成了较强的核心竞争力，联合国内行业精英逐步发展成为我国数控行业标准的制定者，新技术、新产品的推广者和市场的引领者。

1. GDS09-19 光纤总线数控系统

该系统采用光洋拥有自主知识产权的 Glink 全数字总线协议及全数字高档数控系统专用主板，19 英寸触摸屏，光纤传输，速率可达到 100 Mbps，单周期传输时间 33 μs，同步误差 0.2 μs；系统还加入了温度补偿功能，硬件采用光洋自主研发的 8 通道温度采集模块，采用光纤进行传输，传输速度 100 Mbps，温度补偿上位机软件可实现各通道温度曲线实时显示及参数配置，引入自定义热变形算法；铣削异步主轴控制采用与同步伺服驱动器具有相同硬件平台的总线式异步电机伺服驱动器，最高可支持 72000 r/min 高速电主轴速度控制和 C 轴控制功能。

2. GDS09-15 光纤总线串并混联双通道数控系统

该产品为大连光洋最新研制的串并混联双通道数控系统，成功地应用于北京航空制造工程研究所(625 所)的大飞机柔性装配生产线项目。系统采用光洋拥有自主知识产权的 Glink 全数字总线协议及全数字高档数控系统专用主板，光纤传输速率可达到 100 Mbps，单周期传输时间 33 μs，同步误差 0.2 μs；系统共包含两个通道，第一通道包含三个并联轴，采用光洋自主开发的通用并联控制接口引入并联算法进行控制，第二通道包含两个龙门同步轴和一个异步主轴。

3. GDS09-10.4 光纤总线数控系统

该系统实现了 1 个轴到 32 轴 6 通道数控系统的统一硬件平台，配套全软件设计的 CNC 系统软件，为用户提供了低成本高性能的高档数控系统的解决方案，其高度集成的总线式结构，便于系统的快速安装部署；人性化的设计，便于用户快速地学习掌控；软硬件的开放式设计，便于数控系统部署到各种不同的应用场合。

4. GDS07 高档总线开放式数控系统

该系统基于自主研发的实时串行总线协议——GLINK，数控系统、伺服装置以及 PLC I/O 之间以超五类双绞线环形互连。采用芯片级设计技术优化硬件结构。实现的高性价比单板结构，为目前世界上集成化最高的高档总线数控系统结构。系统内各装置间传输的运动数据长度可达 32 位，能满足纳米加工的需求。系统功能完备，可完成两轴以上各类机床的控制，如车铣复合加工中心、五轴龙门加工中心、五轴立式加工心、多轴磨床等。该公司提供包括总线式数控系统、总线式伺服驱动器、总线式一体化电机、总线式 PLC I/O 扩展模块、总线式模拟量控制模块等设备的系统级整体解决方案。

8　数控技术的发展趋势

当今数控技术的发展表现为：一是性能上不断提高，突破传统制造装备加工速度和精度的极限；二是在功能上不断丰富，复合化的水平和程度大大提高，改变了传统数控机床的加工模式和工艺过程;三是机床的智能化水平不断提高,机床不仅提供"体力",更具备"头脑",能够在线监测工况、独立自主地管理自己,并与企业的生产管理系统通信。

8.1 平台数字化

全数字是未来数控系统发展的必然趋势。全数字不仅包括数控单元内部,数控单元到伺服单元接口以及伺服单元内部是数字的,而且还包括测量单元数字化。因此数控装置到伺服驱动器的现场总线、编码器到伺服的数字化连接、驱动单元内部的全数字化是数字化的重要标志。

数控系统普遍采用现场总线。如 SIEMENS 产品的 PROFINET 总线,FANUC 30i/31i/32i 的 FSSB、三菱电机的 CC-Link、FAGOR 的 SERCOS、德国力施乐的 SERCOS Ⅲ、德国倍福的 EtherCAT 等。目前的现场总线一般采用双绞线或者光纤两种传输媒介。

目前,还没有一种总线在市场上占据绝对的优势位置,各数控厂商都不愿意放弃自己的标准而丧失已拥有的市场份额,而是尽力突出自己总线的特色,进一步巩固已有的市场份额。一方面一些企业纷纷发展自己的总线技术;另一方面一些著名的企业也开始在标准总线上发展自己的特色总线,比如 SIEMENS、FANUC 公司等。

随着基于现场总线的产品和应用的不断增多,现场总线控制系统体系结构日益清晰,具体表现为:

(1)兼容以太网。将基于现场总线的控制系统连接到 Ethernet,直至直接与 Internet 相连,为制造技术的网络化、信息化、智能化以及远程控制技术的发展提供信息通道,这使工业以太网成为当前的技术热点。从总线技术的发展方向上来看,所有的现场总线最终都将向 Ethernet 过渡。

(2)总线循环周期更小、同步精度更高。

(3)可灵活选择多种传输介质,如双绞线、光纤,甚至无线技术,布线便捷。

(4)可配置纠错容错机制,通信误码率更低,系统可靠性更高。

(5)多总线系统方便集成。通过为现有的设备行规提供接口,使得用户和设备制造商可以轻松地完成从现有的现场总线的转换过程。

(6)高效诊断。现场总线系统具有故障发生时可以很快确定故障发生点、确定故障类型、给出解决方案的功能。

(7)硬件配置灵活。总线产品具备多种功能模块,但它们的接线、安装方式一致。在电气设计时,仅需根据系统的要求选择不同的功能模块,像搭积木一样,很方便地就可以完成系统的构建,极大地缩短系统安装调试时间。

8.2 运行高速化

1. 纳米插补技术

FANUC 和三菱均提出了面向纳米插补的平滑技术,即平滑插补数据点中的奇异点。FANUC 称之为纳米平滑(nano smooth);三菱称之为 SSS 控制(super smooth surface)。SINUMERIK、SINAMICS 可工作在 80bit 的浮点计算精度,达到无法匹敌的轮廓控制精度，从而获得最高的工件精度。

2. 超前预读技术

对于高速度运动控制技术的实现而言，基于超前预读机制的运动轨迹分析和预测是必需的，这一机制对数控系统的体系结构提出了更高的要求。轨迹平滑和加加速度控制都是在高速运动控制中避免冲击的必要技术手段。FANUC 系统在 AI 轮廓控制中，预读 200 个程序段并进行加减速控制，由此实现高速、高精度加工。此外，通过扩展预读程序段数，最多可预读 1000 个程序段并进行加减速控制。由此，即使是由极其微小的线段构成的程序，也不会出现速度不均，这样便可以进行高速、高精度的加工。HEIDENHAIN iTNC 530 先进的程序预读功能可预读 256 段程序段。SIEMENS 840D 的“预读程序段”功能可以预测可变数量的运动程序块，借此来优化加工速度。在方向突变时，在程序块分界处降低加工速度，以保证轮廓精度。

SINUMERIK 828D 利用创新的“look-ahead”方法实现计算前后路径动作的一致性，从而获得完美的加工表面。采用先进的超前预读技术，不仅有利于实现完美的工件表面加工质量，而且在提高工件表面质量的同时，可大大减少机器时间。

3. 动态高速响应技术

提高系统的快速响应能力不仅是高速加工的前提，也是保证精度的有力措施。如 SIEMENS 通过增加对加加速度控制能力，提高机床动态响应能力；FANUC 采用 HRV4、反向间隙加速等方式减少因响应滞后带来的误差。FANUC 系统装备高响应的最新伺服电机 αis 系列（16000000/rev 的高分辨率脉冲编码器），通过借助于数字伺服/主轴控制技术的 HRV 控制来消除伺服系统的迟延，即使在高速加工时也几乎不会产生形状误差。伺服 HRV 控制实现了纳米 CNC 系统的高速、高精度的伺服控制，通过组合使用纳米插补的平滑命令和伺服 HRV 控制的高增益伺服系统，可以实现纳米级的高速、高精度加工。

此外，通过共振追随型 HRV 滤波器，可以避免因频率变动而造成的机床共振。通过融合旋转极其平顺的伺服电机、高精度的电流检测、高响应和高分辨率的脉冲编码器、高速和高精度的伺服控制，实现极其平顺的进刀。

FANUC 通过使用高速 DSP 和先进的控制软件算法（主轴 HRV 控制），大大提高了电流控制的响应性和稳定性。利用快速的速度取样周期和高分辨率检测电路，实现了高响应、高精度的主轴控制。C 轴轮廓控制的性能也得到了大幅度提高。此外，由于使用了精密加速/减速功能，提高了与伺服轴之间的同步精度。

4. 优化规划及控制技术

数控系统的速度控制策略是十分重要的，良好的加减速策略将减少机床的冲击。对于高档数控技术，应当追求更优化的 S 型加减速策略。因为优化的 S 型策略不仅可以减少冲击，还可以提高加工精度，FANUC 称为 Jerk 控制，即加加速度控制。对于连续轨迹加工，平滑轨迹间的速度控制策略也是提高运动平稳性的重要技术，同时可以大幅度提高制造效率。

8.3 加工高精化

1. 多轴联动进给速度平滑控制技术

通过对运动速度、加速度、加加速度的优化，减少机床振颤，使加工更加平稳，获得更高的加工表面质量。如海德汉采用高分辨率的反馈器减小转矩脉动、FANUC 的 MPC 技术减少机床振颤。

2. 全闭环控制

德国 Heidenhain 公司利用自己开发的位移测试设备（光栅尺、接触式位移传感器）开发了以光栅尺和编码器为测试手段的全闭环数控系统，使机床的加工精度得到了极大的提高。

3. 高分辨率的检测技术

数控机床的分辨率国内大致为 0.008～0.010mm，而国际先进水平为 0.002～0.003 mm。从 FANUC 公开的材料上看，控制分辨率提升到纳米可以将被加工产品的精度提高一倍，表面质量提高一倍。但这一结果需要控制器全面的技术提升，以纳米级的分辨率参与到各个环节，如 FANUC 系统的纳米插补技术和纳米反馈。纳米插补是一种超精密插补，FANUC ROBODRILL α-i F 系列以 1 nm 为单位来计算程序指令，以 1 μm 为单位发送到数字伺服的位置指令。通过采用 16000/rev 高分辨率脉冲编码器的纳米反馈，实现极其平稳的加工动作，由此来达到高速和高精。

在编码器测量技术中，要求测量量程更长，分辨率更高，传输协议延时更小、速度更快、更可靠。例如 Heidenhain 的 LB 系列直线光栅测量距离最大可达 30 m 以上，精度可以达到 0.5 μm；CT 系统直线光栅最高测量精度可达 nm 级；角度编码器最小测量步距可达 0.000005°或 0.018″或 29 位，系统测量精度可达 0.2″；其增量式编码器最高线数可达 5000 线；其绝对式编码器 EQN1337、R0Q437 每圈测量分辨率最高可达 25 位的 33554432 线，连续测量圈数最大可达 12 位 4096 圈。

编码器信号的传输方式也是多种多样，除脉冲、正余弦方式外，总线式输出比较突出，如 SSI 同步串行输出、Hipeface、EnDat、PROFIBUS-DP 等，尤其是 EnDat 2.2，技术发展后劲明显。

8.4 功能复合化

1. 多通道协同控制技术

软件体系结构向多通道方向发展。如 FANUC 30/31/32i 具有轴同步、混合及叠加控制等功能。同步控制可以令不同通道的运动轴按照某种时序关系或某种条件达到同步，混合控制可让一个轴的混合命令在各通道之间进行交换，叠加控制能把一个轴的移动命令叠加到属于另一条道路的另一个轴上去。

2. 多轴、多通道加工智能化编程技术

主要体现数控系统与 CAD/CAM 与 CNC 的集成，即编程系统。将 CAM 功能嵌入到数控系统中，可快速地在加工现场产生和修改数控加工程序，使编程人员和操作员有更好的沟通。基于 Windows 的数控系统的大量使用和数控系统性能的不断提高，推动车间级数控编程系统的功能和应用向更高层次发展，典型的代表包括 Siemens 的 ShopTurn 和 ShopMill、Gibbs 的 Gibbs SFP 等。目前车间级数控编程系统主要针对钻孔、车削、两轴、两轴型腔和三轴加工等加工编程。

3. 复合加工数控系统集成技术

机床的功能复合化可大大提高效率，一次装夹完成多工序加工或检测功能，随着运动控制能力的提高，功能复合化成为数控系统和数控机床的发展趋势，也是 CAD/CAM/CNC 集成技术的重要体现。复合加工对数控系统的多主轴控制、多通道技术提出了更高的要求。

8.5 控制智能化

1. 基于机床状态的加工参数自调整技术

Heidenhain 的 iTNC530 提供自适应进给控制 AFC，它是一种根据刀具轴性能和其他工艺参数优化进给速率的功能。基于机床状态的加工参数自调整技术还包括一些针对机床加工状态的参数调整。例如：

(1)工件定位误差补偿(workpiece setting error compensation)

对于大型复杂零件的多轴数控加工，工序间的定位和装夹会造成工件的定位误差。为了减小定位误差，需要大量的加工准备时间，这会降低加工效率。工件定位误差补偿功能通过测量得到定位误差值，把结果用于加工程序的自动补偿修正，达到消除定位误差的目的。该功能也是实现大型零件无夹具制造的基础。

(2)加工条件选择功能(machining condition selection function，MCSF)

操作者在考虑生产效率的同时，可设置加工精度的等级。这样，在粗加工时，主要考虑进给速度，在精加工时主要考虑加工精度。例如，FANUC 系统在关闭 MCSF 功能的情况下，效率优先，采用大进给速度进行加工；在打开 MCSF 功能的情况下，精度优先，采用小进给速度进行精加工。

(3)多轴刀具切点补偿(tool cutting point command)

根据输入的刀具路径信息，操作者可根据情况优化切削条件，如对同一条刀具路径，在保证切触点不变的情况下，使用不同的刀具类型(球头刀、圆角刀、平底刀)。此时系统会自动重新计算需要的刀具路径。

2. 加工过程防碰撞技术

多轴加工在提高了数控加工效率的同时，也增加了机床刀具与机床部件之间、机床部件之间发生碰撞的几率。因此，对机床的加工运动进行仿真，预测碰撞的发生成为高档数控系统重要功能之一。Heidenhain 的 iTNC530 就具有动态碰撞检测功能，用于避免机床和工件被损坏。虽然 CAD/CAM 系统创建的 NC 程序可以避免刀具与工件的碰撞，但机床加工区域内的机床部件碰撞情况却未被考虑到。海德汉公司对此进行了研究，使机床制造商可以通过数控系统定义机床加工区。操作人员在显示器上可以看到有碰撞危险的机床部件，并可操作机床移出碰撞区。可调整的分屏显示布局是一个新特性，例如可以在一个窗口显示程序段，而在另一个窗口显示加工区。如果检测到有碰撞危险，数控系统将自动中断加工过程，从而避免碰撞发生。

3. 热误差动态建模及预测补偿技术

在高速运动的情况下，机床的动力学性能、热力学性能将对机床的加工性能产生极大的影响，而仅靠机床的结构设计已不能满足要求。智能补偿技术已经成为世界主流数控系统及数控机床的一个基本功能。

德国 Heidenhain 公司利用自己开发的位移测试设备（光栅尺、接触式位移传感器）对加工过程中包括热变形在内的一系列影响进行了研究，认为滚珠丝杠的热变形是机床热变形的敏感部位。他们的研究结果表明：沿滚珠丝杠长度方向上的温度分布变化很快，是由进给速度和运动力（moving force）引起的，将导致滚珠丝杠的伸长（在 20 分钟内，伸长的典型值为 100μm/m），进而引起加工工件上明显的瑕疵。

热变形的敏感部位以及对加工精度的影响、控制策略的研究是热变形误差补偿技术研究首先要解决的问题。解决热误差的通用方法是主动冷却、机床结构对称设计、温度测量与控制等变形补偿技术。

在加工过程中，机床受到加工过程中的力和温度变化（主要的）影响，会产生低频的动态变形，这将直接降低机床的加工精度和生产效率。意大利 Sintesi 公司利用 Lasde 全局变形传感器，可以实时测量机床结构上选定点的位移信息，可以实时测量一个轴或多轴在加工过程中的六个自由度上的变形，从而对 TCP（Tool Centre Point）的位置进行补偿，提高加工精度。

4. 加工过程中的颤振预测与抑制技术

数控系统中集成了对加工中的颤振进行抑制的软件模块。它可使铣削加工中心或车削中心找到并控制切削加工中的最佳加工条件。在铣削中心，可以根据软件中的专家系统自动找到最佳切削条件，改变加工参数；对车削中心，可以自动检测出颤振，软件上弹出需要交互的加工导航选项，向操作人员提供加工参数的优化建议，由操作人员选择合适的参数以消除颤振。

现代数控加工要求机床能够根据切削条件的变化，自动调节工作参数，使其在加工过程中能保持最佳工作状态，从而得到较高的加工精度和较小的表面粗糙度，同时也能提高刀具的使用寿命和设备的生产效率。德国 Schenck 公司所创建的新一代 SMARTBALANCER 具有以下功能：对机床的当前状态进行在线测量和评价，在问题出现之前即可识别出来；诊断机床的状态，找出问题的原因；对滚动轴承进行评价；识别机床的共振频率；对碰撞进行测试。

5. 切削负荷波动的实时监测与补偿技术

通过检测主轴的负载，运用内部的专家系统对采集的主轴信号和相应的刀具及材料数据进行分析处理，通过调整机床的进给倍率使数控机床工作在最佳的加工状态。该技术以以色列 OMAT 控制技术有限公司最为出色，并且有些技术已集成在 Siemens 的 810D/840D、Fanuc 的 15i、DMG 的 Millplus、Haidenhain 的 iTNC530 和 Fidia 的 X-POWER 等著名数控系统中了。

6. 网络及无线通信技术与数控系统的集成

数控系统具备强大的网络功能，并将以太网接口作为数控系统的基本配置或选择配置，实现与外部计算机的联网通讯。

如 SIEMENS 840D/828D 采用 SINDNC 软件模块可将 SINUMERIK 系统快速、简单

和经济地添加到标准的以太网网络中，并与 Windows PC 和 UNIX 工作站之间建立稳定的连接，还可以使用标准 CF 卡进行程序与数据的传输。集成的以太网功能保证了数控系统文档与计算机之间的快速传输，其满量程的传输速率是标准串行接口的 100 倍。

Siemens 基于 Internet 的“ePS”（电子产品服务）软件方案，可以通过互联网访问 SINUEMRIK 810D/840D/840Di/828D 控制系统，通过其 CM(Condition Monitoring)系统在线连续监控数控系统的轴状态、PLC 状态等，并评估机床状况、分析相关的机床参数，可实现远程诊断、维修服务，防止早期故障引起的意外停机，减少检修停工期，增强可靠性，提升机床有效性，提高生产力，降低维护费用。

FANUC 系统通过高速以太网板，实现对机床的运行状态实时的集中监控；通过工厂网络，CNC 可同时连接到机床和办公室，这种连接允许对整个工厂进行管理，以提高生产力；通过互联网，在工厂外或家里，亦可远程监控机床的工作状态；使用机床远程诊断软件包，机床制造商能方便地构建远程机床维护系统，不用去现场即可检查故障(问题)产生的原因(状况)，减少停机时间，机床制造商还可以提高服务效率。

基于 GSM 短信的数控系统远程监测模块，实现数控系统远程监控。利用手机短信的 GSM 网络来收发对数控系统监控终端进行实时监控，当系统出现各种报警信息或者机床状态发生变化时，将相应的信息编码成短消息发送到客户定义的远程监控端或者手机上；远程监控端接受短信后，可以对短信进行解码，根据系统设置，解析出对应的控制命令，作出相应的处理，并返回处理结果。也可以通过操作人员的手动回复，远程控制系统的动作。

参考文献

[1] 鲁方霞，邓朝晖．数控机床的发展趋势及国内发展现状．工具技术，2006(3)：44－48

[2] 杨红华．数控机床技术发展现状．湖南农机，2008(5)：188－189

[3] 孔亿宾．浅析数控系统的现状及发展趋势．机电信息，2010(18)：47－48

[4] 梁昌鑫，贾廷纲，陈孝祺．国内外数控系统现状及发展趋势．上海电机学院学报，2008，11(4)：311－316

[5] 李佳特．FANUC 最新数控和伺服技术．机械工人(冷加工)，2007(2)：20－22

[6] 陈劲松．NUM 数控系统在五轴插补上的特点．制造技术与机床，2000(6)：54

[7] 王庆党，付纯连．POWER MATE i-H 的多通道功能在多工位数控组合机床中的应用．组合机床与自动化加工技术，2006(4)：71－72

[8] 张曙．从车铣复合到完整加工．新技术新工艺，2004(8)：2－5

[9] Fanuc. FANUC Series 30i 车床系统、加工中心系统通用用户手册．2005

[10] Siemens. SINUMERIK 840D sl840Di sl840D840Di810D Basic Functions. 2006

[11] Siemens. SINUMERIK 840D sl840Di sl840D840Di810D Extended Functions. 2006

[12] Siemens. SINUMERIK 840D sl840Di sl840D840Di810D Special functions. 2006

[13] Mitsubishi E. MITSUBISHI CNC 700 SeriesProgramming Manual (Machining Center System). 2004

[14] 李刚. 用于复合机床的多通道五轴联动数控系统 DASEN20. 世界制造技术与装备市场. 2008(3): 85—87
[15] 徐巍. 高档数控系统的功能规划和关键技术研究. 上海交通大学, 2009
[16] 韩旭, 黄艳, 于东. 基于混杂系统的多通道运动控制功能研究. 组合机床与自动化加工技术. 2010(6): 32—36
[17] 苏昊. 五轴联动双通道车铣复合数控译码系统的研发. 上海交通大学, 2009
[18] Suh S H, Cheon S U. A framework for an Intelligent CNC and Data Model. International Journal of Advanced Manufacturing Technology, 2002, 19(10): 727-735
[19] Mekid S, Pruschek P, Hernandez J. Beyond intelligent Manufacturing: A New Generation of Flexible Intelligent NC Machines. Mechanism and Machine Theory, 2009, 44(2): 466-476
[20] Morales-Velazquez L. Open-Architecture System Based on a Reconfigurable Hardware - Software. Journal of Systems Architecture, 2010(56): 407-418
[21] Kotani T, Nakamoto K, Ishida T, et al. Development of CAM system for Multi-Tasking Machine Tools. Nihon Kikai Gakkai Ronbunshu, C Hen/Transactions of the Japan Society of Mechanical Engineers, Part C, 2009, 75(757): 2589-2595
[22] 彭炎午, 叶伯生, 杨叔子. 基于 IPC 的开放式体系结构的 CNC 系统. 华中理工大学学报
[23] Dozio L, Mantegazza P. Real Time Distributed Control Systems Using RTAI. 2003: 11-18
[24] Wei Z, Dong Y, Yi H. Research on a Platform to Build Real-Time Applications for CNC Systems. Beijing, China: 2008:124-128
[25] 许鑫, 费翔林. 基于 MVC 模式的应用软件开发框架研究. 计算机工程与应用. 2005(30): 102—104
[26] 高甜容, 于东, 秦承刚等. 数控系统中模块间通信方法的设计与实现. 计算机工程. 2010(12): 238—241
[27] 赵薇. 多过程数控系统解释器及 RTCP 功能的设计与实现. 中国科学院研究生院(沈阳计算技术研究所), 2008
[28] 王晓君, 王田苗, 姚远. 数控系统内置式 PLC 的 FPGA 实现方法. 航空制造技术. 2007(3): 95—97
[29] 王晓宇, 陈吉红, 唐小琦. 基于线程局部存储技术的多通道数控系统仿真. 计算机工程. 2010(14): 204—205
[30] 金霞. 西门子全新紧凑型数控系统 Sinumerik 828D 问世. 金属加工, 2009(23): 20
[31] 西门子有限公司. 西门子推出 SINUMERIK828D 和 SINUMERIK840Dsl 新产品. 低压电器, 2010(11): 69
[32] 宋晓, 王建华, 张会龙. 海德汉 iTNC530 数控系统双电动机驱动消隙功能的应用. 机电一体化, 2010(13): 67—68
[33] Zhaogang Shu, Di Li, Feng Ye, et al. Model-based Development Architecture for Embedded CNC System. 2007 IEEE International Conference on Automation and Logis-

tics,2007:154-158

[34] 王彩霞.数控系统与数控机床技术发展趋势.新技术新工艺,2010(4):33—35

[35] 卢燕明,张淼.国际先进数控系统发展与应用.金属加工,2010(10):10

[36] 张兴全.适于高速高精密机床的测量和数控系统的最新发展.世界制造技术与装备市场,2009(5):50—56

[37] 郑慧宁.现场总线技术.宁夏机械,2005(12):4—6

[38] 吴瑞金,齐然,刘海伟.现场总线的现状及发展.通用机械,2005(2):39—43

[39] Xu Jun,Feng Yanjun. Profibus Automation Technology and Its Application in DP Slave Development. Proc of Conf on Information Acquisition,2004:33-46

[40] Bai Shan,Ma Yanjie,Song Zijia,et al. Application of Industrial Ethernet in Oil Field Based on PROFIBUS. Journal of Shenyang University of Technology,2009,31(3):337-340

[41] Fang He,Kai Guo. Modeling and Simulation of PROFIBUS-DP Network Control System. Automation and Logistics 2008 ICAL IEEE International Conference,2008(1-6):1141-1146

[42] 沈航,徐红泉,蔡慧等.工业以太网和现场总线.工业仪表与自动化装备,2005(1):6—9

[43] EtherCAT Technology Group. EtherCAT Technical Introduction and Overview. 2007

[44] 郇极,刘艳强.工业以太网现场总线 EtherCAT 驱动程序设计及应用.北京:北京航空航天大学出版社,2010

[45] Knezic M,Dokic B,Ivanovic Z. Topology Aspects in EtherCAT Networks. 2010 14th International Power Electronics and Motion Control Conference,2010:1-6

专题3　制造业信息化技术未来发展趋势

西安交通大学　高建民[①]

20世纪50年代初，世界上第一台数控铣床的研制，揭开了信息技术在制造业应用的序幕。美国IBM公司和Lockheed公司在20世纪60年代联合开发的著名的CADAM系统，形成了计算机技术在制造业中的应用雏形。约瑟夫·哈林顿博士提出的CIM(Computer Integreted Manufacturing，计算机集成制造）思想，即制造的系统观和信息观，将制造信息技术从技术领域延伸至管理领域，从单一生产线拓展到整个企业。

随着Internet的广泛应用以及企业之间的竞争从局部到全球范围的演变，制造过程也正从企业内部向区域甚至全球制造方向发展。信息技术推动着制造业从信息集成、过程集成到企业集成的变化，推动着制造业向网络化、敏捷化、智能化、集成化和协同化的方向发展，推动了众多新的制造哲理和方法的产生。

美国科学院在《2020年，未来制造的挑战》报告中列出了2020年制造业的八项关键技术，制造信息技术名列其中。报告认为在未来知识驱动的全球化市场，成功将属于那些具有技术优势和智慧以及创新能力的公司，未来没有低技术的工业，而只有低技术的公司。未来企业的方向是速度、柔性、服务、与客户的协同、客户化产品的创新。顾客要求产品和服务的供应商将质量服务和价格之间的价值关系最大化，而成功的企业就是要在“更好、更快、更便宜”的竞争三角形中找到最佳位置。美国Carneige Mellon大学和Drexel大学创建了一个信息化制造试验台(the pennsylvania information-based manufacturing testbed)。试验台共有11个制造、分析、数据和用户节点，研究信息化制造的中间件技术、对象技术、工程服务、智能体以及网络、计算和远程通讯的整合等问题，同时还对信息基础进行研究，测试基于智能体的工程构架并提供一个研究和学习的环境，用专业工具在竞争的伙伴中导航，对各个设备的能力和工具进行建模。

在20世纪90年代初，制造信息的应用基础研究内容包括产品设计信息的量化和工艺设计信息的量化，是以不考虑语义而用概率场描述机械变量的信息量化的研究为特点，还处于应用经典工程信息论方法的阶段。清华大学张伯鹏教授认为：制造活动中与认知主体有关的制造信息的语义、价值和效用，都是信息度量时所必须考虑的因素。决策是由决策者的信念决定的，而信念又会随着决策者获得的信息而改变。信息论用概率的方法定义事务运动产生信息的过程，但有关这个过程的逆过程，即信息如何通过改变信念来影响事务的运动，在信息论中并未涉及。为此，他提出了一种考虑认知主体因素的制造信息的度量方法——用信念变化反过来度量信息，并进行了有关方面的应用研究。

---

① 高建民，西安交通大学机械学院常务副院长，教授，博导，主要从事制造信息化技术、质量控制、现代集成制造、产品可靠性与维护、维修数字化技术研究。

尽管信息技术已经为制造活动提供了多种有用的概念、方法和工具，但在技术实践中，现实制造和信息基础之间仍然存在着语义鸿沟，这表现在虽然信息技术的新成果不断出现，如面向对象、Internet 和软件模型等，体现着不断开放的特征，但是制造技术在 NC、CAD 和 CAM 出现后，一直未有新的突破，直到 CIMS(Computer Integratend Manufacturing System，计算机集成制造系统)技术出现后才使制造技术向前迈了一大步。

制造业信息化的范畴涉及产品开发、生产和营销以及产品服役过程等全生命周期价值链的各个方面，它彻底改变了制造商、供应商和客户之间的传统交易关系以及产品的制造过程。

从发展上看，制造业信息化进程应该由里而外，由企业核心业务活动信息化向整体业务活动信息化发展；从层次上看，制造业信息化建设可分为企业的信息化基础设施建设、企业各核心部门的信息化、企业内部生产活动之间的有效互联和供应链之间生产活动之间的有效互联等四个层次。

制造业信息化或制造信息系统一般围绕企业内部信息化、企业外部信息化两个层次展开。

企业内部信息化建设包括生产过程信息化和经营管理的智能化。制造业的生产过程是一个极其复杂的过程，它不仅仅包括产品的设计、产品的制造和产品的销售，它还包括与之密切相关的物料需求、库存控制、车间控制等。要将这些复杂的生产活动整合起来，实现整个生产过程的信息化，就要围绕这三个层次进行，即产品设计开发的信息化、制造过程的信息化以及企业管理全过程的综合信息化。

所谓企业外部信息化建设是相对企业内部信息化建设而言的。在企业内部实现信息化的时候，传统的原料采购与销售模式成为制约企业进一步向前发展的瓶颈，如何打破瓶颈，确保企业与外部环境之间的贸易通道畅通无阻，就是企业外部信息化的目标。要实现这一目标，取得自己的竞争优势，企业就必须提高其采购流程的效率，简化与顾客和合作伙伴的交易环节，即必须由传统的商业贸易模式向电子化方向转变，实现企业间合作与贸易的高效运作。

本专题以计算机集成制造系统 CIMS 的理念、构成为切入点，介绍了制造信息化技术的构成与发展趋势。

1 概 述

制造业是国民经济和社会发展的物质基础，是一个国家综合国力的重要体现，是国家经济的支柱产业。现代高质量物质生活正是以制造业为基础的，社会生活中有 70%以上的用品是制成品。制造业分布范围之广，影响之大，已经使它成为经济增长和发展的推动力。可以说，没有制造业就谈不上农业、建筑业、服务业，没有制造业的高速增长，经济就可能停滞不前。制造业对国民经济增长和人均收入提高的作用是任何其他产业所无法取代的。现代意义上的“制造”概念，即通过机器进行制作或生产产品。200 多年来制造业经历了机械化、电气化和信息化三个发展阶段。

•**机械化阶段** 主要以 1765 年蒸汽机的出现为标志，它以纺织机械的革新为起点，以蒸汽动力和机器应用为主要特征，实现了人类由工具生产到机械化大生产的转变，带来了人类历史上的第一次工业革命，引领了人类社会的工业文明。

•**电气化制造阶段** 19 世纪到 20 世纪初，以电力技术为主导的第二次工业革命，使人类跨入了电气时代。这一时代是以制造业电气化和自动化为主要特征的。

上述两次工业革命，其本质是以解放人的体力劳动为主要目标，无论蒸汽机还是电气化，它们都以延伸和扩展人的体力能力为主要标志。

•**信息化制造阶段** 在 20 世纪后期，以计算机为代表的信息技术，使人类进入了信息时代。尤其在进入 21 世纪后，世界的政治、经济和技术发生了前所未有的巨大变化。经济全球化正在形成。经济全球化和信息化使制造业的竞争环境、发展模式及活动空间等都发生了深刻变化，世界制造业已经进入新的发展阶段。制造正在由传统的“能量驱动”转变为“信息驱动”。信息成为制造过程的主动因素，决定着制造系统物流、资金流、工作流的和谐运作。信息革命与前两次工业革命最大不同点在于它是以解放人的脑力劳动为主要标志的。

美国 SME 协会在他们提交给美国国家科学基金的 700 多页的战略性研究报告 *Next Generation Manufacturing——A Framework for Action* 中特别明确地强调了“在全球市场经济、全球制造环境下，新一代制造企业的特点就是人、知识、设备和技术的高度集成。企业需要具有高度的柔性和敏捷性，能够快速形成适应市场需要的多企业联盟”。比竞争对手具有更强的学习能力是企业唯一保持竞争力优势的根本。同时，未来企业应是一个“学习型组织”，使得组织中的成员能不断寻求共同学习的途径，并实现组织成员间的知识共享。学习型组织能把个体的知识变成群体的知识。学习型组织能尽快提供适应顾客需求的组织结构。学习型组织能从过去的经验中学习，找出产生问题的原因并解决它们，从而提高组织的竞争能力。而这一切的实现，其根本技术支撑是制造信息系统。

中国正在成为世界制造业的中心，但还不是制造强国。面对激烈的国际竞争，中国的制造业如何迅速提高核心竞争力，重要的是加快制造业的信息化进程。把制造业与信息化技术融合集成是提升我国制造业核心竞争力的必由之路。在席卷全球的金融风暴中，我国许多企业，特别是中小企业面临倒闭或已经倒闭。金融危机对我国制造业形成的冲击是有目共睹的，制造企业所存在的诸多问题也更加明显。危机环境更能检验企业的竞争力，竞争力的强弱又在很大程度上取决于信息化程度的高低。对于制造企业来说，信息化的作用是无可替代的，大力推进制造业信息化是提升企业竞争力的必经之路。信息化是提高企业管理水平的需要，是企业管理创新的需要，是企业优化生产模式的需要，是适应国际经济一体化的需要。在制造企业的外部经济环境恶劣时，我们的制造业更应该加强内功的修炼，加速信息化进程，进一步促进制造业由高能低效的粗放型向集约化的效益型转化，提升制造业在市场经济中的竞争力，以便经济复苏时能快速抓住机会，获得更大的发展。所以信息化应该被广大制造企业重视起来，成为企业的一项不可或缺的任务。

2　制造业信息化概念与发展现状

2.1　计算机集成制造系统是制造业信息化的集中体现

全球化经济的快速形成，以自主创新和全球化敏捷竞争为主要特点的新经济竞争已成为世界各国竞争的一个焦点和世界发展的重要推动力。各类制造业都面临着产品技术和市场持续多变和不可预测的竞争挑战，其核心是以知识为基础的新产品的竞争。为了提高竞争力，各类制造企业必须解决其新产品的 TQCS 问题，即如何以最快的上市速度(T-Time to Market)、最好的质量(Q-Quality)、最低的成本(C-Cost)和最好的服务(S-Service)来满足不同顾客对产品的需求和社会可持续发展的要求。这一切迫使制造业发生着深刻的变革。近 20 年来，各国纷纷制订实施了先进制造技术的发展计划，典型的有：美国"下一代制造(NGM)"计划、先进制造计划、"敏捷制造使能技术(TEAM)"计划；德国"生产 2000"计划；日本智能制造系统计划；韩国高级先进技术国家计划等。无论何种计划都说明，当今世界已步入信息时代，以信息技术为主导的高技术正深刻地影响着制造技术的方方面面，制造业正由传统的"能量驱动"转变为"信息驱动"。计算机集成制造系统(CIMS)的概念就集中体现了现代制造信息化的综合理念。

CIMS 的核心贡献是用系统集成观和信息观来看待制造业，它把整个制造业推到一个新的发展阶段。

计算机集成制造 CIM 这一概念最早由美国的约瑟夫·哈林顿(J. Harrington)博士于 1973 年提出。哈林顿认为，企业的生产组织和管理应该强调两个观点：(1)系统集成观，企业的各种生产经营活动(从市场、设计、制造到管理、售后服务等)是不可分割的，需要统一考虑；(2)信息观，整个生产制造过程实质上是信息的采集、传递和加工处理的过程，产品的尺寸是物化的数据。信息观为生产过程大量采用信息技术奠定了认识上的基础。按照这一观点，企业应该采用信息技术(包括计算机、通讯、自动化等)来改善设计过程、管理决策过程和加工制造过程，并且在网络和数据库的支持下，实现信息集成，进而优化生产，改善其 TQCS，以提高企业的市场应变能力和竞争能力。

哈林顿强调的系统观、信息观是信息时代组织、管理生产最基本、最核心的观点。可以说，CIM 是信息时代组织、管理企业生产的一种哲理，是信息时代新型企业的一种生产模式。按照这一哲理和技术构成的具体实现便是计算机集成制造系统 CIMS。关于 CIM 和 CIMS 的定义，1991 年日本能源协会提出："CIMS 是以信息为媒介，用计算机把企业活动中多种业务领域及其职能集成起来，追求整体效益的新型生产系统。"欧共体 CIM/OSA 认为："CIM 是信息技术和生产技术的综合应用，旨在提高制造型企业的生产率和响应能力，由此，企业的所有功能、信息和组织管理都是集成进来的整体的各个部分。"

1992 年 ISOTC184/SC5/WG1 提出："CIM 是把人、经营知识和能力与信息技术、制造技术综合应用，以提高制造企业的生产率和灵活性，将企业所有的人员、功能、信息和组织诸方面集成为一个整体。"美国 SME 于 1993 年将顾客作为制造业一切活动的核心,强调了人、组织和协同工作,以及基于制造基础设施、资源和企业责任之下的组织、管理生产的全面考虑。经过十多年的实践,我国"863"计划 CIMS 主题专家组在 1998 年提出 CIMS 的新定义为:"将信息技术、现代管理技术和制造技术相结合,并应用于企业产品全生命周期(从市场需求分析到最终报废处理)的各个阶段。通过信息集成、过程优化及资源优化,实现物流、信息流、价值流的集成和优化运行,达到人(组织、管理)、经营和技术三要素的集成,以加强企业新产品开发的 T(时间)、Q(质量)、C(成本)、S(服务)、E(环境),从而提高企业的市场应变能力和竞争能力。"

与国外 CIMS 的发展相比较,我国 CIMS 不仅重视信息集成,而且强调企业运行的优化,并将计算机集成制造发展为以信息集成和系统优化为特征的现代集成制造系统(Contemporary Integrated Manufacturing Systems),这是对 CIMS 理念和技术的一大提升。

虽然制造信息化技术随着网络技术和信息技术的发展有了新的发展,但 CIM 的理念和基本构成仍是制造信息化的内核与基本内涵,CIM 所强调的系统集成观和信息观仍没有过时。因此,在下面的论述中,我们仍以 CIMS 的构成为基本主线,结合最新技术对现代制造业信息化的发展趋势进行介绍。

2.2 计算机集成制造系统的构成

制造企业中,计算机集成制造系统 CIMS 便是 CIM 哲理的具体实现。虽然各种企业类型不同,生产经营方式不同,CIMS 的具体实现不同,但它的基本构造是相同的。美国制造工程师协会(SME)1993 年提出的 CIMS 轮图基本反映了 CIMS 与企业之间的关系和基本结构(见图 3-1)。

CIM 轮图由 6 层组成,分别为:用户;人、技术和组织;共享的知识和系统;过程;资源和职责;制造资源基础等。CIMS 的核心就是实现六个层次各个要素的和谐高效运转。

第一层是轮子的核心——顾客。企业一切活动的最终目的是为顾客服务,满足顾客的愿望和要求,是企业获得利润和求得发展的基本点。

第二层是企业组织中的人、组织和组织工作方法。在多变、竞争激烈的市场中,企业的成败关键是人、组织与技术的和谐。

第三层是信息(知识)共享系统。信息是企业的主要资源。现代企业的生产活动是依靠信息和知识来组织的。现代制造企业一定要建立一个信息和知识共享系统,在以计算机、网络、数据库为基础的信息系统支持下,使信息在企业的各个部门、各个环节高效流动起来,形成企业信息与知识共享,这样才有可能提高企业的生产和经济效益。

第四层是企业的活动层,可划分为三大部门和 15 个功能区。这 15 种功能是制造企业运行的基本要素。

第五层是企业管理层,它的功能是合理配置资源,把原料、半成品、资金、设备技术信息和人力资源作为投入,去组织和管理生产,并将产品推出到市场销售。承担企业的经营调度指挥责任,这一层也是企业内部活动和企业所在环境的接口。

第六层是企业的外部环境。企业是社会中的经济实体,受到用户、竞争者、合作者和其他市场因素的影响,例如老用户和新用户的各种需求,原料和外购件的供应渠道,推销和代

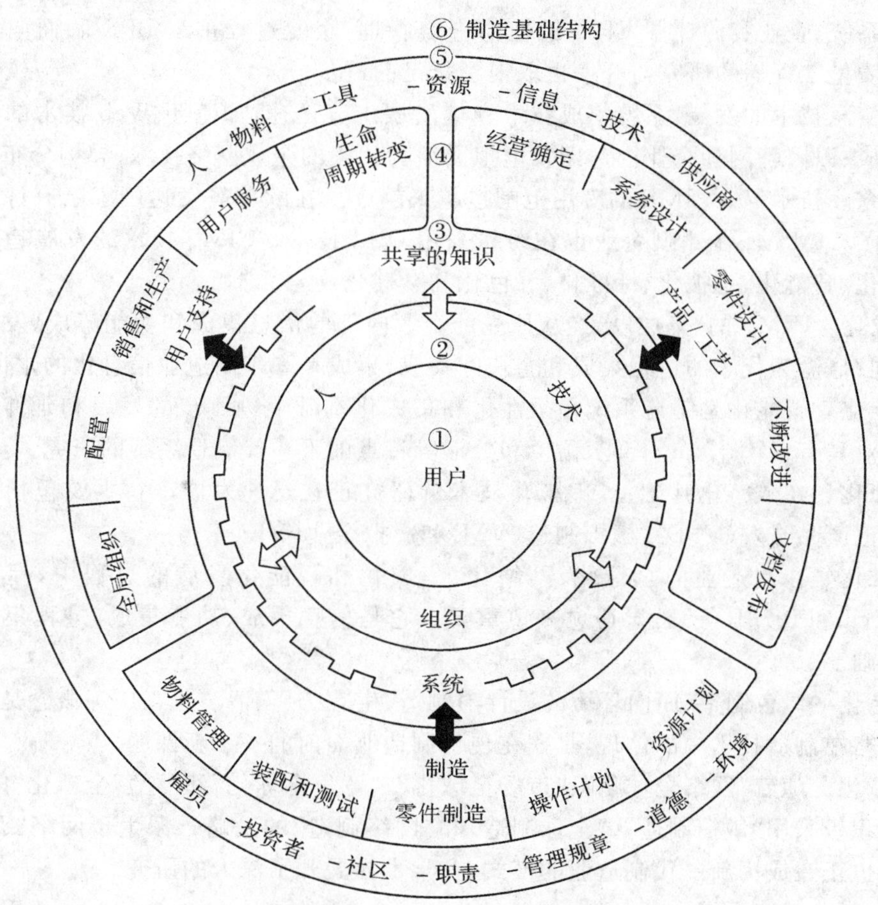

图 3-1　1993 年的 CIMS 轮图

理商的组织，能源、交通和通信基础设施的好坏，劳动力和金融市场的变动，大专院校和研究所的支持，政府的经济法规和政治形势的变化等。企业管理者不能孤立地只看到企业内部，必须置身于市场环境中去运筹帷幄，合理地做出企业发展的决策。

CIMS 是现代化的生产系统。根据生产系统的基本组成，CIMS 是由两个支撑分系统即计算机网络系统和数据库管理系统与若干个应用分系统组成，应用分系统按照产品生命周期阶段划分为：

- **产品设计自动化系统**　主要包括产品数据管理系统 PDM、计算机辅助设计系统 CAD、计算机辅助分析 CAE、计算机辅助工艺规划 CAPP 和计算机辅助制造 CAM 系统。
- **制造信息系统**　主要包括制造执行系统 MES/制造自动化系统 MAS。
- **管理信息系统**　主要包括企业资源计划 ERP、供应关系管理 SRM、客户关系管理 CRM、集成质量系统 IQS 以及近些年发展起来的维护维修管理系统。

国外开展 CIMS 的研究与应用已有几十年历史，世界各国十分重视 CIM 等制造系统集成技术的研究与开发。欧美等发达国家将 CIM 技术列入其高技术研究发展战略计划，给予重点支持。欧美国家的重要理工科大学和国内的许多大学都建立了与 CIM 有关的研究所或实验室，有些大学还开设了 CIM 相关技术的课程。

各种 CIMS 单元技术，如面向产品全生命周期的设计分析技术、先进的单元制造工艺、新型数控系统、企业资源计划 ERP、敏捷供应链管理、企业过程重组 BPR 和面向产品全生命周期的质量工程等的研究与开发也取得了长足的进步。

随着信息技术的发展，系统集成技术领域发展十分迅速，如基于 Web 技术的制造应用系统的集成、以因特网和企业内部网及虚拟网络为代表的企业网络技术、异构分布的多库集成和数据仓库技术等。CIMS 的应用范围也越来越广。在欧美等发达国家已有许多大中型企业实施了 CIMS，不少小型企业也在纷纷采用 CIM 技术。CIMS 技术的发展趋势可以概括为集成化、智能化、虚拟化、标准化、绿色化和全球化。

- **集成化** CIMS 的"集成"已经从原先的企业内部的信息集成和功能集成，发展到当前的以"协同"概念为代表的过程集成和企业间集成，集成是未来制造业信息化的永恒主旋律。
- **智能化** 智能化是制造系统在柔性化和集成化基础上进一步的发展和延伸。目前已广泛开展对具有自律、分布、智能、仿生和分形等特点的下一代制造系统的研究。
- **虚拟化** 在数字化基础上，虚拟化技术的研究正在迅速发展。它主要包括虚拟现实（VR）、虚拟产品开发（VPD）、虚拟制造（VM）和虚拟企业（VE）等。
- **标准化** 在制造业向全球化、网络化、集成化和智能化发展的过程中，标准化技术（STEP、EDI 和 P-LIB 等）已显得愈来愈重要。它是信息集成、功能集成、过程集成和企业集成的基础。
- **绿色化** 绿色制造、面向环境的设计与制造、生态工厂、清洁化工厂等概念是全球可持续发展战略在制造技术中的体现，是摆在现代制造业面前的一个新课题。
- **全球化** 随着"网络全球化"、"市场全球化"、"竞争全球化"和"经营全球化"的出现，许多企业都积极采用"敏捷制造"、"全球制造"和"网络制造"的策略。派生于网络"云计算"的"云制造"也正在成为新一代制造业的模式，在学术界展开了深入的研究。

2.3 制造信息化技术构成与发展趋势

对于制造企业实施信息化工程来讲，虽然技术手段、技术内涵和覆盖范围有了日新月异的发展，但以 CIMS"集成与协同"为主旋律的哲理和思想，仍是企业实施信息化工程的指导思想和原则，其内容本质没有变化，其基本构成没有变化，并且其哲理和思想不仅适应于制造业，也适应于其他行业的信息化过程。由于 CIMS 涉及的范围比较宽泛，下面我们主要从信息的视点出发，讨论和介绍现代制造信息化技术的构成和发展。

2.3.1 制造信息化目前现状

进入 20 世纪 90 年代以来，世界航空工业在全球范围内形成设计、生产与市场的全球化，特别体现在欧洲空客公司的 A380 飞机和美国波音公司的 B787 飞机的研制及其竞争上。在以美英为首多国联合研制的一机三型 F35 军用战机中，也充分体现了这一特点。波音公司早在 20 世纪 90 年代初在研制 777 飞机的过程中就全面采用数字化技术，具体体现在全机零部件百分之百的三维数字化建模，进行产品的数字化预装配和组织设计制造协同团队 DBT(Design Build Team)，即后来在新一代 737 研制中应用的集成产品设计团队 IPT (Integrated Praduct Team)。在此过程中，波音公司花了 10 年时间和 10 亿美元构建了基于构型控制的数字化制造信息管理系统 DCAC/MRM (Define and Control of Aircraft Confiquration/Manufacfuring Resource Management)，这一系统以 SDRC 公司的 PDM 系统 METAPHESE 为核心，管理了波音公司在产的所有商用飞机，支持整个波音公司分布在 72 个不同场所的 45000 名员工和 40000 多台各种工作站同时进行工作，通过网络还支持着全球供应商的有关产品数据管理工作。

波音公司在研制 787 飞机中应用了基于 PLM 的全球协同环境 GCE(Global Collaboration Environment)，使 787 飞机的协同研制工作顺利进行。波音公司在全球协同环境 GCE 中，技术上应用统一软件的同一版本，并对研制的协同过程、软件和数据的管理有着一整套严格的模式、制度、方法、规范和各种手册，供全体参研人员遵循并使用，通过构建 787 数字样机，建立了单一产品数据源(SSPD)，使有关产品的数据畅通而准确地由研制的上游向下游流动。各部门之间数据快速而准确地交换，真正实现了产品的并行协同设计与制造，保证了 787 飞机在 2007 年 7 月 8 日如期下线。

洛克希德·马丁公司采用了 Teamcenter 软件作为基础建立全球协同工作平台。该系统集成了需求管理模块、可视化技术、标准件管理模块、设计工具模块、制造资源规划模块、车间管理模块、工艺计划模块、材料管理模块、仿真模块、后勤保障模块等贯穿整个产品生命周期所需要的功能，保证用户需求、详细设计、数字样机、生产计划、工艺规程、加工仿真和维修服务等阶段的产品数据存放在一个公共的数据平台上，统一管理设计 BOM、制造 BOM、建造 BOM 和维修 BOM，从而实现 JSF 项目降低成本、缩短周期、易于维修的目标。洛克希德·马丁公司最终按要求，完成了"一机三型"，即空军型、海军型、海军陆战队型。一条生产线生产三种飞机，其互换性达到 80%，并实现了 F-35 设计周期缩短 35%的目标，为该项目节省了上亿美元的资金。

空客公司(Airbus)的 A380 型号具体设计和制造工作由 Airbus 位于法国、英国、德国和西班牙的四家子公司共同承担，并且还包括 10 余家共同承担风险的合作伙伴。仅在欧洲的 Airbus 直接员工就达到 4 万名，分布于 15 个不同地区。Airbus 基于 Windchill 开发了一套 PRIMES(Product Related Information Management Enterprise System)系统，并专门成立了一个人数多达 200 多人的部门 ACE(Airbus Concurrent Engineering)来支持 PRIMES 系统的实施。该系统的主要功能包括：

- 全机构型信息的整合、存储与管理，为 A380 型号研制提供了一个统一完整的构型知识库；
- DMU 数字化样机管理，有效整合来自不同 CAD 设计工具(CADDS5、CATIAV4)产生的三维设计模型，实现数字化样机的干涉检查及虚拟仿真；
- 自动维护 Airbus 总部与分支机构服务器间的构型数据同步与复制，保证数据源的一致性、准确性；
- 实现与 A380 研制过程上、下游主干系统(如 SAP、客户关系管理、维护等)信息集成，保证研制数据在 A380 型号整个研制过程的自动、准确流转；
- 与供应商之间的 CAD 设计模型交换与控制，实现供应商构型信息控制。

空客公司通过实施 PRIMES 系统，实现了研制周期比 A340 缩短 25%、成本减少 50%、利润增加 10%、乘员增加 50%的目标，确保了 A380 的研制成功。

综观国内外文献报道，虽然信息技术和制造技术的融合迄今已经取得了众多进展，在企业应用系统(如 CAD、CAPP、CAM 等)的研究开发与集成方面已经取得了很大成绩，对信息技术与制造技术的融合的研究也日趋活跃，但信息化制造的基础研究目前在国内外尚处于起步阶段，系统地进行信息化制造理论和方法的研究尚不多见，存在着信息技术应用超前于信息基础理论研究的现象，主要体现在以下几个方面：

(1)信息化制造作为一种先进制造模式，尚未建立完整的体系结构。目前关于信息化制造的文章林林总总，但至今尚无人系统地研究信息化制造的体系结构问题，以用于指导信息化制造的实践。有关信息化制造的定义也各式各样，甚至连信息化制造的内涵和外延都有待于进一步定义和明确，因此，改变这种现状具有重要的理论意义和实用价值，这也是本专题立论的初衷和努力实现的目标。

(2)没有将制造信息本身共性的东西上升到理论层次来进行研究。信息化制造的核心是信息，信息理论来源于实践，高于实践，更重要的是能反过来指导实践，因此，必须对信息化制造中的信息理论的共性问题进行深入的研究，如信息定义、属性、度量、分类、价值、配置、运作以及信息质量对决策的影响等规律。

(3)对信息集成中共性的和普遍性的方法没有进行系统的研究和总结。由前所述，我国企业信息化建设水平目前尚处于一般事务处理和简单信息管理阶段，呈现出“信息孤岛”严重、资源不能共享的局面，因此信息集成一直是国家“863”重点支持的研究内容。信息集成的主要目的是实现企业不同的应用系统之间的数据共享和集成，而过程集成则是通过过程的并行执行和以多功能项目组为核心的扁平化组织，对企业过程进行重组和优化，从而实现企业过程中的资源、组织和信息的集成。一般的集成往往重视信息集成而忽略过程集成，在解决小的“孤岛”之间的集成时，造成了企业内更大的“孤岛”。因此，需要对信息集成的共性问题进行研究，提出一种企业应用集成的通用框架，使企业能快速、简单地集成不同的应用系统，并在应用系统之间实现信息和过程两个层面上的集成。

2.3.2 制造企业信息系统的集成技术

制造企业信息系统是一个集产品设计、制造、经营、管理为一体的多层次、多结构的复杂系统，需要从系统设计到实施具有较高规范程度和参考价值的体系结构。企业信息系统集成技术区别于构成企业信息系统的各单元技术。它从全局出发，考虑构成整个系统的各部分之间的关系，并将它们组成有机的整体，实现信息共享和资源共享，规定和协调各分系统的运行，并最终实现总体目标。

实施企业信息化的关键在于集成。企业实施信息化的目的在于取得总体效益，而企业能否获得最大的效益，又取决于企业各种功能的协调。一般来说，企业集成的程度越高，这些功能就越协调，竞争取胜的机会也就越大。因为只有各种功能有机地集成在一起才可能共享信息，才能在较短的时间里作出高质量的经营决策，才能提高产品质量，降低成本，缩短交货期，提高企业的竞争能力。信息集成和过程集成代表了集成的两种不同水平，是集成发展的阶段性标志。

信息集成是指在不同应用系统之间实现数据共享，这些应用系统分布在网络环境下异构计算机系统中，它们所管理和操作的数据格式和存储方式各异，要实现信息集成就是要实现数据的转换(不同数据格式和存储方式之间的转换)、数据源的统一(同一个数据仅有一个数据入口)、数据一致性的维护、异构环境下不同应用系统之间的数据传送。信息集成的理想目标是五个“正确”的实现，即“在正确的时间，将正确的信息以正确的方式传送给正确的人(或机器),以作出正确的决策或操作"。在企业实施信息化的早期阶段,应用系统的集成首先是信息集成。企业 CAD/CAPP/CAM 系统的信息集成,提高了企业的设计自动化程度和水平;车间控制器和底层制造设备的信息集成,则大大提高了企业的制造自动化水平。企业的信息集成还解决了企业由于各部门之间信息不共享、信息反馈速度慢、信息不全等造成的企业决策困难、计划不正确、库存量大、产品制造周期长、资金积压等问题,提高了企业的现代化管理水平和整体经济效益。

信息集成是过程集成及其他更高级集成的基础。过程集成是指高效、实时地实现企业业务活动和制造过程的数据、资源的共享及协同工作,将孤立的活动过程集成起来形成一个协调的企业运行系统。过程集成涉及不同的过程之间的交互和协同工作,它比信息集成具有更高的集成度,其集成难度也更高。为了实现过程集成,需要采用过程建模方法来建立企业的业务过程模型。另外,过程集成需要有更先进的软件集成支持工具,如集成平台、集成框架、工作流管理系统等。

一般各分系统之间的集成通常有以下一些方法:

(1)各分系统的应用之间通过开发一对一的专用集成接口实现数据交互和集成,这种方法的缺点是开发量大,系统可维护性差,任何一个应用系统的修改都会导致一大批相关应用系统的修改。

(2)采用独立于任何具体应用系统的共享信息库的方式实现信息共享,这种方式可以避免重复开发功能相同的集成接口。

(3)采用集成平台支持的中间件的方式进行信息共享,这种方式可以实现应用对数据的透明访问,解决应用对于操作系统和数据存储方式的依赖性,是当今最先进的应用系统集成方式之一。图 3-2 是企业集成的示意图。

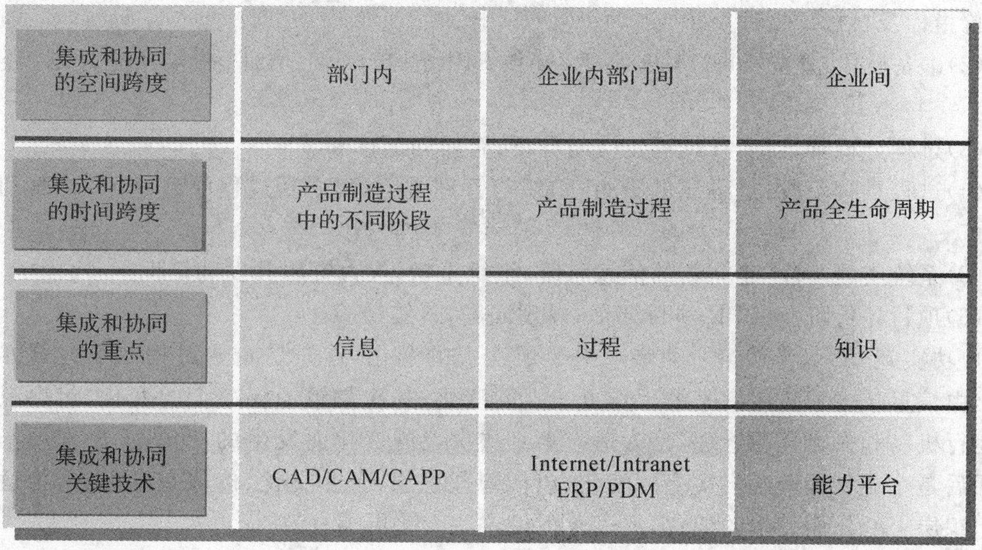

集成和协同的空间跨度	部门内	企业内部门间	企业间
集成和协同的时间跨度	产品制造过程中的不同阶段	产品制造过程	产品全生命周期
集成和协同的重点	信息	过程	知识
集成和协同关键技术	CAD/CAM/CAPP	Internet/Intranet ERP/PDM	能力平台

图 3-2　企业集成示意图

2.3.3　企业过程重组

企业信息化的前期,必须进行企业过程的改进和重组,否则信息化的过程只会加速企业的混乱程度。20世纪80年代以来，世界各地特别是西方国家的企业管理学界和实业界掀起了一股“Re”的高潮，重用（Reuse）、再思考（Rethinking）、再设计（Redesign）、重构（Restructure）、重组（Reengineering）、革命（Revolution）等以“Re”为首的词频频出现。这股浪潮的核心思想是对现有的一切进行再思考，从而产生革命性的变革。美国的米歇尔·哈默（Micheal Hammer）博士于1990年把Reengineering思想引入管理领域，提出企业过程重组（Business Process Reengineering，BPR）的概念。BPR是以企业过程为改造对象，从顾客的需求出发，对企业过程进行根本性的思考和分析，根据企业的战略目标和理想过程模式，对过程进行彻底的重新设计，以信息技术、人与组织管理为使能器，使企业的性能指标和业绩得到巨大的改善。此后短短的几年，BPR成为“Re”浪潮的最高点，成为西方管理学界和实业界最热门的一个话题，被称为“现代管理的一场革命”。一些世界大公司如福特、IBM、通用汽车等，纷纷报道了BPR所带来的巨大成效。

企业过程重组BPR的实质包括：

（1）以顾客需求为中心，考虑企业经营目标和发展战略，并对企业经营过程、组织管理模式和运行机制进行根本性的重新考虑。

（2）围绕着企业经营战略，对企业经营过程进行根本性的反省和彻底的再设计。

（3）企业实施BPR的目的在于能够使企业绩效产生巨大的提高。

（4）实施BPR的使能器是信息技术、人与组织管理技术。BPR的基本内容包括人的重构、经营过程重构、技术重构、组织结构重构和企业文化的重构。BPR的关键技术包括基准研究（benchmarking）、建模与仿真技术、工作流系统技术等等。

BPR的实施过程可以分为多个阶段，这里介绍一种六阶段的BPR实施过程：

（1）构想阶段：高层领导统一认识，明确责任；确定需重组的核心企业过程；建立BPR性能评价指标及目标。

（2）准备阶段：建立BPR实施小组；宣传BPR思想；职工培训；制定实施计划、经费及预算。

（3）过程分析阶段：现有过程建模与分析；企业问题诊断。

（4）过程重组阶段：过程流的重组；组织与管理重组；建立新过程原型；BPR仿真和原型评价。

（5）系统实施阶段：建立新的信息系统，组织重构；人力资源开发和培训。

（6）项目评价阶段：BPR项目评估，发现问题，总结经验。

成功实施BPR，必然给企业带来三个层次上的变化，首先是企业过程及其运营方式的变化，由信息技术的应用带来的工作方式上的变化；其次是组织层次上的变化，包括组织结构、运行机制和人力资源管理，是为适应第一层次上的变化而发生的变化，又反作用于第一层；最后是企业管理理念层次上的变化，包括管理思想、企业文化、价值观念等，是为适应过程、组织层上变化而发生的变化，反过来促使这些变化更加有效。

在我国，在建立现代企业制度的过程中，研究先进的BPR理论，结合我国企业的实际情况实施，以过程的观点重构科学的经营管理模式、撤销不增值的企业过程，简化组织机构，削减管理层次，面向市场，关心客户，以顾客为导向，推广信息技术的应用，充分发挥信息技术的潜能，重视人力资源，加强观念教育和培训，提倡创造性和革新精神，提高企业对变化的承受能力，将为我国企业管理水平、员工素质以及综合竞争实力的提高起到重要的作用。

3 产品设计自动化系统

设计自动化是指利用计算机软硬件及网络环境，实现产品开发全过程的一种技术，即在网络和计算机辅助下通过产品数据模型，全面模拟产品的设计、制造、装配、分析等过程。设计自动化不仅贯穿于企业生产的全过程，而且涉及企业的设备布置、物流物料、生产计划、成本分析等方面，因而可以大大缩短产品研制周期、降低开发成本、实现最佳设计目标，获得最大经济效益。设计自动化集成了现代设计制造过程中的多项先进技术，包括三维建模、装配分析、优化设计、系统集成、产品信息管理、虚拟现实技术（VR）、多媒体和网络通讯等，是一项多学科的综合技术。设计自动化涉及的主要内容有：

(1)CAD/CAPP/CAM/CAE/PDM 计算机辅助设计及相关技术是设计自动化技术的核心。为了使产品的设计过程更加科学和有效，需要采用产品数据管理（PDM）技术，用 PDM 技术控制产品设计过程数据和工作流程；

(2)异地、协同、虚拟设计，涉及因特网/企业内部网支持环境下的产品需求定义与建模、产品数据管理、产品数据交换等相关技术，以及异地设计、协同设计和虚拟设计环境下的产品开发过程模型、集成模式、体系结构及支持工具等；

(3)拟实制造，涉及拟实制造中产品设计、功能仿真、性能模拟、工艺设计及制造过程仿真等产品开发相关过程中的关键技术、产品数字化定义、可制造性/可装配性仿真、工艺评估及其决策支持工具，以及 VR 技术在产品规划、需求分析、概念设计中的应用等；

(4)智能化产品设计，涉及智能技术在产品设计、工艺设计及开发过程中的决策支持工具、知识库、系统原型，以及产品与系统设计中的智能化人机接口技术等；

(5)产品快速设计、优化设计、逆向工程，涉及产品快速设计、建模与管理技术、产品优化设计方法及其工具、点阵信息的矢量化与结构化设计、从二维信息重构三维形体技术等；

(6)绿色设计，又称面向环保的设计或 DFE(Design for Environment)，这是一项包括资源能源利用、污染防止和处理、回收再利用和废弃物处理等诸多环节的可持续发展战略；

(7)协同设计，以协同工作模式替代传统的串行式产品开发模式，使得在产品开发的早期阶段就能很好地考虑后续活动的需求，以提高产品开发的一次成功率。

在实践中，设计自动化中各组成部分作为独立的系统，已在生产中得到了广泛的应用。采用设计自动化技术，不仅能大大地提高产品设计的效率，更新传统的设计思想，降低产品的成本，提高企业及其产品在市场上的竞争力，还可以使企业建立一种全新的设计和生产技术管理体制，缩短产品的开发周期。当今世界各大航空、航天及汽车等制造业巨头，就是通过广泛采用协同设计自动化技术进行产品设计，保持技术上的领先地位和国际市场上的优势。

3.1 CAD/CAPP/CAM 集成技术

现有的 CAD、CAPP、CAM 等应用系统在过去的几十年中得到了迅速发展，并在工业界取得了较好的应用。但由于各个应用系统之间的模型定义、实现手段和存取方法存在一定的差异，使得信息交换存在障碍，资源不能有效共享，集成程度低。现有的CAD、CAPP、CAM系统是从生产过程的不同侧面分别发展起来的，实际上，它们只是分别独立的自动化"孤岛"，各自的信息处理过程都存在着特殊性，彼此间的模型定义、实现手段和存取方法均有差异，信息难以交换，资源不能共享。

解决这一问题可以有两个出发点，或者开发新一代的CAx集成系统，或者与现有CAD、CAM商品化软件结合，建立专用接口，实现系统集成。前者是解决CAx集成的根本途径，然而，从底层开发一个系统需要相当多的人力及物力，同时，作为CAD和CAM之间信息桥梁的CAPP系统因其自身的多元复杂性，且随不同企业需求的变化的非稳定性给系统集成带来瓶颈问题，国内外虽然都进行了广泛的研究，但实用系统却没有见到。因而利用现有的商品化软件进行集成成为一条节省资金、缩短开发周期的好方法，能够较快地应用于生产。这种方式的集成就是要通过不同CAx系统数据结构的映射与数据传递，实现异构数据源和分布式环境下的数据互操作和数据共享，利用各种各样的接口将CAD/CAM应用程序连接成一个集成化的系统。这样的集成方式能够满足当前制造业迫切的应用需求，又可为新一代标准化的CAD/CAM集成系统在设计方法和关键技术上进行有益的探索。

3.2 CAD/CAPP/CAM集成方式

CAD/CAPP/CAM系统之间信息交换的方式(集成方式)主要有：

(1)通过专用数据格式文件交换产品信息的集成方式

各应用系统所建立的产品模型各不相同，相互间的数据交换需要存在于两个系统之间。

(2)通过标准数据格式的文件交换产品信息的集成方式

系统中存在一个与各子系统无关的标准格式，各子系统的数据通过前置处理转换成标准格式的文件。各子系统也可以通过后置处理，将标准格式文件转换为本系统所需要的数据。

(3)通过统一的产品模型交换信息的集成方式

采用统一的产品数据模型，并采用统一的数据管理软件来管理产品数据。各子系统之间可直接进行信息交换，而不是将产品信息转换成数据后再通过文件来转换，这就大大地提高了系统的集成性。

3.3 CAD/CAPP/CAM集成的关键技术

目前，采用的关键技术主要有以下几方面：

1. 特征技术

建立CAD/CAPP/CAM/CAE范围内相对统一的、基于特征的产品定义模型，并以此模型为基础，运用产品数据交换技术，实现CAD、CAPP、CAM和CAE间的数据交换与共享。该模型不仅要求能支持设计与制造各阶段所需的产品定义信息(几何信息、拓扑信息、工艺和加工信息)，而且还应该提供符合人们思维方式的高层次工程描述语义特征，并能表达工程师的设计与制造意图。

2. 集成数据管理

已有的CAD/CAM系统集成，主要通过文件来实现CAD与CAM之间的数据交换，不同子系统文件之间要通过数据接口转换，传输效率不高。为了提高数据传输效率和系统的集成化程度，保证各系统之间数据的一致性、可靠性和数据共享，采用工程数据库管理系统来管理集成数据，使各系统之间直接进行信息交换，真正实现CAD/CAM之间的信息交换与共享。

3. 产品数据交换标准

为了提高数据交换的速度，保证数据传输完整、可靠和有效，必须采用通用的标准化数据交换标准。产品数据交换标准是CAD/CAPP/CAM/CAE集成的重要基础。常见的IGES、STEP、DXF以及XML等都属于此类数据文件与交换标准。

4. 集成框架(或集成平台)

数据的共享和传送通过网络和数据库实现，需要解决异构网络和不同格式数据的数据交换问题，以使多用户并行工作共享数据。数据的访问可采用客户机/服务器二层结构或三层结构、多层结构等工作模式。集成框架对实现协同工作是至关重要的。

3.4 面向产品全生命周期的设计技术

面向产品全生命周期(Product Life Management，PLM)技术，更准确地讲它不是技术，而是一种思想方法和原则。在全球市场环境下，一个产品要想获得市场竞争优势，就必须使其在整个生命周期价值链的每一个环节获得效益最大化，产品需要从开发、生产、销售到服役、维护都具有市场竞争优势，产品的竞争已经成为价值链和企业群之间的竞争。PLM技术就是在这样一种背景下提出的。图3-3是PLM系统示意图。

3.4.1 DFx技术概述

DFx是Design for x(面向产品生命周期各/某环节的设计)的缩写。其中，x可以代表产品生命周期或其中某一环节，如装配、加工、使用、维修、回收、报废等，也可以代表产品竞争力或决定产品竞争力的因素，如质量、成本、时间等。而这里的设计不仅仅指产品的设计，也指产品开发过程和系统的设计。

DFx是一种哲理、方法、手段、工具。在产品设计时，不但要考虑功能和性能要求，而且要同时考虑与产品整个生命周期各阶段相关的因素，包括制造的可能性、高效性和经济性等。其目标是在保证产品质量的前提下，缩短开发周期，降低成本。DFx强调产品设计和过程设计同时进行。

3.4.2 DFx方法的主要步骤

DFx设计过程是根据设计要求设计的设计方案或已有产品的设计方案通过应用DFx方法得到分析，从而为再设计提供改进建议，最终得到新的改进的设计方案。

DFx的主要步骤包括：

(1)产品分析

DFx方法首先需要收集和明确目标产品的相关信息。信息来源可以是图纸(装配图和

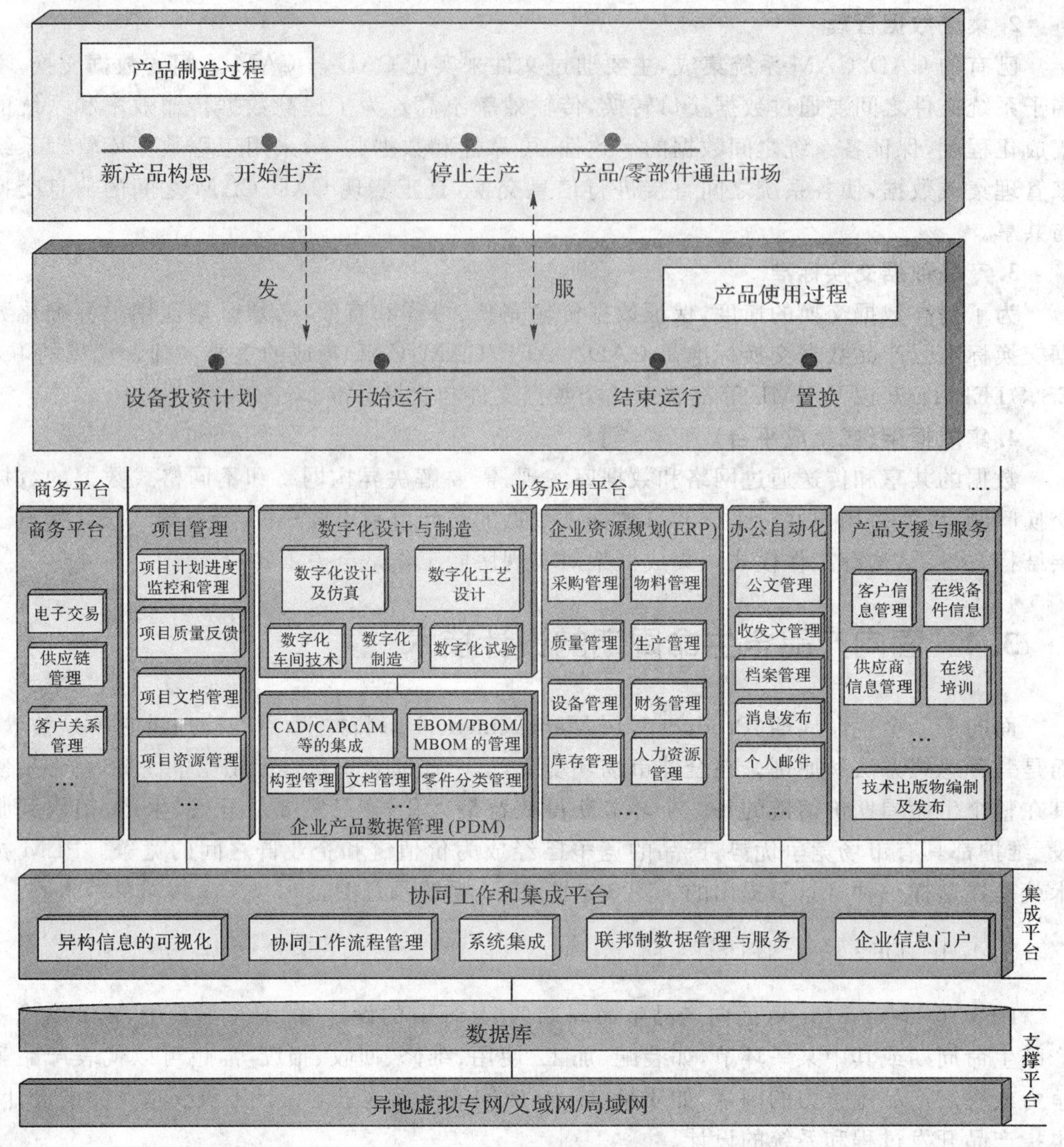

图 3-3 PLM 系统示意图

零件图)、操作手册等。分析结果包括零件总数、同类零件的统计、不同类零件的统计、材料等等。

(2)过程分析

DFx 方法的第二步需要收集、整理相关过程的相关数据和资源数据。可以采用工序过程图和流程图分析产品与过程的关系。分析结果包括活动(工序)总次数、同类活动次数等。

(3)性能测定

DFx 方法的第三步是在获取产品和过程信息之后,根据相关的性能指标测定信息间的相互关系。

(4)标准制定与问题发现

DFx 方法的第四步是先确定性能评判标准,然后根据这些标准,判定设计的优劣,主要是发现设计的不足之处或可以改进之处。

(5)问题产生的原因分析

DFx方法的第五步是探究设计问题产生的原因,以便提出产品设计改进依据。

(6)改进方案

DFx方法的第六步将通过对产品和过程进行删除、集成、组合、简化、标准化、替代、修改等,从而提出产品设计改进方案。

(7)改进方案的排序

DFx方法的最后一步是要对多个产品设计改进方案进行排序,以便确定需重点考虑采用的方案,从而保证产品设计改进的效果。

3.4.3 面向制造的设计 DFM

DFM的主要思想是:在产品设计时不但要考虑功能和性能要求,而且要同时考虑制造的可能性、高效性和经济性,即产品的可制造性。其目标是在保证质量的前提下缩短周期、降低成本。在这种情况下,潜在的制造性问题能够及早暴露出来,避免了很多设计返工,而且,对设计方案根据加工的时间和费用进行优化,能显著地降低成本,增强产品的竞争力。

研究表明,虽然在产品成本中设计成本只占很少一部分,但是,产品成本的大部分(70%～80%)却是在设计阶段决定的,只有少部分(20%～30%)是在制造过程中决定的。由于DFM方法的引入,可能会导致设计阶段成本的增加和时间的延长。但是,在产品开发过程中,错误发现得越晚,由这个错误引起的一系列修改、返工与管理协调所花费的时间越长,费用越高。因此,DFM在设计阶段出于考虑工艺而多花的时间费用能够在下游的制造阶段得到补偿,而从总体上达到了缩短开发周期和降低生产成本的目的。

3.4.4 面向装配的设计 DFA

在制造过程中,装配时间占总生产时间的50%,装配费用占制造总费用的20%～30%,在装配中发生问题,会增加50%的费用。所谓面向装配的设计是旨在提高装配的方便性以减少装配时间、成本等。DFA主要研究内容包括:

(1)产品装配建模

通过定型系统(实体造型、特征造型)建立产品的装配关系,形成装配模型。

(2)装配序列规划

应用计算机进行产品装配工艺顺序的求解,生成装配工艺序列。装配法(assembly approach)和拆装法(disassembly approach)是两个应用广泛的方法。而且,拆装法比装配法更为有效。

3.4.5 面向维修的设计 DFS

产品的售后服务主要是指产品维修,而产品维修主要涉及产品拆卸和重装等工作,因此产品维修性主要取决于产品故障确定的容易程度、产品的可拆卸性和可重装性,也取决于产品的可靠性。考虑零部件的可靠性的结果是要尽量使容易发生故障的零部件容易拆卸和重装,如何减少这些工作所需时间和成本是DFS的重要问题。

另一方面,考虑零部件的可靠性的结果是要尽量使容易发生故障的零部件处于容易拆卸的位置,从而有利于维修时间与成本的减少。

3.4.6 面向回收的设计 DFR

日渐减少的自然资源、有限的垃圾填埋空间、有害废物弃物的危害等现实已经迫使一些工业先进国家制订相关法规条例,促使产品回收成为企业的责任。比如,德国的《电子废品法》于 1995 年成为法律,日本于同年颁布实施的《产品责任法》也有类似的条款。在这种环境下,企业产品开发必须将产品回收问题提到日程上来。

面向产品回收的设计重点集中在产品的可拆卸性的提高和材料方面。而产品的可拆卸性取决于零件数、产品结构、拆卸动作种类、拆卸工具种类等因素。

随着技术的进步,可能还会出现许多各种各样的 DFx 技术,其思想方法一样,只是相应的关注点和评价标准不一样而已。

3.5 PDM 技术

3.5.1 PDM 概述

产品数据管理 PDM(Product Data Management)系统的功能是管理所有与产品相关的信息(包括电子文档、数字化文件、数据库记录等)和所有与产品相关的过程(包括审批/发放过程、工程更改过程等)。PDM 技术是伴随 CAD 技术发展起来的,最初是为了管理 CAD 系统产生的图形文件与数据,后来随着技术的进步和企业的需要,其技术内涵和理念发生了质的变化。现在的 PDM 系统是一门集数据库的数据管理能力、网络通讯能力与过程控制能力于一体的工程数据管理综合技术,它提供产品设计、制造和技术支持服务所需的大量数据跟踪与存储功能,从而控制产品信息的处理和使用,管理产品的开发过程。PDM 不仅可以有效地将从概念设计、工程分析、详细设计、工艺流程设计、制造、销售、维护,直至产品报废的整个生命周期与产品相关的数据予以定义、组织和管理,使产品数据在整个生命周期内保持一致、最新、共享及安全。同时,还为 CAx/DFx 应用提供统一的集成运行平台,是连接 CAD/CAPP/CAM 系统、MIS 系统、MRPⅡ/ERP、车间管理与控制系统的桥梁与纽带。

通过 PDM 系统的有效实施与管理,可及时提供给设计人员正确的产品数据,避免繁琐的数据查找,提高设计效率;保证产品设计的详细数据能有序存取,提高设计数据的再利用率,减少重复劳动;有效控制工程更改,决策人员可以方便地进行设计审查;可以进行产品设计过程控制,提供并行设计的协同工作环境;有利于整个产品开发过程的系统集成(包括供应商、MRPⅡ、销售、支持与维修服务等)。狭义的 PDM 系统应该是整个产品信息的初始源头,广义的 PDM 系统应该包括产品整个生命周期的数据。

3.5.2 PDM 的功能

PDM 由两大部分组成,一是产品数据管理,二是产品研发流程控制。

(1)产品数据管理

产品数据管理包括:

1)数据与图文档管理,主要功能有文档分类与模板管理、版本管理、高效数据检索、访问控制、订阅与通知、可视化技术、异地协同、纸质图文档控制。

2)产品结构与配置管理,主要功能有 BOM 创建、版本生成与修订控制管理、多视图 BOM 建模与管理。

3)零部件分类库管理,主要功能有基于一定的分类方法、建立的标准件、常用件的分类库、零部件分类定义分类查询、零部件简约分析与标准化、零部件重用流程管理。

4)系统支持功能,主要功能有分布式通讯功能、数据转换功能、图像服务功能、扫描与图形处理、圈阅与注释功能(支持多种数据和文档标准,与适用的 CAD 系统的文件接口,对图档的注释)等技术,并且随着技术进步还会推出新的技术。

(2)产品研发流程控制

产品研发流程控制主要对产品开发设计过程进行控制,实现不同部门的协同工作,主要包括研发项目与流程管理、项目分解与计划控制、项目与流程进度监控、设计变更控制、权限控制等。随着网络技术的发展,基于网上协同的 PDM 系统正在成为一种新的模式。

4 制造执行 MES 系统

制造自动化系统主要由以下几个子系统构成:

(1)加工制造子系统

对于机械制造系统,加工制造系统包括专用自动化机床、组合机床及自动生产线、数控机床、加工中心(MC)、分布式数控系统(DNC)、柔性制造系统(FMS)等。

(2)物料、运储与测量子系统

这个系统包括毛坯与刀具准备工作站、传送带、有轨小车、自动导向小车、自动化仓库、搬运机器人、托盘站、自动化测量系统等。

(3)制造信息子系统

制造信息子系统包括制造过程生产计划调度与控制、计算机控制系统、数据库管理系统、网络和通信系统、制造信息的获取/分析/处理及各种信息交换、物料流的管理、制造过程监视与控制等。它是制造自动化系统的神经系统。

要讨论整个制造自动化系统,实际上是属于数字化制造的内容,这些在另外部分有介绍,这里只围绕制造信息子系统也即制造执行系统 MES 进行介绍。

4.1 MES 制造执行系统概述

制造执行系统(Manufacturing Execution System,MES)是美国 AMR 公司(Advanced Manufacturing Research,Inc.)在 20 世纪 90 年代初提出的,旨在加强 MRP 计划的执行功能,把 MRP 计划同车间作业现场控制,通过执行系统联系起来。这里的现场控制包括 PLC 程控器、数据采集器、条形码、各种计量及检测仪器、机械手等。MES 作为生产形态变革的产物,其起源大多来自工厂的内部需求。上世纪 80 年代 ERP 技术在企业中得到了迅速的普及和广泛的应用,但 ERP 系统所暴露出的严重不足是在下达生产计划之后,车间的实时生产事件与生产数据不能反馈到ERP系统中,使其不能对实际生产过程进行动态跟踪,形成闭环控制,造成了计划与实际生产情况的脱离,致使大部分ERP系统在生产计划和车间生产控制的实施中未能成功。ERP只在生产的中观层面形成一个开环控制,在微观的底层生产计划控制中形成空白,处于底层的DNC系统、FMS系统、自动化测量系统和ERP生产指挥系统形成了两张皮。许多企业认识到需要用其他系统来解决ERP在某些方面的缺陷问题。于是为了强化车间的执行功能,制造执行系统(MES)也就应运而生。

美国先进制造研究机构AMR(Advanced Manufacturing Research)将MES定义为"位于上层的计划管理系统与底层的工业控制之间的面向车间层的管理信息系统",它为操作人员/管理人员掌握计划的执行情况,跟踪所有资源(人、设备、物料、客户需求等)的当前状态提供支持。制造执行系统协会(Manufacturing Execution System Association,MESA)对MES所下的定义:"MES能通过信息传递对从订单下达到产品完成的整个生产过程进行优化管理。当工厂发生实时事件时,MES能对此及时做出反应、进行报告,并用当前的准确数据对它们进行指导和处理。这种对状态变化的迅速响应使MES能够减少企业内部没有附加值的活动,有效地指导工厂的生产运作过程,从而使其既能提高工厂及时交货能力,改善物料的流通性能,又能提高生产回报率。MES还通过双向的直接通信在企业内部和整个产品供应链中提供有关产品行为的关键任务信息。"

MESA在MES定义中强调了以下三点:

(1)MES是对整个车间制造过程的优化,而不是单一地解决某个生产瓶颈;

(2)MES必须提供实时收集生产过程中数据的功能,并作出相应的分析和处理;

(3)MES需要与计划层和控制层进行信息交互,通过企业的连续信息流来实现企业信息全集成。

美国AMR(Advanced Manufacturing Research)研究小组在分析信息技术的发展和MES应用前景的基础上提出了可集成MES(Integratable MES,I-MES)。它将模块化和组件技术应用到MES的系统开发中,能方便地实现不同厂商之间的集成以及即插即用等功能。此外,I-MES还能实现客户化、可重构、可扩展和互操作等功能。

虽然MES的发展历史比MRPⅡ、CAD/CAM等要短,但它能有效地实现底层车间制造单元与上层控制层的集成,实现制造的实时控制,因而在发达国家推广得非常迅速,并给工厂带来了巨大的经济效益,对国外的工业界产生了深远的影响。制造业水平的提高,不单是设备自动化,提高生产管理信息系统的效率显得更为重要。美国先进制造研究机构(AMR)通过对大量企业的调查发现现有的企业生产管理系统普遍由以ERP/MRPⅡ为代表的企业管理软件,其中ERP已逐渐趋于成熟与普及,而面向制造执行层的MES软件的开发与应用还比较薄弱。根据调查结果,AMR于1992年提出了三层的企业集成模型。制造企业的制造车间是物流与信息流的交汇点,企业的经济效益最终将在这里被物化出来。因此,位于车间起着执行功能的制造执行系统MES具有十分重要的作用。制造执行系统MES在计划管理层与底层控制之间架起了一座桥梁,填补了两者之间的空隙。一方面,MES可以对来自ERP软件的生产管理信息细化、分解,将操作指令传递给底层控制;另一方面,MES可以实时监控底层设备的运行状态,采集设备、仪表的状态数据,经过分析、计算与处理,触发新的事件,从而方便、可靠地将控制系统与信息系统联系在一起,并将生产状况及时反馈给计划层。

车间的实时信息的掌握与反馈是制造执行系统对上层计划系统正常运行的保证,车间的生产管理是制造执行系统的根本任务,而对底层控制的支持则是制造执行系统的特色。我国的研究者对车间层、单元层的研究大都着重于控制模型的研究,很少站在MES这一角度,从应用出发来研究和开发面向制造过程的集成化管理和控制软件。我国的许多高等院校、科研院所都在从事这方面的研究与应用开发工作。在理论研究方面,加入了并行、敏捷、网络化、可重构等一些先进思想;在系统设计方面采用面向对象、构件、代理等技术,取得了不少有益的成果;但在软件的商品化、成果的推广应用方面还存在很大的差距。目前,国内还没有自主开发的、很成熟的、且得到广泛应用的MES软件。即使有所谓的车间层控制SFC(Shop Floor Control),也多是生产日报统计,再通过批处理方式录入,其功能十分有限。在工厂自动化FA(Factory Automation)方面,多是强调物流自动化,如自动化生产设备、自动化检测仪器、自动化物流运输存储设备等。虽然它们解决了一些生产瓶颈,但由于缺少相应的信息集成系统,形成了车间"自动化孤岛"。随着企业信息化应用水平的不断提高,企业逐渐认识到实现企业计划层与车间执行层的双向信息交互,通过连续信息流实现企业信息全集成,是提高企业效率的一个重要因素。因此,通过MES来实现企业制造信息的全面集成,形成实时化的ERP/MES/SFC对企业制造业整体水平的提升具有重要意义。同时制造单元中的信息集成也为敏捷制造企业的实施提供了良好的基础。

4.2 MES系统构成

MES作为面向制造的系统必然要与企业其他生产管理系统有密切关系,MES在其中起到了信息集线器(information hub)的作用,它相当于一个通讯工具,为其他应用系统提供生产现场的实时数据。一方面,ERP系统需要MES提供的成本、制造周期和预计产出时间等实时的生产数据;供应链管理系统从MES中获取当前生产能力以及企业生产换班的相互约束关系;客户关系管理系统要获取客户订单的生产执行状态;PDM中的产品设计信息将基于MES的产品产出和生产质量数据进行优化;控制模块则需要时刻从MES中获取生产数据和操作技术资料以控制生产系统正确进行生产。

另一方面,MES也要从其他系统中获取相关的数据以保证MES在工厂中的正常运行。例如,MES中进行生产调度的数据来自ERP的计划数据; PDM为MES提供实际生产的工艺文件和各种配方及操作参数;控制模块反馈的实时生产状态数据被MES用于实际生产性能评估和操作条件的判断。在MES系统中主要涉及后面所述的关键技术。

4.2.1 生产计划与调度

该部分主要是要将ERP系统的生产计划转化落实为车间的生产作业计划,并对计划的执行情况进行跟踪。在生产调度中所要解决的重要问题包括:

(1)生产作业计划制定

需要考虑的因素有零件的类型、加工数量、毛坯的到达日期、产品的交货日期、毛坯供货情况的限制、设备资源、模具资源可利用的情况和系统优化目标的选择等。

(2)系统负荷的优化分配

将给定的一组待加工零件,合理地分配到系统中各加工设备上,确定它们的先后加工顺序，保证系统获得最大的整体效益。其次是将一个零件的工序分配到不同的设备上，必须考虑到零件的加工时序问题。这是一个非常复杂的 NP 完全问题。

(3)零件的优化分组

为了提高系统加工资源的利用率和系统的生产率，将零件分组。在零件的优化分组过程中，不仅要考虑到零件分组的组数尽可能的少，而且要考虑哪些零件分在同一组有利于系统的加工。

(4)零件加工的优化排序

这主要包括两个方面的内容：一是组间排序问题，就是当日所要加工的零件分组中，各组零件的加工先后次序安排，这会影响到系统的预置和调整；另一个问题是组内零件的排序，也就是在加工一组零件的时候确定这个组内各个零件的加工先后次序，这将影响到这组零件的总加工时间。

(5)实时动态调度

由于制造系统随时都可能会产生一些不可预见的扰动，会打乱原先的加工路径的安排，这样就要根据系统的当前状态，实时动态地调度安排零件在系统内的流动过程。动态调度的特点是对系统状态变化的反应要快，满足实时控制的要求，同时具有一定的优化程度。

4.2.2 刀具实时监测与在线管理

刀具是参与车间制造活动的重要辅助工具，对数控装备柔性、生产率与产品制造的精密性和高可靠性有着举足轻重的作用；同时，刀具作为较昂贵的消耗性资源，使用和管理上的优劣影响着车间生产过程中装备使用率、生产柔性与成本。特别是随着刀具加工材料和加工工艺的进步、越来越多的新型刀具的出现以及生产模式由传统的大批量刚性生产模式向多品种小批量生产及单件生产模式的转变，导致车间生产中刀具数量巨大、刀具组件复杂、信息繁多以及大量刀具频繁地在刀具库和机床以及机床与机床之间的流动和交换。因此寻求一种经济、高效和可靠的刀具管理方式是当前诸多制造企业急需解决的瓶颈问题。

系统主要涉及车间刀具实时监测与在线管理技术，以实现刀具信息在线采集与传输、刀具参数智能配置、刀具动态调度、刀具位置、使用状态在线跟踪、误用检测、使用寿命预测以及刀具库存在线管理等功能，为有效实现车间刀具的自动辨识、参数配置、动态调度、位置与状态跟踪、使用寿命预测与库存管理提供新的解决方案。所涉及关键技术包括：

(1)车间刀具信息检测传感网络的动态布局、在线采集与传输技术；

(2)车间刀具使用参数智能配置和动态调度技术；

(3)车间刀具位置、状态在线跟踪、误用检测与库存预警技术；

(4)车间刀具使用寿命动态预测技术。

4.2.3 制造过程质量控制

制造过程质量控制主要是对现场的制造质量数据进行实时采集、实时控制。现在常用的是分布式过程质量控制技术，它改变了过去对单台设备采用 SPC 控制的方法，而是通过群控，对关键设备、关键点进行控制分析，使管理者能及时了解整个车间的质量加工状态。

4.2.4 制造系统状态监测

为了保证制造系统高效运行，必须建立制造系统状态监测网络，实现对制造系统各单元及整体运行状态进行实时监测与状态分析评估，实现对系统制造精度的预测与评估，实现对制造质量的事先预防控制。所涉及的关键技术包括：

(1)制造系统运行状态监控系统

在已有数控系统基础上采用具有高可靠性和良好实用性的嵌入式数据采集监测单元及运行数据监测模块，为制造系统状态评估提供有效的动态信息。并通过网络技术以统一界面实时呈现制造系统各设备运行状态及状态综合分析。

(2)基于制造工艺状态的精度分析

利用面向制造系统的多传感信息融合系统状态分析系统。通过对制造过程载荷谱变化的分析和被加工对象精度动态特征分析，实现对系统加工精度衰退的预测评估和综合效能分析。

(3)制造单元健康状态监控技术

建立面向机床主要功能部件（主轴、丝杠等）和整机结构部件的故障诊断监测系统，实现对制造单元自身运行状态及性能趋势的监测。

4.2.5 异构数控系统的集成模块

分布式数字控制(DNC)是实现数字化制造系统的基本技术，是现代化机械加工车间的一种运行模式，也是提高制造系统效率的关键。它以数控技术、通讯技术、计算机技术和网络技术等先进技术为基础，把与制造过程有关的设备（如数控机床等）集成起来，从而实现生产车间制造单元的优化调度，实现 CAD/CAM 一体化。由于大部分企业数控系统多属于异构状态，因此，建立基于异构数控系统的 DNC 技术，实现多种异构设备的集成，就显得必不可少和十分重要。本模块主要建立适合异构型数控设备的 DNC 集成系统，使整个数字化制造系统实现计划输入、任务分配、数控程序管理、工艺信息文件处理等任务的集成控制与管理。所涉及的关键技术包括：

(1)网络数控加工的通讯技术

建立 DNC 主机和各服务器间数控程序网络传输平台，实现多台机床的集成连接。

(2)异构数控机床的集成管理

为了将普通意义上的数控系统从加工中心的“孤岛”扩展成为制造信息链上最为重要的一环，主要建立基于异构数控系统的通讯技术，建立面向不同数控系统的通信协议库，规范异构数控系统的通信接口，屏蔽车间数控系统和数控设备的差异，向制造调度层提供统一的标准开放接口，实现数控设备的集成管理。

(3)生产数据库管理

为了实现制造过程的集成控制管理，需要建立生产数据库管理系统，主要包括 NC 程序库、工件库、刀具信息库、加工任务库、设备信息库等。

5 管理信息系统

企业管理涉及企业经营战略、经营目标、组织与文化、制造资源、资金与成本、生产计划与控制等方面,分为战略层、战术层和执行层等多个层面。管理信息系统是通过现代管理模式与计算机管理信息系统的有机结合,实现企业合理、有效的经营与生产,最大限度地发挥现有设备、资源、人、技术的作用,提高企业的经济效益。

管理技术主要涉及现代制造企业的管理模式、管理方法与组织形式。实际上企业信息管理系统是由两大部分内容组成的:一是融入到软件系统中的管理思想、模式与技术,它是整个系统的灵魂与核心;二是软件技术,它是实现管理思想与技术的手段,软件技术随着信息技术的进步不断变化,使得信息系统更加方便用户的使用。对于一个信息系统,软件技术常变常新,但其管理思想却是相对固定的。典型的现代企业管理模式与方法有:制造资源计划(MRPⅡ)、准时生产(JIT)、精良生产(Lean Production)、按类个别生产(OKP)、企业资源计划(ERP)、供应链管理(SCM)、企业过程重组(BPR)、敏捷虚拟企业(AVE)等。

国外的 ERP 产品供应商主要有 SAP(Systems Application and Products in Data Processing)、Oracle、PeopleSoft、SSA(System Software Associates,Inc)、QAD 等厂商。目前,除 SAP、Oracle 等行业巨头的 ERP 产品功能齐全,基本适用于大多数行业外,其他厂商的产品大都有明确的行业特点,如:QAD 专注汽车制造,SSA 专注制药,GEAC 专注服装,ROSS 专注于食品与饮料。国际上 ERP 产品主要有以下特点:

(1)产品大型化

现在的 ERP 包容了现代管理的主要内容,支持国际化公司,例如 Oracle 公司。

(2)行业化

企业的类型不同,其管理的方式和所具有的特征也不同,各行各业为了能真正满足企业自身的需要,纷纷投以重资开发具有自己行业特征的 ERP 系统。

(3)特色化

为了占领更多的 ERP 市场,各开发公司纷纷提出自己的特色。

(4)基于 Internet 的 ERP 解决方案

Internet 给企业和商家带来了非常好的机遇,特别是服务业,基于 Internet 的供应链管理和销售管理使 ERP 系统功能大大增强。

我国自从 1981 年沈阳第一机床厂从德国工程师协会引进了第一套 MRPⅡ 软件以来,至今已有 30 多年的历史。国内的 ERP 软件开发公司大多由早期的财务软件开发公司转型而来,比较有代表性的如用友、金蝶、浪潮、和佳等,相对于国外公司的雄厚资本和强大技术实力,国内的公司在学习国外先进技术的同时,主要借助其本土优势,在中、低端市场上正表现出强大的竞争实力。

如用友的 ERP-U8 包括财务、供销存、生产制造、分销、CRM、人力资源、B1、企业门户等 8 个系统流程,基本概括了企业运营的主要流程,在实际应用中取得了一定的效果。

如利玛 CAPMSS 系统除了对企业内部资源规划和优化控制外,还通过 Internet 把企业生产经营的合作伙伴供应商、分销商、客户等资源集成起来，充分调动企业所有可利用的资源，把企业之间的竞争转化为供应链之间的竞争。用友 ERP 则把企业的供应链系统、人力资源系统、决策支持系统、生产制造系统、财务系统五大系统集成面向大型集团型企业，也能满足跨国跨地区企业的应用。

金蝶公司的 K/3ERP 主要由财务管理系统、工业管理系统、商贸管理系统组成，这三大子系统包括供应链管理(SCM)、客户管理(CRM)、价值链管理(VM)、知识管理(KM)四个功能管理系统。和佳 ERP 涉及企业人、财、物、产、供、销、预测、决策等诸方面的管理工作，包括销售、生产、采购、库存、成本管理、财务、质量管理和经营决策等将近 30 个子系统。

当前国内外有大量的 MRP/ERP 管理软件，很多软件系统以企业需求计划为目标，研究大制造、大生产模式的管理问题，要求一切经营、管理活动在严格的计划下进行，适合资金雄厚、技术及管理水平较高的大企业，但就整体实施效果来讲并不理想。据有关资料统计，全国只有 5000 多个企业在全面应用 ERP 系统(包括销售、计划、产品数据、库存、采购、车间、成本和财务等模块功能)，仅占我国国有及规模以上非国有企业总数的 2.6%。由于中小企业信息化基础薄弱、投资能力有限，信息化水平参差不齐，在数字化管理领域缺乏适合我国国情的针对中小企业生产管理的信息管理软件系统。

5.1　企业资源计划 ERP 系统

20 世纪 90 年代初，著名咨询公司 Gartner Group Inc. 在总结了 MRPⅡ技术的基础上，率先提出了 ERP 企业资源计划的概念，统一了当时在工业界、学术界关于 MRPⅡ应用以及一系列关于 MRPⅡ研究概念衍伸的问题，对于后面以 MRP 为核心的管理思想和管理软件的发展起到了统领作用。

企业资源计划 ERP(Enterprize Resource Planning)系统是当今企业管理信息系统最重要的组成部分，其思想方法和相关技术适应于不同类型的制造企业，它来源于离散制造业，但却可以应用到任何制造业，只是实现的具体技术与方法不同而已。

ERP 的核心是把所有看似不相关的独立资源需求都变为相关需求，通过寻找资源之间的制约关系，实现企业资源的最佳配置。

ERP 的资源观：

从横向看分为人、财、物、知识资源，所谓的人即人力资源；财即企业的财力和资金资源；物即企业的物质资源，物质资源包括了设备、厂房、物料等；知识资源包括企业在各个环节的技术、管理方法、经营理念等。

从纵向产品生命周期的角度看资源分为产、供、销、服务。所谓的产即生产制造资源；供即供应采购资源；销即销售和市场资源；服务即在市场上是企业给顾客的服务资源、在企业中是企业为生产服务的各种后勤管理服务资源如动力能源管理、设备维修管理等。

ERP 的立足点是企业管理；ERP 的工作对象是企业资源。ERP 就是要实现企业所有资源的有效利用，减少一切不增值的活动。ERP 已从传统的物料资源需求，扩展到一切制造资源，包括人工、物料、设备、能源、市场、资金、技术、空间、时间等。ERP 的基本思想是：基于企业经营目标制订生产计划，围绕物料转化组织制造资源，实现按需要按时进行生产。从一定意义上讲，ERP 系统实现了物流、信息流与资金流在企业管理方面的集成，并能够有效地对企业各种有限制造资源进行周密计划、合理利用，提高企业的竞争力。图3-4是一个ERP逻辑流程示意图。

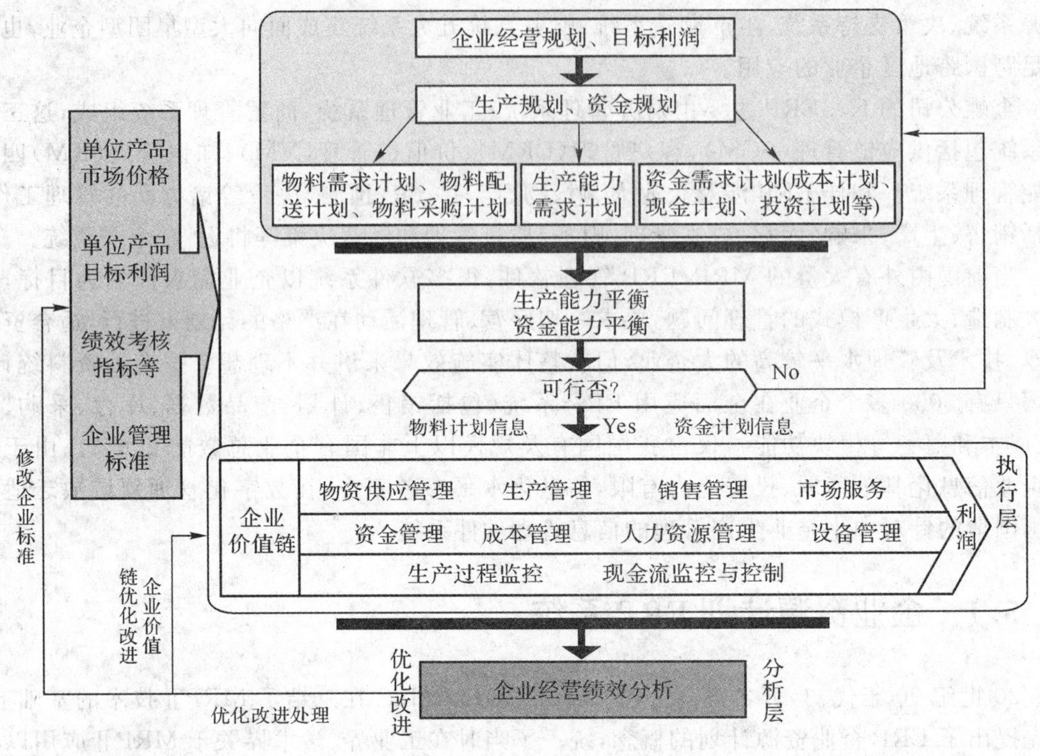

图3-4 ERP逻辑图

5.1.1 ERP的主要技术环节

ERP主要技术环节涉及经营规划、销售与运作计划、主生产计划、物料清单与物料需求计划、能力需求计划、车间作业管理、物料管理(库存管理与采购管理)、产品成本管理、财务管理等。

(1)经营规划

经营规划要确定企业的长期战略经营目标与策略，如销售收入与利润、市场占有率、产品开发、质量标准、企业技术改造与职工培训等。经营规划用于协调市场需求与企业制造能力间的差距。企业经营规划由企业最高领导层主持制定，它是财务与经济效益方面的规划，往往用货币金额形式表示，这是各层计划的依据。在系统中，企业销售目标和利润目标最为重要。

(2)销售与运作计划

销售与运作计划作为企业的中长期计划，是对经营规划的细化。它描绘了市场销售计划与生产计划间的关系，并把经营规划中用货币表达的目标转化为产品的产量目标。该层次的主要内容是生产计划大纲(Production Planning，PP)的确定。生产计划大纲规定了企业各类产品在计划期内(1～3年)的各年月份的产量及汇总量。确定生产计划大纲与生产模式和销售环境密切相关。

(3)主生产计划

主生产计划用来说明企业计划在各时间周期内制造的独立需求型产品的数量及最终项目。它是对生产计划大纲的细化,用于协调生产需求与可用资源间的差距,起着从宏观计划向微观计划过渡的作用。

(4)物料清单与物料需求计划

物料需求计划 MRP 是对主生产计划的展开与细化,它是 ERP 系统的核心和系统成败的关键;而物料清单 BOM 表则是 MRP 将生产计划展开的基础。MRP 计划的关键是将传统的按产品台套组织生产的方式变为按零件组织生产的方式。MRP 计划的对象是相关需求类型的物料,即零部件。MRP 的主要作用是依据 MPS 计划编排好产品的相关需求类型物料的加工和采购计划,协调好需求与供给的关系,使之按需准时生产与配套,满足装配或交货要求,又不造成库存积压,实现优化组织生产。运行 MRP 需要四个要素:MPS 计划、独立需求、库存信息和 BOM 表。前两者是 MRP 的依据;后两者为 MRP 的必要支持信息。MPS 用来驱动 MRP;MPS 以外的独立需求预测也有可能是 MRP 的数据来源;库存信息主要说明现有库存可满足 MRP 中哪些项目的要求;物料清单 BOM 表说明了产品组件的明细,支持 MRP 对 MPS 的分解细化。BOM 表是 MRP Ⅱ系统中最重要的基础数据,也是 MRP Ⅱ与 CIMS 其他分系统的重要接口。BOM 表以数据形式描述了产品结构、产品中零部件的层次关系与装配关系。

在 BOM 表中,每个零部件必须有一个唯一的编码。BOM 表的主要格式有单级 BOM、多级 BOM、综合 BOM、反查 BOM 表等。

(5)能力需求计划 CRP

MRP 是在资源无限条件下编制的,其计划的可行性还依赖于足够的生产能力和物料。能力需求 CRP 计划是对 MRP 计划所需能力进行核算的计划方法。CRP 计划的对象是工作中心的能力。

(6)车间作业管理

这一部分现在基本归属于 MES 系统范畴。

(7)库存管理与采购管理

库存管理是正确进行 MRP 计划的基础,也是供需之间的缓冲。库存可以减缓用户需求与生产能力间、装配与零部件制造间、生产制造与供应商间的供需矛盾;另一方面,库存也占用大量资金,影响企业效益,因此,要控制好库存量。通过合理的库存管理可以促进销售,提高生产率,提高库存周转次数,减少制造成本,提高经济效益。库存管理主要分为两级:综合级、项目级。综合级库存管理主要制定库存策略、计划、经营目标及实施。该级管理是面向财务的,主要考虑库存成本和利润,其核心内容是综合库存管理决策与计划编制。项目级库存管理主要指对库存项目(如制成品、备件、装配件、子装配件、零部件和采购物料)的管理,其主要内容包括库存项目分类、库存项目控制策略。库存信息管理无论对于库存管理本身,还是对于 ERP 系统都十分重要。采购管理是 MRP 计划执行的重要方面。由于原材料、外购配套件及零部件等均要依靠采购供应来保证,因此,采购管理是关系到生产能力充分发挥、生产计划顺利实现、产品成本降低与产品质量得到保证的基本前提。在系统中,采购管理是联系生产制造、库存供销的重要环节。采购过程需求执行以下步骤:资源调查与供应商认证、采购需求确认、请购单生成、供应商选择、请购单调整、采购订单生成及下达、采购单跟踪、接收采购物料及验收入库、付款结算。

(8)产品成本管理

产品成本是综合反映企业生产经营活动的一项重要经济指标。ERP引入成本管理从而实现了物流与资金流的统一。其成本控制强调事前计划、执行控制、事后分析相结合,全面进行成本计划与控制;其内容主要包括成本的预测、计划、控制、核算、分析与考核。成本管理中常用四种成本类型:标准成本、现行标准成本、实际成本和模拟成本。其中,标准成本是预先确定的在正常条件下的不变平均成本,主要包括直接材料费、直接人工费和间接材料费;现行标准成本是计划期内某时期的成本标准;标准成本主要用于确定计划成本或目标成本,并作为成本分析的依据。实际成本是生成过程中实际发生的成本,用于成本核算;模拟成本则是经软件模拟的建议成本,主要用于测算相关因素变化对成本的影响程度,支持成本模拟和产品销价模拟。ERP按照成本中心进行成本核算。成本中心是企业内有责权独立控制成本的生产经营单位。成本中心一般被包含在利润中心之中。成本预测是为了确定一定时期内的成本水平和目标成本,它是成本管理的前提。成本预测方法有判断法、市场调查法、历史资料引申法、因果分析法等,但用得比较多的是本量利分析法。在成本预测基础上,可以制定目标成本,包括产品定额成本与标准成本。成本计划是以统一的货币形式产生规定企业计划期内的产品生产耗费、各种产品成本水平以及可比产品的成本降低率和成本降低措施的计划方案,主要包括产品单位成本计划、商品产品成本计划、生产费用预算和成本降低措施计划等。成本控制包括事先控制、事中控制和事后控制。事先控制主要指目标成本制定;事中控制是在费用发生过程中进行成本控制;事后控制是对标准成本/实际成本差异进行分析,并采取措施。成本核算指对实际产品成本的计算。计算产品成本是按照产品结构图所描述的加工装配过程,从低层向高层累计得出的。该方法称为成本滚加计算法,每层成本都由低层累计成本和本层增量成本组成,计算成本时主要考虑直接材料费、直接人工费和间接费。成本差异分析主要分析实际成本与标准成本之间的差额,从而发现问题,采取相应措施控制成本。

(9)财务管理

生产制造的主要目的实质上是创造产品的增值,即产生经济效益。这一过程需要通过资金流加以反映。财务管理及会计的内容就是反映、监控和控制生产过程中的资金流,并确定企业的经济效益。

5.1.2 生产控制的另外形式

对企业的生产控制方式实际上伴随着MRP的思想,还有日本丰田的及时生产JIT(Just in Time)和最优生产技术OPT(Optimized Production Technology)。它们几乎与MRP同时代出现。JIT、OPT与MRP目标一致,但具体的控制技术与方法有所差异。在一个企业有可能三种方法并存,所以在现在的ERP系统中,存在着MRP、JIT、OPT三种方法混合使用的情况。

5.1.3 JIT技术

JIT(Just in Time)也称及时生产或适时生产。它开始赢得国际上广泛赞誉的是在20世纪70年代。虽然它的某些哲理起源可以追溯到20世纪初的美国福特公司,比如对移动装配线的流水线改造，但直到 20 世纪 70 年代，日本丰田公司的大野耐一通过应用 JIT 把丰田汽车公司的交货期和质量提高到世界领先水平时，JIT 才有了完全准确的定义，并得到国际上的重视。JIT 经过十几年的发展演变，已形成了一套较完整的生产管理体系和生产经营管理思想。一提到 JIT，有些人认为 JIT＝零库存，认为 JIT 的核心是追求零库存；还认为 JIT 适应于大规模、少品种的流水线生产；以至于认为 MRP Ⅱ 与 JIT 的混合是为了适应于存在离散生产和大规模流水线两种不同的生产模式。我们认为这种观点是不妥的。

JIT 的核心是取消一切无效劳动。其基本思想是：只在需要的时候，按需要的量，生产所需的产品。零库存只是在这种思想指导下，自然而然产生的结果。JIT 更适合于单件小批量的生产，只不过它要求生产方式要按工序，组织成为类似流水线的操作过程。JIT 的三块基石是“员工、全面质量管理、鼓点生产法”。鼓点生产的核心是企业的生产过程按一定的鼓点节拍进行线性均衡生产，将市场波动对企业生产的影响降到最低，同时，又使企业生产能灵活地适应客户需要。

JIT 的看板控制方式是严格按订货组织生产，通过看板在工序间传递物料需求信息，并利用看板的权威性将生产控制权下放到各工序的后续工序，这种控制方式是分散式的。在 JIT 生产方式中，同样根据企业的经营方针和市场预测指定年度计划、季度计划和月度计划，最后根据月度计划制订日程计划，并据此制订产品投产顺序计划。但真正作为生产指令的产品投产顺序计划只下达到最后一道工序，通过最后工序逐级拉动整个生产系统的运转。图 3-5 为 JIT 的控制方式图。

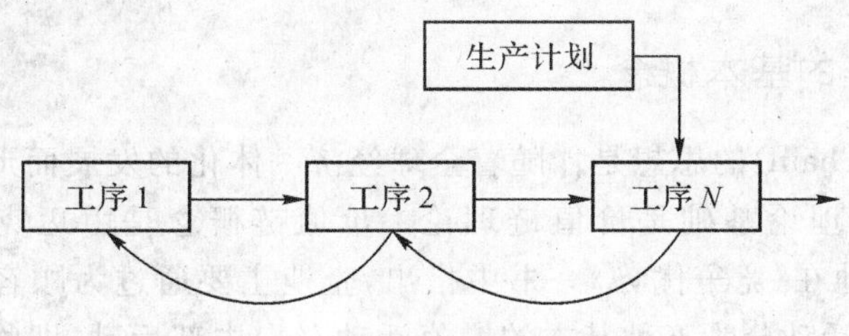

图 3-5 JIT 的控制方式示意图

JIT 方式的优点是计划对市场需求的敏感性强，即只有当最后有产品需要时，整个生产系统才开始运转，不会造成投料浪费。缺点是计划的宏观调控能力比较差，需要有一套完善的供货保证体系。

5.1.4 生产优化技术

最优生产技术(Optimized Production Technology，OPT)首创于 20 世纪 70 年代末，其指导思想实质上是集中精力优先解决主要矛盾，这对于单件小批生产类型比较适应。这类企业由于产品种类多、产品结构复杂，控制对象过多，因此，必须分清主次，抓住关键环节。其基本内容包括以下四个方面：

(1)物流平衡是企业制造过程的关键

对企业的产品需求是外部因素，时刻都在变化。为适应市场，企业必须以可能的低成本、短周期生产出顾客需要的产品。因此，制造问题主要是物流平衡问题，即需要强调实现物流的同步化。

(2)瓶颈资源是产品制造的关键制约因素

在制造过程中,影响生产进度的是瓶颈环节。瓶颈资源实现满负荷运转,是保证企业物流平衡的基础。瓶颈资源损失或浪费 1 小时,制造系统即损失或浪费 1 小时。因此,瓶颈资源是制造系统控制的重点。为了达到最大的产出量可采取以下措施:1)在瓶颈工序前,设置质量检查点,避免瓶颈资源做无效劳动;2)在瓶颈工序前,设置缓冲环节,使其不受前面工序生产率波动的影响;3)采用动态的加工批量和搬运批量。对于瓶颈资源,通常加工批量较大以减少瓶颈资源的装设时间和次数,提高其利用率;而运输批量较小,以使工件分批到达瓶颈资源,减少工件在工序前的等待时间,减少在制品库存。

(3)由瓶颈资源的能力决定制造系统其他环节的利用率和生产效率。

(4)对瓶颈工序的前导和后续工序采用不同的计划方法,提高计划的可执行性。

根据 OPT 的原理,企业在生产计划编制过程中,首先应编制产品关键件的生产计划,在确认关键件的生产进度的前提下,再编制非关键件的生产计划。

MRP、JIT、OPT 三种生产控制方式各有优缺点,一般在 ERP 系统中混合使用。往往在装配线上采用 JIT 模式,对于关键生产线的控制采用 OPT 的生产方式,总之要根据企业的生产特点灵活运用。

5.2 供应链管理技术

5.2.1 供应链的基本概念

供应链(Supply Chain)的思想是伴随着全球经济一体化的发展而形成的一种新的系统管理思想。供应链的理论基础是价值链理论。价值链概念是由迈克尔·波特(Michael Porter)首先提出的,他在《竞争优势》一书中指出,企业主要通过为顾客提供价值来获得竞争优势。一般企业的活动分为五种基本的增值活动:(1)内部后勤,即物料接受、存储、在制品移动等活动;(2)生产,即将投入转换为最终产品的活动;(3)外部后勤,即集中、存储和把产品发送给买方的活动;(4)市场营销,即为购买者提供购买渠道及引导他们购买的活动;(5)服务,即通过提供服务维持和提高产品价值的活动。这五种基本的增值活动就构成了一个企业的价值链。一个企业、企业群体或产业,正是由这样的价值链,通过一个企业的产品被另一个企业作为原材料加以利用这样的联系组成的。其形式是以原材料供应商、生产商、批发商、零售商或企业客户之间的关系表现出来。在这个链中,每个企业既是链中某个企业的用户,又是另一个企业的供应商。或者说,每一个企业实际上都是“网”或“链”(由多个企业形成的相互联系、相互作用、相互依赖的“链”或“网”)中的一个结点,在其全部行为中,至少有一部分是作为其他企业的用户或供应商。所谓的供应链就是描述商品需—供—产过程中各个实体和活动及其相互关系动态变化的网络。供应链管理的目的就是用系统的观念,在控制需求与供给平衡的基础上,促进供应链上各种流的流速和流量,保证价值链各个环节最大增值。

5.2.2 供应链管理

在现代市场条件下,一个公司若要获取竞争优势,必须在向顾客提供高附加值产品的前提下，以低成本同对手竞争。任何一个企业都不可能在所有业务上成为市场上最优秀的企业。如果它要占领供应链上的所有经营业务，必然面临一个强大的市场竞争壁垒，遭到所有相关领域竞争对手的反击，由此所付出的竞争成本是得不偿失的。相反，在竞争过程中，如果企业善于联合一切优势企业，构成市场竞争联盟，把企业的供应链看成是一个完整的运作过程，将链上的其他组织（如供应商、分销商、客户）看成是可以联合起来共同击败真正竞争者的联盟伙伴，而不是竞争对手，通过影响供应链上企业的价值链结构改善企业与供应链上企业之间的关系，就有可能避免或减少供应关系中各个环节之间的很多延误、浪费，就有可能在更短的时间内，用更低的成本赢得市场，实现更高的价值增值。这种思想的本质就是力图通过供应链上企业间的相互责任分担来规避市场风险，共同获得利润。这是一种完全新型的实现"共赢"的经济思想。随着全球开放性市场的形成，这种由多个企业联合协作共同赢得市场、赢得利润已成为现代企业经营的主要手段。现代市场的经验告诉人们，一个企业的合作伙伴的经营状态直接影响到该企业的经营状态，有时甚至直接威胁到该企业的生存。美国 FORD 公司在 1995 年曾经因为其供应商不能提供高质量的电源管理系统而被迫关掉了 6 个生产厂家。因此，如何改善、提高与合作伙伴的合作关系，形成从战略、战术和作业层的全方位合作是现代企业管理所面临的一个重要课题，也是供应链管理所要解决的重点内容。供应链实际上研究的是一个多企业间的资源集成和有效配置问题，它包括供应链的建模、供应链的配置、供应链的运行几方面问题。供应链的研究目前正在成为学术界、企业界的热点课题。实际上，早在 20 世纪 80 年代中期，美国国防部的 CALS 计划（Computer Aided Logistic Support，计算机辅助后勤支持系统）就是供应链思想的最早体现。CALS 的成功震动了整个国际和企业界。许多国家纷纷效仿开展相关的研究计划，如日本的 CALS 计划、韩国的 KCALS 行动等。

现在，供应链的管理更加注重围绕核心企业的网链关系，如核心企业与供应商、供应商的供应商乃至与一切前向的关系，与用户、用户的用户及一切后向的关系。供应链的概念形成一个网络的概念，像丰田（Toyota）、耐克（Nike）、尼桑（Nissan）、麦当劳（McDonalds）和苹果（Apple）等公司的供应链管理都从网络的角度来实施。哈里森（Harrision）定义供应链为："供应链是执行采购原材料、将它们转换为中间产品和成品、并且将成品销售到用户的功能网链。"这些概念同时强调供应链的战略伙伴关系问题，菲利浦（Phillip）和温德尔（Wendell）认为供应链中战略伙伴关系是很重要的，通过建立战略伙伴关系，可以与重要的供应商和用户更有效地开展工作。

供应链管理（Supply Chain Management，SCM）有许多不同的定义和称呼，如有效的用户反应（Efficience Consumer Response，ECR）、快速反应（Quick Response，QR）、虚拟物流（Virtual Logistics，VL）或连续补充（Continuouse Replenishment）等。现在，为了将供应链与销售过程区分，提出了供应关系管理（Supply Relationship Management，SRM），这仅仅是为了研究问题方便并且与客户关系管理从概念上进行区分，是一个问题的不同视点。

供应链管理主要包括供应商管理、供应链生产计划、供应链合作与控制。供应链管理的目标在于获得高用户服务水平和低库存投资、低单位成本两个目标之间的平衡（这两个目标往往有冲突）。

早期的供应链管理重点在于管理库存（作为平衡有限的生产能力和变化的用户需求的缓冲），因此主要的工作任务是管理仓库和运输。现在的供应链管理把供应链作为一个不可分割的整体，打破了存在于采购、生产、分销和销售之间的障碍，其主要任务有两个，即快速建立供应链和保证供应链的稳定运行。

5.3 数字化维护维修系统

产品全生命周期中，产品的服役使用成本几乎占据产品生命周期的90%。因此，提高产品的维护维修效率和质量、降低使用成本就成为现代产品竞争的一个关键要素，也是保证消费者生命安全的重要环节，对于大型装备甚至是涉及国民经济和国家安全的大问题。大型装备是集电子系统、机械系统、能源动力系统于一体的综合复杂系统，涉及热力场、多相流场、温度场的多场耦合，具有技术密集、知识密集的显著特点，维修/维护技术具有多知识融合与复杂性。同时，大型装备的维护需要使用单位、主机制造厂、各主要设备承制厂协同工作，形成一个响应迅速、高效敏捷，集各种技术资源、知识资源为一体的敏捷响应系统。对于一些大型装备，停机损失是巨大的。据统计，40%的故障是由于维修不当造成的，因此科学维护，避免过度维修、欠维修就成为维护维修需要解决的问题。易维护、可维护、低成本维护、快速维护已成为产品竞争的关键因素。对于装备的维护维修主要分两大部分内容：一是数字化 e 维修技术；二是维护资源计划控制。

5.3.1 数字化 e 维修技术

数字化维修 e 工具平台主要解决如何修的问题。它主要包括：

(1)故障的检测与快速定位

利用自动识别技术(AIT)，为不同层面的维修人员提供智能化的故障查找、定位、修复和综合维护支持。

(2)维修作业指导

基于交互式电子手册(IETM)、XML 和人工智能技术，建立现场装备检修 e 工具集成平台并与后方大型数据库相连，解决复杂的维修维护问题。

在伊拉克战争中，参战美军大量装备了先进的数字化检测、诊断设备，例如：其传感器人工智能通信综合维修系统(SACIMS)，大约每 8 秒钟可对 M1A2 坦克全部数据参数进行一次检测，其 GPS 导航系统在能见度很低的情况下，能最大限度地扩大寻找和准确判断损坏的武器装备。这些系统为提高美军的战斗力起到了关键作用。

5.3.2 维护维修资源计划系统

维修资源计划系统主要解决维修资源的调度问题，系统主要是根据装备的技术状态、维护任务请求，对维护技术资源与任务进行合理调度。以维修事件为驱动，构建一条连接不同实施主体的敏捷维护支持链，实现对各级维护资源的合理配置与有效利用。它主要包括：

(1)维护过程控制与调度系统；

(2)零备件配送保障管理系统；

(3)使用过程综合信息分析系统；

(4)维护决策支持系统；

(5)维修技术状态档案管理；

(6)综合数据中心。

它由中央数据库与分布在不同企业、不同用户的不同级别的分布式数据库组成。其功能是实现对装备技术状态信息、使用信息的综合管理,为信息共享、信息集成提供支持,为外场 e 维修工具提供数字化的信息资源与知识资源支持。

5.4 制造信息化中的使能技术

所谓的使能技术英文名字为 Enable,其含义就是底层共性支撑技术。对于制造信息系统来讲,其使能技术涉及两大类:一类是具有通用含义的技术,如决策支持技术、工作流技术、云计算、数据仓库与数据挖掘技术等;一类是软件技术类,如 SaaS、PaaS、DaaS 技术、跨平台信息集成技术 SOA 技术等。

5.4.1 决策支持技术

决策支持系统(Decision Support System,DSS)是 20 世纪 80 年代迅速发展起来的新型计算机学科。DSS 实质上是在管理信息系统和运筹学的基础上发展起来的。决策支持系统的出现是要解决由计算机自动组织和协调多模型的运行,对大量数据库中数据的存取和处理的问题,达到更高层次的辅助决策能力。决策支持系统的新特点是增加了模型库和模型库管理系统,它把众多的模型(数学模型与数据处理模型以及更广泛的模型)有效地组织与存储起来,并且建立了模型库和数据库的有机结合。决策支持系统就是综合利用大量数据,有机结合众多模型(数学模型与数据处理模型等),通过人机交互,辅助各级决策者实现科学决策的系统。

5.4.2 数据仓库技术

数据仓库(Data Warehouse,DW)的提出是以关系数据库、并行处理和分布式技术的飞速发展为基础的,它是解决信息技术(IT)在发展中一方面拥有大量数据、另一方面有用信息却很贫乏(data rich,information poor)这种不正常现象的综合解决方案。数据仓库是把分布在企业网络中不同信息岛上的商业数据集成到一起,存储在一个单一的集成关系型数据库中。利用这种集成信息,可方便用户对信息的访问,更可使决策人员对一段时间内的历史数据进行分析,研究事物的发展走势。

5.4.3 联机分析处理技术

联机分析处理 OLAP(On Line Analytical Processing)是在联机事物处理 OLTP 基础上发展起来的,OLTP 是以数据库为基础的,面对的是操作人员和低层管理人员,对基本数据的查询和增、删、改等进行处理。而 OLAP 是以数据仓库为基础的数据分析处理。它要对来自基层的操作数据进行多维化或预综合处理。

5.4.4 数据挖掘技术

数据挖掘是在数据库中寻找数据中的模式,再根据这些模式找出相应的规律。数据挖掘可产生五种基本类型的信息:(1)关联信息,即若干单个事件相关联的信息;(2)聚类信息,即对数据进行聚类；(3)分类信息，即进行分类的特性描述；(4)偏差信息，反映异常情况；(5)预测信息，从现有的数据中建立模型，计算未来值。

5.4.5 工作流技术

工作流的概念起源于生产组织和办公自动化领域，它是针对日常工作中具有固定程序的活动而提出的一个概念，目的是通过将工作分解成为定义良好的任务、角色，按照一定的规则和过程来执行这些任务并对他们进行监控，达到提高办事效率、降低生产成本、提高企业生产经营水平和企业竞争力的目标。工作流技术主要是实现业务活动的过程控制。现在工作流已经成为一个广义的管理过程，不仅仅局限于人工的控制过程，已经延伸到对一般的制造过程的控制。工作流系统包括两大部分：一是工作流建模，主要完成业务活动的模型建立过程；二是工作流引擎，主要是完成对已建好工作流模型的解析与执行过程。工作流技术已成为制造信息系统中不可或缺的部分。随着经济的发展，工作流技术引起了许多企业的兴趣，工作流产品的市场每年以两位数的速度迅速增长，而且，随着信息技术和计算机技术的发展，工作流产品开发者不断地将新的技术融入到工作流中，提高产品性能，使得工作流技术不断完善。

5.4.6 云计算技术

云计算(cloud computing)是分布式计算技术的一种，其最基本的概念，是透过网络将庞大的计算处理程序自动分拆成无数个较小的子程序，再交由多部服务器所组成的庞大系统，经搜寻、计算分析之后将处理结果回传给用户。稍早之前的大规模分布式计算技术即为"云计算"的概念起源。"云计算"是分布式处理(distributed computing)、并行处理(parallel computing)和网格计算(grid computing)的发展，或者说是这些计算机科学概念的商业实现。许多跨国信息技术行业的公司如 IBM、Yahoo 和 Google 等正在用云计算的概念兜售自己的产品和服务。

云计算这个名词是借用了量子物理中的"电子云"(electron cloud)一词，强调计算的弥漫性、无所不在的分布性和社会性特征。量子物理中有电子云，在原子核周围运动的电子不是一个经验世界的，例如像天体一样的运行轨道，而是弥漫空间的、云状的存在，描述电子的运动不是牛顿经典力学而是一个概率分布的密度函数，用薛定谔波动方程来描述，特定的时间内粒子位于某个位置的概率有多大，这跟经典力学的提法完全不同。

电子云有以下特性：概然性、弥漫性、同时性等。云计算可能的确是来自电子云的概念，前些年就有所谓"无所不在的计算"，IBM 有一个无所不在的计算叫"ubiquitous"，MS(Bill)不久也跟着提出一个无所不在的计算"pervade"，现在人们对无所不在的计算又有了新的认识，现在说是"omnipresent"。但是，云计算的确不是纯粹的商业炒作，的确会改变信息产业的格局。现在许多人已经用上了 Google Doc 和 Google Apps，用上了许多远程软件应用，如 Office 字处理，而不是在自己的本地机器上安装这些应用软件。以后谁还会花钱买 Office 软件呢？还有许多企业应用，如电子商务应用，例如要写一个交易程序，Google 的企业方案就包含了现成的模板，一个销售人员即使根本没学习过 Netbeanr 也能做出来。这种计算和产业动向是符合开源精神的，符合 SaaS(Software as a Service)趋势的。

在传统模式下，企业建立一套 IT 系统不仅仅需要购买硬件等基础设施，还有买软件的许可证，需要专门的人员维护。当企业的规模扩大时还要继续升级各种软硬件设施以满足需要。对于企业来说，计算机等硬件和软件本身并非他们真正需要的，它们仅仅是完成工作、提供效率的工具而已。对个人来说，我们想正常使用电脑需要安装许多软件，而许多软件是收费的，对不经常使用该软件的用户来说购买是非常不划算的。可不可以有这样的服务，能够提供我们需要的所有软件供我们租用？这样我们只需要在用时付少量"租金"即可"租用"到这些软件服务，为我们节省许多购买软硬件的资金。我们每天都要用电，但我们不是每家自备发电机，电由电厂集中提供；我们每天都要用自来水，但我们不是每家都有井，水由自来水厂集中提供。这种模式极大地节约了资源，方便了我们的生活。面对计算机给我们带来的困扰，我们可不可以像使用水和电一样使用计算机资源？这些想法最终导致了云计算的产生。

云计算的最终目标是将计算、服务和应用作为一种公共设施提供给公众，使人们能够像使用水、电、煤气和电话那样使用计算机资源。云计算模式即为电厂集中供电模式。在云计算模式下，用户的计算机会变得十分简单，或许不大的内存、不需要硬盘和各种应用软件，就可以满足我们的需求，因为用户的计算机除了通过浏览器给"云"发送指令和接收数据外基本上什么都不用做便可以使用云服务提供商的计算资源、存储空间和各种应用软件。这就像连接"显示器" 和"主机"的电线无限长，从而可以把显示器放在使用者的面前，而主机放在远到甚至计算机使用者本人也不知道的地方。云计算把连接"显示器"和"主机"的电线变成了网络，把"主机"变成云服务提供商的服务器集群。

在云计算环境下，用户的使用观念也会发生彻底的变化：从"购买产品"向"购买服务"转变，因为他们直接面对的将不再是复杂的硬件和软件，而是最终的服务。用户不需要拥有看得见、摸得着的硬件设施，也不需要为机房支付设备供电、空调制冷、专人维护等费用，并且不需要等待漫长的供货周期、项目实施等冗长的时间，只需要把钱汇给云计算服务提供商，就可以马上得到需要的服务。云计算必将给未来制造信息系统带来革命性的变化。

5.4.7　SOA 技术

Web 服务作为炙手可热的技术，如何应用到企业的 IT 系统和商业流程之中并给企业带来直接的经济效益，一直备受国内外企业管理者的高度关注和推崇。SOA（Service-Oriented Architecture，面向服务架构）是一种被誉为下一代 Web 服务的基础架构。1996 年 Gartner 最早提出 SOA 概念。SOA 的目标在于让 IT 变得更有弹性，以更快地响应业务单位的需求，实现实时企业（Real-Time Enterprise，这是 Gartner 为 SOA 描述的愿景目标）。SOA 是在计算环境下设计、开发、应用、管理分散的逻辑（服务）单元的一种规范。这个定义决定了 SOA 的广泛性。SOA 要求开发者从服务集成的角度来设计应用软件，即使这么做的利益不会马上显现。SOA 要求开发者超越应用软件来思考，并考虑复用现有的服务，或者检查如何让服务被重复利用。SOA 鼓励使用可替代的技术和方法（例如消息机制），通过把服务联系在一起而非编写新代码来构架应用。经过适当构架后，这种消息机制的应用允许公司仅通过调整原有的服务模式而非被迫进行大规模新的应用代码的开发，使得在商业环境许可的时间内对变化的市场条件做出快速的响应。SOA 不仅仅是一种开发的方法论——它还包含管理。例如，应用 SOA 后，管理者可以方便地管理这些搭建在服务平台上的企业应用，而不是管理单一的应用模块。其原理是：通过分析服务之间的相互调用，SOA

使得公司管理人员方便地拿到什么时候、什么原因、哪些商业逻辑被执行的数据信息，这样就帮助了企业管理人员或应用架构师迭代地优化他们的企业业务流程、应用系统。

SOA 的一个中心思想就是使得企业应用摆脱面向技术的解决方案的束缚，轻松应对企业商业服务变化、发展的需要。企业环境中单个应用程序是无法包容业务用户的(各种)需求的，即使是一个大型的 ERP 解决方案，仍然不能满足这个需求在不断膨胀、变化的缺口，对市场快速做出反应。商业用户只能通过不断开发新应用、扩展现有应用程序来艰难地支撑其现有的业务需求。通过将注意力放在服务上，应用程序能够集中起来提供更加丰富、目的性更强的商业流程。其结果就是，基于 SOA 的企业应用系统通常会更加真实地反映出与业务模型的结合。服务是从业务流程的角度来看待技术的——这是从上向下看的。这种角度同一般的从可用技术所驱动的商业视角是相反的。服务的优势很清楚：它们会同业务流程结合在一起，因此能够更加精确地表示业务模型、更好地支持业务流程。相反，我们可以看到以应用程序为中心的企业应用模型迫使业务用户将其能力局限为应用程序的能力。

SOA 可以将系统和应用迅速转换为服务。SOA 不仅覆盖来自于打包应用、定制应用和遗留系统中的信息，而且还覆盖来自于如安全、内容管理、搜索等 IT 架构中的功能和数据。因为基于 SOA 的应用能很容易地从这些基础服务架构中添加功能，所以基于 SOA 的应用能更快地应对市场变化，从而使企业业务部门设计开发出新的功能应用。

6 我国制造业信息化发展与对策

6.1 我国实施制造业信息化现状

全球信息化的浪潮正在推动世界从传统的工业社会向现代信息社会发展，并推动着制造企业运行效率的增强与活动空间不断扩大。信息化的发展程度已经成为衡量一个国家和地区国际竞争力、现代化程度、综合国力和经济增长能力的重要标志。信息技术对企业在全球化的运行空间中生存和发展起到非常重要的支撑作用。信息技术促进了全球经济的快速发展，不仅保障了跨国经济活动的正常运行，而且加快了资金在全球的流动速度，使企业在规模、经济实力和创新能力等方面得到了空前的提高。例如，在波音公司，飞机零部件和其他原材料的采购是一个复杂的、多阶段的管理过程，它涉及分布在全球各地数万个不同的个人和任务。利用信息技术可以实现从基于纸介质的采购系统到基于 Web 的采购系统的转变，整个采购过程可以通过物料管理系统进行自动处理。我国的制造信息化技术在国家“863”/CIMS 计划下，有了长足发展。与国外 CIMS 的发展相比较，我国 CIMS 不仅重视了信息集成，而且强调了企业运行的优化，并将计算机集成制造发展为以信息集成和系统优化为特征的现代集成制造系统(Contemporary Integrated Manufacturing Systems)。企业实施 CIMS 能够获得的效益，可以分为可量化的效益和不可量化的效益。不可量化效益比可量化效益的影响可能更为深远。由于 CIMS 强调整个企业技术、经营和人的集成，因而它使企业能够适应快速变化的市场需求，提高企业的市场竞争能力。这是企业实施 CIMS 可以获得的最大效益。一个制造型企业采用CIM系统可以获得的可计量效益，概括地讲，就是提高企业的整体效率。具体包括以下几方面：

(1)在工程设计自动化方面，采用CAD/CAPP/CAM，可提高产品的研制与生产能力，便于开发技术含量高和结构复杂的产品，保证产品设计质量，缩短产品设计与工艺设计周期，加速产品更新换代的速度，满足用户需要。

(2)在加工制造上，数控(DNC)、柔性制造单元(FMC)或FMS的应用，可提高制造过程的柔性与质量，提高设备利用率，缩短产品制造周期，增强生产能力。

(3)在经营管理上，可使企业的经营决策与生产管理科学化。在市场竞争中，可保证产品报价的快速、准确、及时；在生产过程中，可有效地解决生产"瓶颈"，减少在制品；在库存控制方面，可使库存压到最低水平，减少制造过程所占用的资金，减少仓库面积，从而有效地降低生产成本，加速企业的资金周转。

总之，计算机集成制造系统通过计算机、网络、数据库等硬、软件，将企业的产品设计、加工制造、经营管理等方面的所有活动有效地集成起来，有利于及时、准确地交换信息，保证数据的一致性，提高产品质量，缩短产品开发周期，提高生产效率，带来更多的效益。

在实施CIM的早期，人们更多地关注其给企业带来的可计量效益。20世纪80年代中期，美国科学院对美国在CIMS方面处于领先地位的五个公司——麦道飞机公司、迪尔拖拉机公司、通用汽车公司、英格索尔铣床公司和西屋公司进行了调查和分析，他们认为采用CIMS可以获得以下效益：产品质量提高200%～500%；生产率提高40%～70%；设备利用率提高200%～300%；生产周期缩短20%～60%；在制品减少30%～60%；工程设计费用减少15%～30%；人力费用减少5%～20%；工程师的工作能力提高300%～3500%。

日本对实施CIMS的效益也做了调查。日本富士通一家工厂经过1～1.5年的考察与分析后认为实施CIMS后可获得以下效益：生产率提高60%；直接生产率提高2倍；生产人员减少50%；库存资金减少35%；废品率降低到原来的三分之一。

采用并行工程模式的CIMS，其效益统计结果为：早期生产中工程变更次数减少二分之一；产品开发周期减少40%～60%；制造成本降低30%～40%；产品报废及反复工作减少75%。

我国实施CIMS工程以来，取得了明显的效益。如浙江绍兴涤纶厂在实施CIMS工程后，新增产值6000万元、税收1000万元、利润720万元，流动资金下降19.1%。浙江诸暨电动工具厂是乡镇企业，在不增加人的情况下，产值从6300万元上升到1.2亿元。由于产品设计可直接与国外接轨，增加了新订单，出口4581万元，而流动资金从5642万元减少到3758万元，人均产值32.1万元。广东华宝空调器厂在人均产值几乎翻番的情况下，百元销售占用资金反而下降了51%以上。成都飞机工业公司通过实施CIMS，竞争实力加强，从而以明显的技术优势和较高的管理水平，在竞争中占据有利的位置。并行工程的技术攻关紧密结合航天工业复杂机械结构件的设计、开发，通过两年多的攻关，公司取得了明显的效益，使产品开发时间缩短三分之一，设计过程中的反复次数减少70%，废品率降低50%。

6.2 我国制造业信息化发展存在的主要问题

我国制造业信息化发展存在以下主要的问题：

1. 建设不均衡

不同行业信息化建设不均衡：石化、汽车、钢铁等行业信息化程度较高，与国际同行基本接近；而纺织、轻工等行业整体信息化建设水平较低。不同规模企业信息化建设不均衡：国有大中型制造企业信息化水平较高；而中小企业信息化水平较低。不同地区企业信息化建设不均衡：东南沿海地区制造企业信息化水平较高；而西北落后地区制造企业信息化水平较低。

2. 我国制造企业信息化的整体水平与发达国家有很大差距

我国制造企业信息化的整体水平与发达国家的差距主要表现在以下几方面：其一，我国大部分企业面临的是信息化系统的问题，由于对信息技术的不了解和缺乏人才和资金，企业持等待和观望态度的还相当普遍，而国外企业研究的是如何深化信息化的问题。我国企业信息化实施相对而言被动的成分多一些，企业信息化建设更多地依赖于政府和软件厂商两个方面的推动，而国外企业的信息化建设相对要主动一些。其二，目前我国制造企业普遍缺乏既懂管理、又懂信息化的专业人才，与软件供应商处于严重的信息不对称状态，软件厂商很难真正站在企业的立场上，帮助企业准确地把握其信息化需求。其三，我国制造业信息化市场还不健全，多数企业的信息化建设缺乏规划，选型也得不到真正为企业考虑的指导和帮助。软硬件产品缺乏规范管理与指导，市场存在无序竞争、恶性竞争现象，很难保证信息化工程能够达到制造业企业的要求，不利于我国制造企业的信息化建设。

6.3 我国制造业信息化发展对策

6.3.1 信息化与工业化融合技术策略

信息化与工业化两化融合是一个国家工业化的高级阶段，也是信息化的高级阶段，它不是单纯地讲信息化本身的发展，或者工业本身的发展。制造型企业的信息化能够合理配置资源，充分降低成本，提高生产效率，向精益生产贴近。两化融合也让制造企业具备了敏捷制造的初步能力。敏捷制造的核心就是生产必须跟得上时代的变化，跟得上用户需求的变化，能够根据这些变化作出快速的资源整合、生产计划和步调的反应。这样的快速变化能力必须借助信息化手段来实现。两化融合变的是企业内部管理和资源整合的信息化、敏捷化和上下游合作伙伴之间资源配置的整体优化，不变的是我们提供的产品和服务。

两化融合是一个创新的新的机遇，也是中国走新型工业化发展的必由之路。国家工业和信息化部为了推进两化融合，组织有关方面和部分专家，制订了7个行业两化融合的评价指标体系。在“信息化与工业化融合”的推动下，我国制造业信息化正在原有的基础上深化和扩展。当前制造业信息化已不仅仅局限于产品设计、企业管理、电子商务等几个环节，而是一个在信息时代如何实现工业化的问题，是一个以信息化推动制造业发展方式转变的问题。在推进制造信息化过程中，需要从以下几方面入手：

1. 加强基础管理工作

制造企业信息化首先要做好基础管理工作。如果数据不准确、管理混乱，信息系统就无法判断数据的准确性，只会给出错误的结论，从而导致计算机辅助管理的失效。当然，推进信息化的过程也是加强基础管理的过程，但必须把加强基础管理作为头等重要的事抓好。

为此，要在企业内部梳理业务流程；加强各项业务数据的管理，提高其科学性、准确性；做好各类人员的培训工作。

2. 强化企业信息集成

在企业的 ERP 与有关系统的有效集成中，要着重解决技术系统与管理系统的集成，用好 PDM。有条件的企业，可着手解决顶层与底层的集成，用好 MES。需要注意的是，MES 并非各个装备制造企业都需要，也并非各个企业都具备上 MES 的条件。有些企业数控机床还没有用好、数控机床的数量也很少，那也就没有必要使用 MES。

3. 发展智能化、数字化产品

信息化带动工业化有两个层面的含义：一个是制造过程的信息化，就是人们通常理解的 CAD、ERP、电子商务；一个是赋予产品的智能化与信息化，也即开发数字化产品，实现产品的智能化，这是制造信息化不可或缺的一个主要内容。

4. 提升效率与效益

中国制造业的规模已居世界前列，但其效率和效益与世界先进水平相比，差距甚大。信息化是提高效率和效益最有效的手段。通过信息化的深入开展，节能减排是最直接可以获得的效果。供应链优化，对于装备制造企业而言，是减少库存、加快资金周转、实现精益生产、从低效走向高效、从粗放转为集约必不可少的过程。信息化对于实现供应链优化既是支撑又是促进。

从实施制造信息化的层面考虑，制造业信息化的技术选择一般应遵循以下几个原则：

1. 先进性

技术的先进性不是指具有绝对的先进性，而是针对引进技术的行业、企业的现有技术水平而言所具有的先进性。技术的先进性要求所注入的高新技术应当高于本行业、本企业现有的技术水平，并有较长的寿命周期和较广泛的应用前景。

2. 适用性

适用性主要体现在下面几个方面：

(1)与原有生产系统的适应性

伴随着高新技术的注入，如关键技术、工艺、设备、原材料和元器件等，必然要求对原有的生产系统进行淘汰、调整或改造，因此应注意全面分析注入的高新技术与原有生产系统的适应性。首先，要分析高新技术的注入是否有利于企业的技术改造。我国制造业企业的设备大多数比较陈旧，役龄偏大，效率偏低，引进适用的关键技术和关键设备进行改造，不仅可能大大缩小同国外的技术差距，还可以节约资金、迅速提高劳动生产率。其次，要分析高新技术的注入是否有利于改善和发挥原有生产系统的功能。它应能促进资源优化配置，而不是将原有生产系统简单抛弃。它应既能有效地改善和发挥原有系统的功能，又能充分发挥引进技术的优势，形成新的生产系统。强调技术的适用性不是迁就原有的落后技术状态，而是尽可能地注重注入的高新技术与原有技术的衔接。

(2)与企业、行业资源因素的适应性

一是在进行技术选择时，要考虑企业、行业的资源条件、资源的可得性和数量等。二是在进行技术选择时，应该选择那些资源消耗较小、能够利用再生资源的或对资源进行深加工的技术。不仅要选择正在使用的成熟技术，也要注意选择那些未加利用、但却更适合利用而能发挥资源优势、有利于充分利用资源的技术。

(3)与目标的适应性

这里的目标包括企业微观目标、行业目标和社会宏观目标两个方面。对于企业微观目标来说,选择注入高新技术的目标应是促进技术进步、提高管理水平、提高市场竞争力、实现规模效益、适应企业发展战略和促进企业发展等。对于整个行业来说,选择注入高新技术的目标包括行业的技术进步、行业整体结构升级和改造等。对于社会宏观目标来说,技术的注入和使用必须适应国家经济发展战略目标的要求,有利于国家技术战略目标的实现。最后是对环境的适应性。主要是对国家或地区的政策、环境、法律法规等方面的适应性。

3. 可靠性

可靠性要求所选择注入的高新技术必须是成熟的,生产工艺、产品质量是可靠的,经过工业生产验证是行之有效的,可以推广应用的。与处于创新阶段的技术相比,从技术的生命周期讲,可靠性高的成熟技术的先进程度和重要程度可能均已发生了变化,但注入成熟技术一是有利于迅速提高生产力,形成规模效益;二是有利于在其基础上进行再开发,与相关技术结合走综合创新之路,可在新的基础上形成新型的先进技术,产生新的竞争优势。

4. 经济性

选择所注入的高新技术应具有经济性,这包括微观和宏观两个方面,两者相辅相成,共同点都是要求以最小的投入获得最大的产出。其主要不同点是:微观角度的经济性是从局部或某方面考虑,要求以最小的投资获得最大的经济效益,即技术的选择要有利于企业资源的合理配置和规模经济的形成,以达到提高产品的性能和质量、降低产品成本、提高劳动生产率、增强产品在国际国内市场竞争力的目的;宏观角度的经济性是从全局和全体考虑,要求以最少的社会资源投入,取得最大的直接收益和间接收益,即技术的选择要有利于生产资源和生产要素的合理配置和有效利用,有利于调整和优化产业结构和布局,有利于行业的技术改造,与社会各方面的摩擦最小,生产的社会成本最低,以达到促进国民经济整体发展和综合国力全面提高的目的。

6.3.2 选准切入点发挥示范带动作用

2010 年“两会”期间,工业和信息化部部长李毅中接受中外记者集体采访时再次强调,要深入推进信息化和工业化融合,因为这是中国特色新型工业化道路的特点,要有所为、有所不为,必须在企业层面、行业层面、区域层面找准切入点,把工作做好。

截至 2009 年年底,我国 8 个国家级两化融合试验区共启动重点企业试点示范项目 142 项,项目涉及 11 个行业。同时,各地共支持两化融合项目 727 个,专项总投资 4 亿元。可以说,各地通过试点示范,发掘和培育了一批典型企业和典型项目,有效地带动了整个区域产业的创新。两化融合的关键环节是信息技术在工业领域的应用,一方面是以发挥企业潜能为目的,通过 ERP(企业资源计划)、CAD(计算机辅助设计)、电子商务、物流信息化等系统的应用,提高企业的管理水平和运行效率;另一方面是以提升企业能级为目的,通过实现研发的智能化、生产线的自动化、产品的数字化、产业链的网络化等,使企业核心竞争力得到强化和提升。

6.3.3 加大宣传,广泛提高社会认知度

全国政协委员、中国工程院副院长邬贺铨认为,与发达国家和一些发展中国家相比,我

国在信息化方面的立法明显滞后，不仅已有立法的范围只覆盖了信息化建设很小的领域，而且立法的效力层次较低。信息化涉及各行各业，由某一个行业主管部门出台的行政性规制很难做到全面公正，更谈不到建立中国特色的信息化法律体系。他建议，尽快制定信息化立法规划，明确立法的时间表。还有一些人大代表、政协委员认为，要将两化融合作为提升产业综合竞争力、促进经济发展方式转变和产业结构优化升级的有力抓手。要清醒地认识到，政府更多的是要在环境营造、政策引导方面做好工作，而企业才是两化融合的主力军。能否发挥好各类市场的主体作用，调动他们的主动性、积极性是两化融合成败的关键。同时还要加大宣传力度，进一步增强全社会、全行业对两化融合的认知度和参与度。

6.3.4 在实施中针对具体问题灵活应对

要冷静思考信息化的角色和作用，泡沫化的信息化并不能为工业化带来后发优势。"IT 黑洞"的客观存在，让我们不能一味夸大 IT 的作用。信息仅仅是工具，不是目的。我们的信息化建设要从实际出发、从实用出发，不能为了信息化而信息化。要做好信息化建设的准备工作，包括首先要对信息化建设进行总体规划，充分考虑企业的发展，从最突出的瓶颈问题入手，量力而行，务求实效，逐步推进。既要学习先进企业信息化的成功经验，降低风险，又要避免盲从。要从实际出发，制定符合本企业的建设方案。要加强后续的培训与管理。企业信息化是一项非常复杂的系统工程，涉及企业的大多数部门和业务流程，企业信息化又是一个长期的不断改进的工程，所以有必要建立一个既懂业务又懂信息技术的企业信息技术部门来全面协调企业的信息化建设及运行。要加强对高中级管理人员、IT 部门负责人和技术骨干的培训，同时要加强企业职工的计算机知识和实际应用能力的培训，尤其要加强对关键岗位人员的培训。

6.4 我国制造业信息化建设模式

6.4.1 大型国有制造业企业信息化的建设模式

近年来，我国大型制造业企业信息化建设取得了长足的发展，涌现出联想、海尔等信息化建设先进典型。这些制造业企业根据自身特点和在市场竞争中的需求，选择不同的信息化建设模式，取得了良好效果。企业信息化模式是指企业在信息系统建设过程中采用的技术与管理路线，其内涵包括信息化目标、信息化采用的主要技术路线、信息化范围、信息化实施次序及信息化重点。我国大型制造业企业的信息化建设主要采用自行开发的 MIS 模式、合作开发 MIS 模式、整体引进 ERP 模式和咨询引进 ERP 模式等四种模式。

1. 自行开发的 MIS 模式

这种模式通常由企业内部自己的 IT 队伍来做业务需求调研，然后根据调研结果来编制管理软件。这种管理软件一般称之为管理信息系统(Management Information System, MIS)。MIS 最早出现在 20 世纪 60—70 年代。作为一种重要的信息化技术，其主要功能是可以完成数据的采集和输入，进行数据的加工和保存，实现数据的查询和输出。在信息化建设中，企业能控制其全过程，开发出的系统能够充分、真实地反映企业的实际业务要求，针对性较强，系统实施相对比较容易，且风险较小。在信息化建设的实践中也会不断锻炼和培养企业的信息化队伍。但缺点是大多数企业的信息化队伍中人员结构不尽合理，业务人员多、技术人员少，尤其是高水平的系统分析员少，IT 技术人员不能够也没有能力去解决原有管理中存在的落后的经营方式、僵化的组织结构、低效的管理流程等问题，因而难以吸收先进的管理理念和思想来提高管理水平，导致开发周期长，生命周期短。

2. 合作开发 MIS 模式

这种模式是企业与系统集成商、计算机软硬件公司合作，联合进行信息化建设。借助于"外脑"，将企业信息化与体制创新有机地结合起来，解决原有企业中组织机构设置不合理、管理流程低效等问题。同时将先进的管理思想运用到信息系统的开发中，使企业的管理水平有更高层次的提升。采取联合开发的方式，由软件公司负责解决技术难题，对开发过程进行科学的安排和控制，这样就回避了企业信息开发队伍开发经验少、技术低下的问题。合作中企业技术部门可以学习先进的开发方法，从而锻炼和培养企业的信息技术人员。由于有本单位的人员参与，使得系统使用和维护也比较方便，开发的信息系统实用性较强。

3. 整体引进 ERP 模式

这种模式是首先选择一家具有丰富行业经验的企业资源计划（Enterprise Resource Planning，ERP）软件提供商，由 ERP 软件提供商选择一个 ERP 项目实施队伍。这个实施队伍一般由高级管理专家和计算机专业人员组成。ERP 项目实施队伍负责做企业全面业务调研，根据 ERP 软件所体现的先进的管理思想和工作流程，进行企业内部的流程重组。按流程重组结果为用户配置经过严格测试的商品化的 ERP 应用软件模块，从而完成 ERP 实施。但商品软件追求通用化，其功能无论在范围上还是在深度上都只能使企业的需求得到部分满足，系统的适应性较差，项目实施的风险大，失败率高。在具体的实施过程中单纯依靠软件提供商可能会出现用户过分按照软件提供的理想模式行事，忽视企业具体的实际，或软件提供商过分依从用户的所谓企业"特色"，造成软件的先进性丧失。

4. 咨询引进 ERP 模式

这种模式是选择一家独立的具有丰富行业管理经验的管理咨询公司进行管理咨询，由咨询专家运用各种相关科学理论、方法和大量实践经验，通过对企业发展和管理中的薄弱环节进行全面、深入的分析研究，提出一系列管理创新和解决问题的思想、策略与方法，设计合理的业务流程。根据企业实际情况和今后发展的需要，为企业选择合适的 ERP 软件功能模块提出建议，为 ERP 制定明确、量化的应用目标、建立项目管理体制、制定项目实施方法等。企业根据管理咨询给出的业务需求方案和流程设计方案，自主选择 ERP 软件。

总之，对于我国大型国有制造业企业的信息化建设而言，引进专业的咨询公司、选择成熟企业管理软件的方式进行企业信息化建设，不仅能加快企业信息化的进程，迅速提高企业信息化队伍技术水平，还能充分发挥大型国有制造业企业的后发优势，使信息化能从一个较高的起点发展起来。

6.4.2 中小型制造业企业信息化的建设模式

中小型制造业企业作为国民经济的重要组成部分，是相对于大型国有制造业企业而存在的，在数量上占绝对优势。它们具有产业规模小、资本和技术构成较低、数量众多、分布面广、经营灵活、形式多样等特点。同时，它们的行业特点、地域覆盖面和管理模式千差万别。在选择信息化建设模式时，企业一定要结合自身特点，避免大而全。在信息化模式选择过程中还需要注意把提高企业市场竞争力放在首位。中小型制造业企业信息化建设模式可以分为以内部流程为基础向外延伸的企业信息化模式和以客户/供应商为中心向内部延伸的企业信息化模式。

以内部流程为基础向外延伸的企业信息化模式又分为离散型企业信息化建设模式和流程型(连续型)企业信息化建设模式。

1. 离散型企业信息化建设模式

离散型企业信息化的重点内容主要体现在作业层的设计领域和经营层的供应链管理方面,其建设的切入点及推进过程一般是先上CAD,提高企业的设计水平,缩短产品的设计周期,通过CAD的普及为企业生存和发展奠定产品基础,为下一步信息化建设提供技术与人才资源,逐渐建立高效的ERP系统,以实现人、财、物、信息管理一体化。

2. 流程型(连续型)企业信息化模式

流程型信息化的重点内容是通过分布式信息采集和智能控制,提高作业层的生产质量;通过实施生产与管理的一体化,实现高质量的生产。流程型制造类企业信息化的切入点及推进过程是,先在现有设备关键部位进行改造,增加互联网的信息采集模块,进行软件编程,对过程进行分析和结果显示,建立工艺流程数据库,逐渐实现分布式控制系统,逐步优化工艺流程,改进生产过程,实现人、财、物及信息等管理自动化。

3. 以客户/供应商为中心向内部延伸的企业信息化模式

以客户/供应商为中心向内部延伸的企业信息化模式强调企业的市场导向,以外部需求带动内部信息化建设,在供应链理论、计算机技术和网络技术的帮助下,企业可以首先建立以客户/供应商为中心的电子商务平台,然后向企业内部延伸,以外部竞争性需求拉动内部信息化建设,更好地整合和利用企业外部资源。

4. 三方互动共赢的企业信息化模式

由于企业信息化是一项相当艰巨而复杂的系统工程,对许多中国企业特别是中小型企业来说仍然是全新的课题,无论在规划还是在建设信息化过程中,都存在诸多疑虑和困惑。随着管理技术及其应用的飞速发展,系统集成、系统维护等企业IT咨询业务异军突起。近年来,由于企业信息化特别是企业管理信息化的快速发展,企业对管理咨询服务的需求相应增长。管理咨询服务对促使企业在内部机制和外部经营环境方面的改革和完善,使企业更具活力至关重要。企业信息化建设的健康发展迫切需要中立、第三方的咨询服务商,用来沟通、协调企业与应用服务提供商的关系,帮助企业进行可行性研究、整体规划、选型招标、实施监理和验收评估,保护企业信息化投资,提高项目成功率。这既是企业信息化咨询服务市场健康发展的需要,也是实现中小型企业、咨询公司与应用服务提供商三方共赢的必然选择。

参考文献

[1] [美]斯蒂芬·哈克等著,严建援等译. 信息时代的管理信息系统. 北京:机械工业出版社,2000

[2] [美]詹姆斯 A 雷等. 计算机集成制造. 北京:机械工业出版社, 2003
[3] [德]约瑟夫·萧塔纳等著, 祁国宁译. 制造企业的产品数据管理. 北京:机械工业出版社, 2000
[4] 张后启. ERP系统的概念及其管理思想. 中外管理导报, 1999(1)
[5] 齐二石, 刘子先. 丰田生产方式及其应用. 企业管理, 1998(3)
[6] 张光明. EPR与ECR的比较研究. 技术经济与管理研究, 1998(12)
[7] 张毅编著. 制造资源计划MRPII及其应用. 北京:清华大学出版社, 1997
[8] 高建民等. 基于企业集团化管理的制造资源计划研究报告. 西安交通大学, 1998
[9] 迈克尔·波特著, 陈小悦译. 竞争优势. 北京:华夏出版社, 1997
[10] 刘敬军, 张申生, 李林. 敏捷化供应链集成框架研究. 计算机集成制造系统, 1998(4)
[11] Douglas J Thomas. Coordinated Supply Chain Management. European Journal of Operational Research, 1996, 94: 1-15
[12] Rick Dove. Agile Supply-Chain Management. Automotive Production, 1996(4)
[13] Michael J. Supply Chain Partnerships: Opportunities for Operations Research. European Journal of Operational Research, 1997, 101:419-429
[14] Rick Dove. Agile Supply-Chain Management. Automotive Production 1996 (4)
[15] Rick Dove Crank. Cases and Agile Supply Chains. Automotive Production, 1996(5)
[16] Donald A Hicks. The Manager's Guide to Supply Chain and Logistics Problem Solving Tools and Techniques. IIE Solutions, 1997(9)
[17] 黄培清. 后勤信息系统及全球供应链管理. 工业工程管理, 1998(3)
[18] 王迎军. 供应链的竞争力——顾客满意. 工业工程与管理, 1999(2)
[19] Filip Roodhooft, Jozef Konings. Vendor selection and Evaluation: An Activity Based Costing Approach. European Journal of Operational Research, 1996: 97-102.
[20] Weber C A, et al. Vendor Selection Criteria and Methods, European Journal of Operational Research, 1991:2-18
[21] Raja G Kasilingam, Chee P Lee. Selection of Vendor — A Mixed-Integer Programming Approach. Computers ind Engng, 1996, 31(1/2):347-350
[22] George Tagaras, Hau L Lee. Economic Models for Vendor Evaluation with Quality Cost Analysis. Management Science, 1996, 42(11)
[23] L M Camarinha-Matos. Toward an Architecture for Virtual Enterprise. Journal of Intelligent Manufacture, 1998(9):188-199
[24] Joseph G. Value Chain Analysis: A Strategic Approach to Cost Management. Journal of Cost Management, 1998(4)
[25] Peter Horvath. Linking Target Costing to ABC at a US Automotive Supplier. Journal of Cost Management, 1998(3)
[26] [美]詹姆斯·迈克著, 李东贤译. 生存之路——计算机引发的全新经营革命. 北京:清华大学出版社, 1997
[27] [美]詹姆斯·迈克, 李东贤译. "大转变——企业构建工程的七项原则" 北京:清华大学出版社, 1999

[28] Richard Bolton, Allen Dewey. Requirement for "plug and play"Information Infrastructure Frameworks and Architectures to Enable Virtual Enterprises. SPIE Proceeding, November 1996: 2-19

[29] Paul Horstmann, Richard Bolton. Manufacturing Virtual Enterprises Through the Use of the National Industrial Information Infrastructure Protocols. SPIE Proceeding, November 1996: 20-47

[30] 荣立军,雷波等. 结合 OPT 的 MRPII 系统研究. 工业工程, 1999(3)

[31] 李健, 顾培亮. MRPII/JIT 混合系统的协调与控制. 工业工程, 1998(6)

[32] Sanjeev Gupta. Supply Chain Management in Complex Manufacturing. IIE Solution, 1997(5)

[33] Jack Chen. Maximum Supply Chain Efficiency. IIE Solution, 1997(6)

[34] Donald A. The Manager'S Guide to Supply Chain and Logistics Problem Solving Tools and Techniques (part I - III). IIE Solution, 1997:9-11

[35] Hee Ching. Toward IT Support for Coording in Network Organizations. Information & Management, 1996, 30:179-199

[36] L M Camarinha-Matos. Toward an Architecture for Virtual Enterprise. Journal of Intelligent Manufacturing, 1998(9):189-199

[37] Andrew D Brown. Understanding Technological Change: The Case of MRPII. International Journal of Operations & Production Management, 1993,13(12)

[38] J A Buzacott. Safety Stock Versus Safety Time in MRP Controlled Production Systems. Management Science, 1994,40(12)

[39] Eric Dullin. Enterprise and Plant-Centric Scheduling. IIE Solution, 1998(2)

[40] Jeremy Hammant. Information Technology Trend in Logistics. Logistics Information Management, 1995,8(6):32-37

[41] Peter Barrar. Evaluation of Vendor Documentation in the Acquisition of MRP and Related Manufacturing Software. Computer Integrated Manufacturing System, 1995,8:63-71

[42] 汪定伟. MRPII 与 JIT 结合的生产管理方法. 北京:科学出版社,1996

[43] 张列平. 制造资源计划——MRPⅡ原理与实践. 上海:上海交通大学出版社,1992

[44] Robert M. Cowdrick Supply Chain Planning(SCP) — Concepts and Case Studies. Computers ind Engng, 1995,29(1-4):245-248

[45] Beumjun Ahn, Norio Watanabe, Shusaku Hiraki. A Mathematical Model to Minmize the Inventory and Transportation Costs in the Logistics System. Computers ind Engng, 1994,27(1-4):229-232

[46] Panagiotis Kouvelis. The Newsvendor Problem in a Global Market: Optimal Centralized and Decentralized Control Policies for a Two-Marked Stochastic Inventory System. Management Science, 1997,43(5)

[47] Barbara Samuel Loftus Launching. Emerging Technologies to Create New Markets: Identifying Industrial Buyers. Logistics Information Management, 1994,7(4):27-34

[48] 李芳芸等. CIMS 环境下——集成化管理信息系统的分析、设计与实施. 北京:清华大学出版社,1996
[49] Filip Roodhooft,Jozef Konings. Vendor Selection and Evaluation: An Activity Based Costing Approach, European Journal of Operational Research, 1996:97-102
[50] Bonn-Oh Kim. Logistics Information's Role within an IT Systems Architecture in a World-Class Organization. Logistics Information Management, 1996, 9(3): 19-26
[51] Alan Stainer. Vendor Assessment: A Computerised Approach. International Journal of Computer Applications in Technology, 1996,9(2/3):106-113
[52] Jean Perrien. The Meaning of a Marketing Relationship. Industrial Marketing Management, 1995,24:37-43
[53] 查而斯 M 萨维其，谢华强译. 第五代管理. 珠海:珠海出版社，1998
[54] 北京先进柔性制造技术咨询中心. 21 世纪制造企业战略. 1994
[55] Jim Jordan, Fred Michel. FSME "Next Generation Manufacturing(NGM)" CASA/SME Blue Book Series. 199
[56] 李永戎,田雨华. 现代集成制造技术的发展. 北京先进柔性制造技术咨询中心，1998

专题4　我国快速成形技术

华中科技大学　史玉升[①]

1　引　言

快速成形(Rapid Prototyping,RP)作为一种先进制造技术,与传统方法的最大差别在于材料的利用和加工方式。传统方法一般是将较大或整体的材料逐渐去除,得到最终所需形状的制件;而快速成形则是将较小和离散的材料逐渐叠加,形成任意复杂制件。

快速成形的逐层叠加制造思想最早起源于制造业并不发达的19世纪。1892年,美国人B. Lanther在他的一项专利中,提出利用分层法制造三维地图模型。具体过程是,将地形的轮廓线压印在一系列蜡片上,然后按轮廓线切割各蜡片,并将其粘结在一起,熨平表面,从而得到三维地球模型。其后,又出现了许多快速成形的设想,但此时均没有形成专门的快速成形装备。

直到1988年,美国3D Systems公司率先推出了世界上第一台光固化快速成形装备。自那以后,快速成形技术得到快速发展,在不到10年的时间内出现了近10种不同类型的快速成形方法。延续至今并在工业上得到广泛应用的主要包括光固化(Stereo-Lithography Apparatus,SLA)、选择性激光烧结(Selective Laser Sintering,SLS)、叠层实体制造(Laminated Object Manufacturing,LOM)、熔融沉积制造(Fused Deposition Modeling,FDM)四种类型。其中,SLA成形精度最高,SLS成形材料种类最广,从而成为目前研究最为深入、应用最为广泛的两种工艺。另外,还包括三维打印(Three-Dimensional Printing,3DP)等其他工艺。金属制件的直接快速成形技术成为目前该领域的研究热点,主要工艺包括选择性激光熔化(Selective Laser Melting,SLM)、直接金属激光烧结成形(Direct Metal Laser Sintering,DMLS)、电子束制造(Electron Beam Manufacturing,EBM)、激光净成形(Laser Engineered Net Shaping,LENS)等多种工艺。随着材料、工艺及装备的不断进步,快速成形技

---

① 史玉升,1962年生,现任华中科技大学教授、材料科学与工程学院副院长、材料成形与模具技术国家重点实验室副主任、华中科技大学快速制造中心主任,兼任中国机械工程学会特种加工分会常务理事、中国快速成形委员会副主任委员、湖北省航空学会副理事长、湖北省机械工程学会理事、湖北省机械工程学会特种加工分会副理事长等职务。长期从事先进成形技术与装备领域的科研和教学工作,先后主持国际、国家和省部级项目20多项;获发明专利30多项;获国家科技进步二等奖1项、国家发明创业奖特等奖1项、湖北省科技进步一等奖1项、湖北省科技发明二等奖1项、教育部自然科学二等奖1项、教育部科技进步二等奖1项、湖北省优秀专利奖1项;领导的研究团队获湖北省自然科学基金创新群体;负责研发的快速成形技术及装备已形成产业化,在国内外得到广泛应用。

术的应用范围从起初的“模型”逐渐接近最终“制件”。“快速原型”已不能准确地反映该技术的工艺特点，“快速成形”更为贴切和恰当。

2 快速成形技术及其应用概况

2.1 快速成形技术概述

1. SLA 技术

光固化 SLA 技术是最早商品化、市场占有率最高的快速成形技术。该技术以液态的光敏树脂为成形材料，利用计算机控制紫外激光，按制件各层切片形状在光敏树脂表面进行逐行扫描，使被扫描区域的薄层树脂产生光聚合反应而固化，形成制件的一个薄层。一层固化完毕后，工作台下降一定距离，在原来固化好的树脂表面再敷上一层新的树脂材料，然后，重复激光扫描，完成又一层制件截面的固化成形，并牢固地粘结在前一层上。如此反复，直至整个制件成形完毕。光固化的特点是精度高、表面质量好、材料利用率高，能制造形状特别复杂（如空心制件）、特别精细（如珠宝、工艺品等）的制件，尤其适合壳形制件的制造。缺点是成形材料的成分与状态单一，价格昂贵，不适宜于大尺寸或较大体积制件的成形。此外，成形材料较脆，成形过程中需制作支撑，材料在固化过程中伴随收缩，容易导致制件变形。

2. SLS 技术

选择性激光烧结 SLS 技术利用较低功率激光逐层烧结低熔点粉末材料，形成复杂实体制件。其基本过程如下：在工作台面上铺上一薄层粉末；由计算机控制激光移动，烧结该层实体截面内的粉末；工作台面下降一层高度，并在已烧结层上铺上一层新的粉末；激光移动扫描烧结该层实体截面内的粉末，并使其粘结在上一层已烧结的实体上；重复上述过程直至实体成形完毕为止。该工艺可用的成形材料较为广泛，如高分子、陶瓷、砂子及其复合粉末材料等，是应用最为广泛的快速成形技术之一。同时，该工艺还可以间接制作金属制件。SLS 间接制作金属制件是采用高分子聚合物材料包裹高熔点的金属粉末，激光熔化聚合物材料将金属粉末粘结起来获得原型件，然后经过焙烧、浸入低熔点金属液、热等静压等后处理工序提高制件的密度。SLS 成形金属制件的力学性能较差，特别是延伸率很低。SLS 技术的关键是新型材料的研制。适用于 SLS 技术的材料范围广泛，该技术本身生产效率高，成形过程易于控制。

3. LOM 技术

叠层实体制造 LOM 技术是最成熟的快速成形技术之一。LOM 快速成形系统由计算机、材料存储及送进机构、热粘压机构、激光切割系统、可升降工作台、数控系统和机架等组成。其工作过程如下：首先在工作台上制作基底，工作台下降，送纸滚筒送进一个步距的纸材，工作台回升，热压滚筒滚压背面涂有热熔胶的纸材，将当前迭层与原来制作好的迭层或基底粘结在一起，切片软件根据模型当前层面的轮廓控制激光器进行层面切割，逐层制作，当全部迭层制作完毕后，再将多余废料去除。这种快速成形方法和装备自 1991 年问世以来，得到迅速发展。由于叠层实体制造技术多使用纸材，成本低廉，而且制造出来的木质原型具有外在的美感和一些特殊的品质，因此受到了较为广泛的关注，在产品概念设计可视化、造型设计评估、装配检验、熔模铸造型芯、砂型铸造木模、快速制模等方面得到了迅速应用。除了纸质材料外，国外还尝试金属薄板材料的叠层实体制造，可用于覆盖件金属模具的快速开发。但由于其成形材料种类单一，特别是纸材 LOM 制件难以直接用作功能件，导致该方法并没有在实际工程中获得较为广泛的应用。

4. FDM 技术

熔融沉积制造 FDM 技术是继 SLA 和 LOM 工艺后的另一种应用比较广泛的快速成形工艺。熔融沉积又叫熔丝沉积，它是将丝状的热熔性材料加热熔化，通过带有一个微细喷嘴的喷头挤喷出来。喷头可沿着 X 轴和 Y 轴方向移动。如果热熔性材料的温度始终稍高于固化温度，而成形部分的温度稍低于固化温度，就能保证热熔性材料挤喷出喷嘴后，随即与前一层面熔结在一起。一个层面沉积完成后，工作台按预定的增量下降一个层的厚度，再继续熔喷沉积，直至完成整个实体造型。该工艺无需激光器等价格昂贵器件，成形装备造价相对较低。但是，该工艺适用的成形材料较为单一，且需预先制成丝状结构，一定程度上限制了该技术的广泛应用。另外，由于工艺及材料的限制，FDM 成形制件的精度略低，且表面质量相对较差，不适宜于精度要求较高的应用需求。

5. DMLS/SLM 技术

直接金属激光烧结/选择性激光熔化 DMLS/SLM 技术的成形原理与 SLS 基本相同。DMLS 技术使用的材料多为不同金属组成的混合物，各成分在烧结过程中相互补偿，有利于保证制件精度。为了保证金属粉末材料的快速熔化，SLM 技术需要高功率密度激光器，光斑聚焦到几十微米到几百微米。SLM 技术目前最常使用光束模式优良的光纤激光器，其激光功率在 50W 以上，功率密度达 5×10^{6} W/cm^{2} 以上。该工艺可实现金属制件的直接成形，特别适合复杂结构以及难加工材料制件的快速制造，已在航空航天、生物制造及模具等领域显现了良好的应用前景。但是，研究发现，影响 DMLS/SLM 成形效果的因素达到 100 多个，工艺较难控制，容易产生球化、翘曲变形及裂纹等缺陷。因此，目前该工艺在成形效率、可重复性、可靠性等方面还面临着较大的挑战。

6. LENS 技术

激光净成形 LENS 技术也是直接成形金属制件的方法之一，可适应多种金属材料的成形。LENS 工艺的整个装置处于惰性气体保护之下，通过激光束熔化喷嘴输送的粉末流，使其逐层堆积，最终形成复杂形状的制件或模具。该方法得到的制件组织致密，具有明显的快速熔凝特征，力学性能很高，并可实现非均质和梯度材料制件的成形。目前，应用该工艺已制造出铝合金、钛合金、钨合金等半精化的毛坯，性能达到甚至超过锻件，在航天、航空、造船、国防等领域具有极大的应用前景。但该工艺成形过程中热应力大，制件易开裂，精度较低，形状较简单，不易成形带悬臂的制件，且粉末材料利用率偏低。特别是对于价格昂贵的钛合金粉末和高温合金粉末，其制造成本是一个必须考虑的因素。

7. EBM 技术

电子束制造 EBM 技术是另外一种直接成形金属制件的快速成形技术。EBM 与 DMLS/SLM 系统的主要差别体现在热源提供方式的不同，成形原理则基本相似。该技术使用电子束作为热源，金属粉末材料对其几乎没有反射，能量吸收率大幅提高。在真空环境下,金属粉末材料熔化后的润湿性也大大提高,增加了熔池之间、层与层之间的冶金结合强度。EBM 技术的主要优点体现在成形效率高、制件变形小、成形过程不需要金属支撑、微观组织致密等。但是,EBM 技术的成形室必须为高真空,以保证装备正常工作,这极大地提高了 EBM 技术的装备复杂度。

8. 3DP 技术

三维打印 3DP 技术的工作方式类似于桌面打印机。其核心部分为由若干细小喷嘴组成的打印系统。材料主要包括两大类:其一,类似于 SLA 工艺用的液态光敏树脂材料;其二,类似于 SLS 用的粉末材料。如果采用液态树脂材料,则成形原理类似于 SLA,但实现方式有所不同。先由喷嘴喷出具有特定形状的一薄层树脂截面,利用面紫外光照射使其固化;然后再由喷嘴喷出下一层截面,进而固化并与上一层粘结在一起;如此反复,直至制件成形完毕为止。当成形材料为粉末时,其成形过程类似于 SLS 工艺,但原理不尽相同。先铺一层粉,由喷嘴按照截面形状喷一层粘结剂,使制件截面内的粉末粘结成一体;工作台下降一个层厚,铺上一层新粉,并由喷嘴按照该层制件截面形状喷出一层粘结剂,使该层截面内的粉末发生粘结,同时与上一层制件实体粘结为一体;如此反复,直至制件成形完毕为止。该工艺无需激光器、扫描系统及其他复杂的传动系统,结构紧凑,体积小,可用作桌面系统,特别适合于快速制作三维模型、复制复杂工艺品等应用场合。

2.2 RP 技术的应用

目前,RP 技术的应用范围和领域非常广泛,除了辅助更新换代快的家电、数码新产品开发外,还在航空航天、船舶、武器装备、生物制造等领域获得了成功的工程应用。例如,美国波音公司应用快速成形技术与传统铸造技术相结合,制造出铝合金、钛合金、不锈钢等不同材料的货舱门托架等制件;著名的 GE 公司应用快速成形技术制造航空航天与船舶用叶轮等关键制件。美国军方应用快速成形技术辅助制造导弹用弹出式点火器模型,取得了良好效果。在生物制造方面,欧美等发达国家研究较多、范围较广且已获得了临床应用。例如,美国 Espersen 等人利用生物相容性树脂,通过 SLA 技术成形医用助听器模型;美国 Andino 等人利用 SLA 技术为特殊病人制作眼睛水晶体模型;美国 Culp 等人使用 SLA 技术根据病人牙齿的 3D 图形制造人工牙齿,并研究牙齿排列和修复等医疗问题;意大利 Martineti 等人使用生物相容性的陶瓷粒子改性光敏树脂,并利用 SLA 技术成形出人体骨骼修复体,并进行了临床应用。按照应用领域及用途分类,目前快速成形的工程化应用可归纳为如下几个方面:

1. 个性化制造

新产品进入市场的过程总是漫长和艰辛的,时间的推迟意味着花费的增加。产品本身的改进和升级也是减少生产时间和成本的关键性因素之一。同时,设计好产品后何时开始生产也同样重要。越来越多的公司开始采用快速成形技术,以减少产品进入市场的时间和成本,或使用快速成形技术为单个或少量顾客提供定制化服务。

快速成形技术主要在产品批量生产用金属模具制造之前使用。而随着一些公司的成功案例,出现了更多不同的应用方式。德国 Pfaff 公司是一家专业雕刻木质面具的家族企业。该公司利用 3D Systems 公司的快速成形技术改造和扩大其产品生产线。快速成形技术将其产品分成一层一层变化的切片，而传统的雕刻工艺却达不到该效果。使用快速成形技术改进后，在保持产品外形和质感的同时，大大地缩短了其投入市场的时间并较大地降低了产品的制造成本。

Anvil Prototyping & Design 公司将个性化制造和互联网完美结合，在制造地图中觅得商机。该单位集成了 Z Corp 公司的彩色 3DP 快速成形技术与 Landprint. com 的 Java 软件模块，其研发的“Co-Creators”系统可以个性化地复制旅游度假胜地、自然景观甚至是家庭农场。

2. 概念模型

在产品研发的前期可使用快速成形技术制造廉价模具，其中 3DP 快速成形技术是较为经济的选择。一家名为 Machineart 的工业设计公司使用快速成形技术制造概念模型，为宝马山地车设计更具视觉冲击力的外形。车身上的仪表盘使用黏土雕刻而成，并用三维测量仪分析其数据。在 Alias Studio Tools 和 Solid Works 中使用点云数据造型，然后使用 Stratasys 公司的 Fortus FDM 快速成形装备制造出 ABS-M30 塑料制件。另外，该公司还使用 FDM 技术制造了具有耐热功能的塑料排气管通风帽，一个月内共完成了 16 种不同制件的快速制造。

非入侵式血压仪的第一大制造商 SunTech Medical 公司，使用 Stratasys 公司的 Dimension FDM 快速成形装备生产概念模型，以完善最终产品的功能。该公司负责人 Steve Just 称“使用概念模型帮助我们更快地发现设计上的错误，在同样时间内获得更优质的产品”。快速成形技术的应用使产品修改变得越来越简单和便宜，因此在产品的前期开发过程中可以根据市场和工程部门的反映不断进行完善和修改。

3. 快速原型

快速原型是快速成形技术最早的应用之一，同时也是如今产品开发过程中最有力的工具之一。快速成形技术可以制造广泛的快速原型，小到铅笔尖大小的医疗器械，大到拖拉机那样的大型产品。这些形状各异的快速原型可以帮助工程师和其他技术人员认识新产品，并确定其是否满足消费者的需求。

意大利比萨市的一家名为 Scuola Superiore Sant'Anna 的公司使用 3D Systems 公司的 3DP 快速成形技术制造了一个微型机器人的原型。这种小巧的机械昆虫可进入地震产生的裂缝中，勘探灾害的第一现场；也可以作为“蚯蚓”进入人体内部，辅助医疗诊断。

美国一家名为 Respirics 的公司为了不超预算按时完成新型吸入药物输送体的开发，使用高精度的 SLA 快速成形装备制造产品原型，辅助产品的优化设计。该公司生产主管谈道：“我们必须在很短时间内完成产品设计，快速成形技术的使用使我们的设计更加完美，各设计部门之间的沟通和协调更为高效。”在他们的设计方案中，使用到一些小巧、形状复杂的塑料制件，包括难以制造的微小公差齿轮。而高精度的 SLA 快速成形装备使这一切成为可能。使用快速原型改进设计方案，极大地增加了设计者对最终产品优良品质的信心。

很多快速原型项目都旨在改善其设计的美学，但并不是所有的美学改善都是可见的。西班牙国际盲人组织致力于提高西班牙国内盲人和视觉障碍者的生活质量，为该类特殊人群设计特殊的生活用品。由于使用者的特殊性，其设计产品的触觉感受最为重要。但因为产品数量少，模具成本又高，导致传统工艺难以实施。为此，该组织使用 Objet Eden 350V 的快速成形装备制造具有非常规外形的特殊键盘和鼠标，使过去难以完成的工作变得较为简单。

当实物模型成为演示的一部分时，一项创意或创造就具有更容易取胜的优势。实物模型可使用户了解到更多、更为直接的信息，则创意的价值就更容易被认可。荷兰阿姆斯特丹一家设计公司专门为苹果公司的 iPhone 手机设计外壳。该单位配套了一条 SLS 生产线，用于快速开发智能手机新颖的外壳。其生产的外壳已成为了 Apple 网店的销售商品。

4. 金属铸件

快速成形技术可用来制造金属铸件用蜡、砂和陶瓷型，且工艺较为成熟，已在多领域中获得成功应用，是目前快速成形技术最为重要的应用之一。Brett Lyons 公司和密西根大学合作，使用快速成形技术制造 SAE 方程式赛车用金属铸件。为了实现气体特定的流动性，赛车发动机废气排气管的结构较为复杂，以至于传统加工方法难以制造。为此，该单位使用 Z Corp 公司的 3DP 快速成形装备在较短时间内以较低的成本制造出了排气管蜡模，然后，利用熔模铸造技术制造出 316L 不锈钢金属制件，直接装上赛车获得实际应用。

金属铸件应用于各行各业，具有各种形状和尺寸。珠宝定制行业使用快速成形技术制造一些尺寸细微且成本昂贵的金属铸件。过去十多年来，全球化热潮也在珠宝行业引起了轩然大波。尤其是在美国，想保持销量的珠宝商已经认识到使用新技术是节约成本、保持产品竞争力和独特性的唯一方法。纽约高档珠宝制造商 Christopher Designs 使用 Solidscape 的 3DP 快速成形技术辅助珠宝制造。他们使用快速成形技术制造出传统手工方法都难以制造的精细珠宝模型。该公司的技术人员评价“这种技术很有用，没有了制造的限制。”使用快速成形技术辅助制造的铂金或黄金铸件与手工打造的产品一模一样，是绝无仅有的杰作。

5. 模具制造

模具制造一直是耗时又耗钱的过程，是导致前期原型和最终产品造价差距的主要原因之一。现在，越来越多的具有创造力的公司开始使用快速成形技术省时又省钱地弥补该缺陷。

德国 EOS 公司生产的 DMLS 快速成形技术十分适合于金属模具的快速制造。Tier 1 汽车公司分别应用传统机加工工艺和 DMLS 工艺制作模具，发现后者不仅节省时间而且降低了模具的制造成本。如制造一个尺寸为 152 mm×102 mm×19 mm、结构较为复杂的模具镶块，利用传统机加工和 EDM 花费的时间约为 DMLS 工艺的两倍，成本则高出 18%，而两种方法制造的模具的尺寸精度和整体性能较为接近。

手机等便携电子设备通常使用软橡胶制造按键或其他输入设备。按键的柔和度和触感相当重要，需使用昂贵的金属模具才能达到这样的要求。美国佛罗里达奥兰多的服务供应商 Mydea Technologies 采用 Objet Geometries 的 PolyJet 快速成形技术，快速和经济地制造出生产硅胶按键和按钮的双面模具。该公司的 CEO Micheal Siemer 谈到：“使用快速成形技术，我们可在一天内生产出有完美触感的原型，不需要等待昂贵的金属模具。”

6. 生物制造

快速成形已成为生物制造的有效手段。例如，3DP 技术是构建活细胞组织的有效方法。2010 年美国南卡罗莱纳医科大学的 John 教授在美国众议院科学技术联合委员会上展示了该单位利用快速成形技术实现人体器官三维打印的研究成果。器官打印是一种利用计算机辅助沉积生物相容材料、制造功能器官和组织的技术。该技术使用培植的细胞和支撑材料，利用改进的“喷墨打印机”制造如肾脏、心脏和血管等人体器官。另外，还可直接利用患者的脂肪细胞作为成形材料。该技术可用于制造治疗糖尿病、肾衰竭、心力衰竭和动脉硬化所需的移植体。在制造复杂器官过程中，最难的部分是三维树状网络血管的供血系统。该单位在 2009 年成功地使用快速成形技术制造出人体器官的血管网络。最近，该单位又利用该技术制造出三维"塑料"肾脏。目前，该单位正在筹建再生药物和组织制造多学科中心，预计在 2011 年将建成 9290 平方米的生物工程大楼。届时将汇聚大量多学科专家，一起合作迎接组织生物打印这一巨大挑战。

7. 装配和功能测试

相对于早期成形"易碎"的模型，快速成形技术的应用范围已经有了非常大的扩展。由于材料、工艺及装备的全面进步，快速成形技术已逐步打开了制造复杂装配和功能测试件的大门。

无人航空飞机制造企业 Cyber Technology 公司应用快速成形技术成功地辅助其新产品的开发。该单位使用 3D Systems 公司的快速成形技术制造了无人飞机垂直升降用尼龙电子导线。该制件直接作为功能件，在室外使用也十分耐用。同时，该材料的低密度和高强度特性十分有利于飞机的上升和飞行。

波音公司使用快速成形技术和最新的材料改善新型飞机中的反推装置叶栅制件。为了评估几种方案的使用效率和性能，需要建立相似模型，并将其放置在测试台上进行高压测试。由于喷气式飞机的发动机会产生很大的推力和压力，普通材料满足不了测试所需的压力需求。为此，波音公司委托一家名为 FineLine 的快速成形服务公司生产高强度叶栅功能测试件。FineLine 公司使用 SLA 快速成形技术加工了高硬度、高强度陶瓷增强的比例模型。然后，在表面电镀铜和镍，最终制造出厚度薄且强度高的叶栅模型。应用该模型进行装配并实施流动测试，成功地获得了工程师所需的测试数据。

美国俄克拉荷马州塔尔萨的一家快速成形服务商使用 SLA 快速成形技术，成形了耐热塑料牲畜电子跟踪标签，用于存储动物身份和健康情况，同时监测它们的活动。整个开发周期短，而且花费较传统注塑成形低很多。该标签在当地牲畜厂中获得了实际测试应用。

8. 人体工程学

有时候一个产品的成败完全取决于其外观。在该种情形下，用户需以看、摸等形式感觉设计方案是否合理。因此，该类产品的外形必须适应人体的某种结构，如防护盔、飞机舱体控制部件、呼吸器传动齿轮等。

赛车十分看重车身结构与人体部分的结合。曾在密歇根大学工作，现任职于波音公司的 Brett Lyons 指出："感觉到舒适的车手，开车速度才能快。"UM3D 实验室结合人体特征，为 F1 方程式赛车制造特殊方向盘柄，并通过研究车手坐姿，调整座椅结构，保证车手驾驶的舒适性。在制造最终的碳纤维产品前，先应用 Z Corp 公司的 3DP 快速成形技术制作测试件，检验产品设计的合理性。

全球知名的重型机床及配件制造商 Black&Decker 公司是较早采用快速成形技术辅助机器造型设计的制造企业。虽然计算机辅助软件可以构建各种各样的形状和尺寸，但如何保证设计产品与人体契合则是一个大难题。该单位的设计人员表示："虽然一个设计在电脑上看起来很好，但它不能完全成为拿在手中的替代品。"快速成形结合人体工程学较好地解决了这一难题。

9. CAD 数据核实

设计复杂制件的过程困难且较为耗时。随着复杂度的增加，确保几何数据的精度变得愈加困难。可能出现的如孔偏移、干涉、错位等问题，将导致最终的设计难以满足要求。

快速成形技术可用来帮助设计者确定 CAD 数据的准确性。该确认过程与加工贵重金属过程同等重要。来自纽约的一家设计研究所 FreeForm 使用快速成形技术将 CAD 设计转化为实物，确认其设计的有效性。与此同时，利用快速成形制造的设计模型也可以作为展示制件给潜在客户当面确认。

英国 Hull 大学开展了一项利用电脑技术模拟骨骼强度的研究。在脆弱性骨硬化治疗过程中，使用有限元分析方法辅助治疗诊断。该单位利用 SLA 快速成形技术制造了 50 多个骨骼模型，测试其韧性与强度，与有限元模拟结果对比，以验证其有效性。

10. 工程改变

英国一家电梯制造商每开发一种新产品都有一个严格的时间表。由于时间紧迫，往往要求一边做工程改变一边制造产品生产用模具。如果按照传统的开发工艺，这很难保证最终改变的正确性。为此，该单位利用 SLS 快速成形技术快速和低成本地制造出尼龙制件，用作功能模型，以核实改变方案的正确性。

全球著名的计算机耗材和移动电话产品生产商 Logitech 公司，成功地利用快速成形技术辅助其电子产品的优化改进。该单位生产的一款蓝牙耳机，由于在制造过程中发生变形，造成使用时容易发生接触不良的缺陷。虽然知道解决办法是要改变吊杆旋转停止位，但并不确定应该如何改变。于是，该单位利用 Stratasys 公司的 FDM 快速成形技术制造了 ABS 塑料功能模型。利用该模型进行系列迭代优化试验后，成功寻找到了最好的解决方案，而且修改后的产品力学性能增加了 273%。

2.3 我国快速成形技术研究与应用现状

清华大学、西安交通大学和华中科技大学等单位于 20 世纪 90 年代初在国内率先开展快速成形技术及装备的研究与开发。至上世纪末，国内已有数十台进口的快速成形装备在企业、高校、研究机构和快速成形服务中心运行。随后，在国家科技部的支持下，我国先后成立了近十家旨在推广应用快速成形技术的“快速成形技术生产力促进中心”。“九五”期间，国家“863”/CIMS 专题将快速成形技术纳入目标产品发展项目。由此为契机，国内先后自主研制了系列快速成形装备。其中，以华中科技大学研制的 LOM 与 SLS、西安交通大学研制的 SLA 和清华大学研制的 FDM 最具代表性，相关成果先后获得了国家科技奖励。许多高校将快速成形技术列入了“211”规划。此外，汽车、家电、数码等行业的众多企业也相继引入快速成形技术，以辅助新产品的快速开发。

随着我国经济的快速发展，快速成形技术的应用范围日益广泛，应用领域不断拓展。首先，在行业层面，我国许多制造企业先后引入快速成形技术，辅助自主品牌产品的快速和自主开发。如汽车制造企业分别建立了快速成形部门，利用快速成形技术完成新车型模型的制作，并辅助相关关键制件的功能验证与快速制造。在沿海及其他经济发达地区，如上海、深圳、天津、青岛、东莞等地相继建立了快速成形技术服务中心，利用多种快速成形技术辅助该地区多领域企业的新产品快速开发，为个性化突出的家电、数码等产品的快速更新换代提供了重要的技术支撑。其次，在科研和技术研发层面，我国在生物制造、功能件快速制造等先进应用领域也开展了众多的应用研究与推广工作。例如，西安交通大学研究了基于 SLA 技术的人工骨骼重构技术，在相关关键技术方面取得突破，并尝试了初步应用；西安交通大学也利用 SLA 技术制作飞机风洞模型，辅助新型飞机结构的创新设计与快速开发；北京大学利用 CT 扫描患者骨盆，得到其 CAD 模型，然后应用 SLA 技术制作了人工半骨盆修复体，置换其病变损坏的右侧半骨盆，手术一次成功，治疗时间大大缩短。

图 4-1　华中科技大学研制的具有世界上最大工作台面(1.2 m×1.2 m)的 SLS 装备

华中科技大学自 2005 年以来，在 1 米以上工作面的 SLS 装备研发方面取得了突破，其研制的 SLS 装备的最大工作面已达 1.2 m×1.2 m，是目前世界上得到实际应用的最大工作面的 SLS 装备(见图 4-1)。在装备研发的同时，华中科技大学开发了基于 SLS 技术的铸造用蜡模和砂型(见图 4-2)快速制造技术，先后为多种行业的 200 多家企业提供了技术服

(a) 蜡模

(b) 砂型

图 4-2　SLS 成形的铸造用蜡模与砂型

务,辅助开发成功如核泵、汽车发动机缸盖等近万种新产品。

另外,南京航空航天大学、华南理工大学、西北大学、上海交通大学、中北大学等单位,在国外或国内快速成形装备平台上开展了不同领域的众多应用研究,并呈现逐步扩大的发展趋势。

我国在金属直接快速成形方面的技术研究主要包括三类:

(1)使用激光照射预先铺展好的金属粉末,即金属制件成形完毕后将完全被粉末覆盖。目前这种技术在市场上、各科研院所采用最多,如以南京航空航天大学为代表的直接金属激光烧结成形(Direct Metal Laser Sintering,DMLS),以华中科技大学、华南理工大学为代表的 SLM 技术等。用这类技术成形的金属制件较为精细,力学性能也十分优良。图 4-3 所示为华中科技大学利用自主研发的 SLM 技术制造的高性能复杂金属制件。但是,SLM 的铺粉工艺较大地限制了该技术的成形空间,目前最大成形空间为 250 mm 左右。因此,现阶段该工艺主要适合人体骨骼修复体等较小尺寸金属制件的快速制造。

图 4-3 SLM 成形的复杂金属制件

(2)使用激光照射喷嘴输送的粉末流,激光与输送粉末同时工作的 LENS 技术。该技术目前在国内使用比较多,如西北工业大学研究的激光立体成形,北京航空航天大学采用此技术成形了大型钛合金制件。

(3)EBM 技术。此技术与第一类原理相似,只是采用热源不同,分别为激光和电子束。在瑞典已出现商品化 EBM 装备,国内清华大学进行了前期的装备开发与工艺研究。

近年来,我国在金属钛合金结构件的 LENS 快速成形方面取得了实质性进展。其中,以北京航空航天大学、西北工业大学、北京有色金属研究总院等几家单位最具代表性。由于 LENS 技术对大型整体钛合金关键结构件成形的独特经济技术优点,国内外对飞机钛合金结构件 LENS 技术进行了大量研究。我国自“十五”开始就把 LENS 成形技术作为重点项目予以支持。目前,北京航空航天大学在飞机大型整体钛合金主承力结构件 LENS 成形及装机应用关键技术研究方面取得了突破性进展。据报道,2009 年 10 月,北京航空航天大学与上海飞机设计研究所紧密合作,用时不到两个月,即实现了我国首架大型客机 C919 机头工程样件 Ti-6Al-4V 钛合金主风挡窗框大型复杂结构件的激光成形、热处理、数控加工和交付应用。

3 我国快速成形技术产业化发展趋势与对策

3.1 快速成形技术的发展趋势

3.1.1 成形模型向制造制件转变

快速成形起初被称为快速原型，意即制作模型，在电子、汽车等开发周期短、更新速度快的领域中得到广泛应用。但是，模型毕竟不是最终的制件，因此也极大地制约了快速成形技术的应用领域和深度。造成该局限的主要原因之一是由于快速成形材料的单一性和相异性，如 LOM 采用纸质材料，SLA 采用光敏树脂材料等。因此，要实现快速成形向快速制造的演变，首先必须改进成形材料，使其达到或接近最终制件成形材料的性能。以 SLA 技术为例，有以下成形材料的改进：

(1)类工程塑料的 SLA 成形

该种类工程塑料的光固化树脂经 SLA 成形后的制件从外观和力学性能上与普通工程塑料件非常接近，可充当功能件，进行力学测试、功能分析和整体评价。如 DSM 公司的 Somos 9100、Somos 9900 和注塑级 Somos 9420EP-White，均是类 PP 材料的光敏树脂，但各自性能有所差异。

(2)特殊性能的 SLA 成形

不同行业对制件的功能要求不同，如力学测试需要一定强度，而验证装配则需要较好的成形精度和尺寸稳定性，因此研制具有特殊性能的光敏树脂材料是 SLA 向快速制造演变的重要发展方向。以色列 Solidimension 公司生产的 InVision LD 材料，不需要进行后固化处理和后续手工加工，制件外观类似注塑件，具有高精度、坚固和耐久的优点，可用于模型验证阶段的形状、配合和功能测试等。

(3)类金属制件的 SLA 成形

Pitney 公司针对 SLA 树脂制件强度不高、耐磨性低、容易吸潮等缺点，通过电镀和电铸工艺在其表面沉积一层约 0.02 英寸的铜/镍金属膜，使其强度提高了近 10 倍，硬度增强了 100 倍，冲击强度提高了 6 倍，热变形温度提高了两倍，同时具有良好的尺寸稳定性、耐水性、抗翘曲性和耐老化等特性。

(4)SLA 树脂渗陶瓷或金属

法国 Dufaud 等人对压电陶瓷的光固化成形工艺进行了研究，将 PZT 压电陶瓷粉末混入丙烯酸基 Diacryl101 和环氧树脂 Somos 6100 光敏树脂中，并添加一定含量的分散剂，对陶瓷悬浮液的流变和曝光性能进行了测试，成功地制造出具有精细结构的三维制件，其 PZT 陶瓷含量达 80wt%。

SLS技术在直接成形功能制件方面较之SLA技术更具优势。例如,应用SLS技术成形塑料制件、与铸造结合制造金属制件、间接法制造陶瓷和金属制件以及模具等方面已有诸多研究报道。近年来,金属制件和模具的直接快速成形成为该领域的研究热点和前沿。这方面主要有四种快速成形技术:利用大功率激光器和同轴送粉方式的激光净成形技术(LENS);电子束熔化技术(EBM);等离子喷射沉积成形技术(PDM);利用小功率激光器和粉床工艺的选择性激光熔化技术(SLM)。LENS技术激光功率大,成形效率高,但制件精度较低;EBM和PDM成形时需要较严格的真空条件,且装备成本高;SLM技术成形精度高,但成形效率较其他工艺低。

这里以SLM技术为例,介绍金属制件快速成形装备与应用的发展趋势。尽管在世界范围内,商品化的SLM装备才出现两三年,但已经在钛合金、镍基高温合金等特种合金制件的快速制造方面显示出了强大的技术优势,其应用涉及生物医用器件、复杂散热器制件、内空变截面超轻结构制件、功能梯度制件等领域。例如,用SLM技术制造$TiAl_6V_4$钛合金脊椎骨替代生物制件;制造钛合金、钴铬合金牙齿等制件;制造钛合金多孔植入制件;制造316L和Al6061不锈钢热交换器;制造金属微型散热器(支柱宽100 μm、流道宽150 μm、高375 μm);制造Inox 904L、430L不锈钢和铜质薄片,用于热核反应实验堆(ITER)的散热器;制造316L不锈钢的超轻结构网格制件。除此之外,SLM技术在金属模具的快速制造领域也将具有广阔的应用前景。总之,SLM技术是快速成形向快速制造演变的重要标志之一,已成为快速制造领域的主要发展方向之一。

3.1.2 个性化向极端化拓展

快速成形技术最大的优点在于不受制件复杂度的限制,因而往往被应用于个性化制造。例如,Huntsman公司研制了一种彩色光固化树脂SLY-C9300R,通过改变曝光量固化得到不同颜色的制件。在新产品试制时,使用该种彩色树脂制作的模型,则可以显示出修改细节、内部应力变化等情况,具有很强的实用性。最近,3D Systems公司研发了不透明红和蓝两种彩色树脂,作为InVisionLD桌面3DP打印机的成形材料。随着各行各业技术的不断进步,对制造的极端化需求越来越显著。其中制件尺寸是最为明显的特征之一。一方面制件向大型化发展,如大飞机、大轮船等;另一方面则刚好相反,微制造也成为新的发展方向。快速成形属于一种先进制造技术,因而也沿着这种极端化的趋势不断拓展。

由于快速成形属于一种离散制造方式,制件在成形过程中容易形成不均匀的应力分布,当制件尺寸太大时容易发生变形。另外,由于快速成形一般采取封闭成形腔,其尺寸也受到了一定限制。为了突破快速成形的尺寸限制,人们分别从成形材料、成形工艺和成形装备等不同角度进行技术攻关,均取得了进展。例如,华中科技大学研制的SLS装备的工作面尺寸从最初的0.4 m、0.5 m突破到了现在的1 m和1.2 m,并正在研制更大工作面的SLS装备,以用于更大尺寸制件的整体快速成形。

在微制造方面也取得了相应的进展。例如,日本Nagoya大学研制了一种激光光斑直径5μm、X-Y平面扫描定位精度0.00025 mm、Z向定位精度为0.001 mm的微光固化技术(microlithography),可制造5 μm×5 μm×3 μm的微型制件,并在静脉阀、集成电路等领域得到应用;西安交通大学也研制出了一种高分辨率SLA装备,其激光光斑直径为12 μm,最小涂层为10 μm,成形精度达±0.01 mm,成功应用于微滴灌器件的快速成形;南京航空航天大学发明了一种基于电铸原理的快速成形技术，可初步成形出微米甚至纳米级别的金属制件。所有这些研究均显示了快速成形向微制造领域的拓展。

3.1.3　传统学科向新型学科交叉融合

进入 21 世纪以后，制造学科与生物学科、信息学科、纳米学科和管理学科的交叉融合是其发展趋势。其中，快速成形与生物学科交叉的生物制造、与信息学科交叉的远程制造、与纳米学科交叉的微机电系统等为快速成形技术提供了更为广阔的发展空间。快速成形与生物工程的结合已成功应用于人体器官的再制造。不同患者病损的组织和器官各不一样，而相同器官的大小和形状也不尽相同，加之器官移植要求时间十分紧迫。这就决定了人工器官的制造不可能采用千篇一律的批量化生产，而只能根据不同病人的要求量身定做。快速成形技术最具快速和柔性化特点，在人工器官的制造方面具有无可比拟的优势。近年来，快速成形趋向于桌面系统和远程控制。随着集成化的发展，设计和制造人员可利用各种桌面系统实现制造过程的远程控制、统一协调和无人化。随着网络技术的普及，用户通过因特网将产品的 CAD 数据传给制造商实现产品的快速成形，也可以直接由用户通过因特网技术控制制造商的快速成形装备，实现产品的远程制造。

3.2　快速成形产业发展现状

快速成形产业主要以快速成形装备为主。德国、美国和日本在该领域处于世界领先水平，并已形成了多家专业化和规模化研制和生产快速成形装备的知名企业，如德国 EOS、美国 3D Systems 和日本 CMET 等公司。

美国 3D Systems 公司生产的 SLA 装备在国际市场上占最大比例。该企业自 1988 年推出首台 SLA-250 型商品化装备后，又相继推出 SLA-250HR、SLA-3500、SLA-5000、SLA-7000 以及最新的 Viper Pro system 等型号 SLA 装备（见图 4-4），最大成形空间达到 1500 mm×750 mm×550 mm。其主要的技术创新表现在：(1)利用半导体泵浦的三倍频 Nd-YVO_4（钕钇钒酸盐）固体激光器替代 He-Cd 激光器，将装备使用寿命增长至 5000 小时以上；(2)采用被称为 Zephyr™ Recoating System 的专利涂层技术替代普通的刮板涂层技术，使最小涂层厚度由约 0.1mm 减至 0.025mm，大大提高制件成形精度；(3)将扫描速度提高至约 10m/s，大大提高制件成形效率。

日本的 DENKEN 工程公司和 AUTOSTRADE 公司打破 SLA 装备使用紫外光源的常规，率先使用 680nm 左右波长的半导体激光器作为光源，大大降低了 SLA 装备的成本。

在 SLS 装备方面，德国 EOS 公司和美国 3D Systems 公司是世界上该技术的主要提供商。图 4-5 所示为 EOS 公司生产的最新款 SLS 装备及成形的塑料件。成形材料由早期的高分子材料拓展至金属、陶瓷等功能材料，成形精度约为 0.1～0.2 mm，成形空间逐渐增大，最大台面超过 500 mm。

在金属直接快速成形方面，在世界范围内已经有多家成熟的装备制造商，包括德国 EOS 公司(EOSING M270)、英国 MCP 公司(Realizer 系列)、德国 Concept Laser 公司(M Cusing 系列)。瑞典 Acram 公司的 EBM 装备也占有重要地位。

国内从事商品化 SLA 快速成形装备制造的主要有陕西恒通智能机器有限公司(依托于

(a) SLA装备

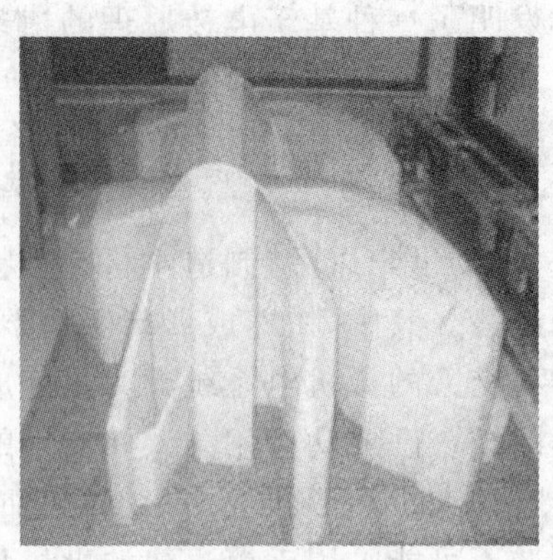
(b) 大尺寸制件

图 4-4 SLA 装备及成形的大尺寸制件

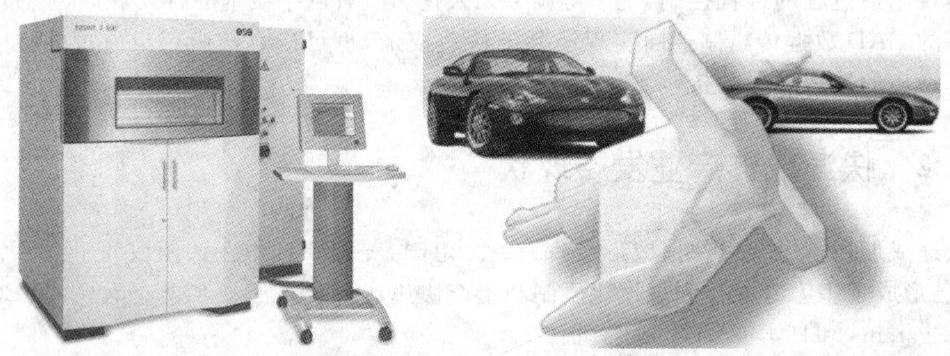

图 4-5 德国 EOS 公司生产的最新款 SLS 装备及成形的塑料件

西安交通大学)、武汉滨湖机电有限公司(依托于华中科技大学)、北京殷华激光快速成型与模具技术有限公司(依托于清华大学)和上海联泰科技有限公司等单位。其中,依托于西安交通大学的陕西恒通智能机器有限公司是国内最早从事 SLA 装备研究和生产的单位。该单位于 1993 年在国内率先开展 SLA 技术的研究,先后研制成功了使用 He-Cd 气体激光器的 LPS 系列和使用 Nd-YVO_4 半导体泵浦紫外固体激光器的 SPS 系列 SLA 装备(见图 4-6)。为了降低成本,该单位于 1996 年推出了一种采用特殊紫外灯光源替代激光器的 CPS 系列低成本 SLA 装备。该装备采用大功率紫外灯光源经椭球面反射罩实现反射聚焦,聚焦后的紫外光经光纤耦合传输,再经过透镜聚焦,最后将紫外光传到树脂液面上。2001 年该单位又研制出 HLPS250 型高分辨率 SLA 装备,采用 f-θ 镜实现平面聚焦,使最小激光光斑直径约为 10 μm,采用约束液面法涂层,使最小涂层层厚约为 10 μm,成形制件精度达到±0.01 mm。

国内从事商品化 SLS 装备研制和生产的单位主要有依托于华中科技大学的武汉滨湖机电技术产业有限公司、依托于中北大学的北京北方恒利科技发展有限公司、北京隆源自动成型系统有限公司。其中,华中科技大学在 SLS 装备的大型化研制方面走在国内的前列,其于 1999 年以来研制成功了工作面长度为 400 mm 和 500 mm 的 HRPS 型 SLS 装备(见图 4-7),2005 年以来又陆续研制成功了工作面长度达 1000 mm 和 1200 mm 的 SLS 装备(见图

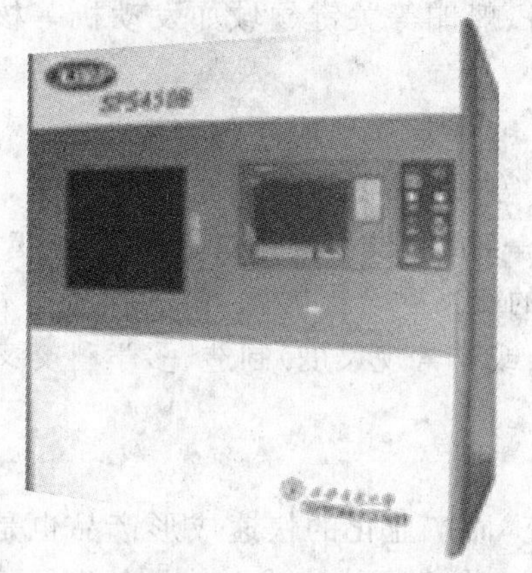

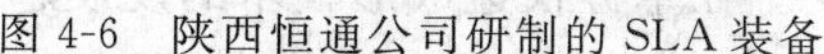

图 4-6 陕西恒通公司研制的 SLA 装备

图 4-7 华中科技大学研制的 SLS 装备

4-1)。这些装备均通过武汉滨湖机电技术产业有限公司实现了产业化,已广泛应用于高分子、金属、陶瓷、覆膜砂等粉末材料的快速成形。

3.3 国内外发展差距

国内生产的快速成形装备在功能方面已经不弱于国外装备,成形制件的整体性能已经非常接近国外先进水平。但是,其中还是有着一些明显的差距,主要总结为以下四个方面:第一,激光器、光路系统等核心部件依赖国外技术,导致国产的快速成形装备在运行稳定性方面与国外产品有一定差距;第二,材料问题一直是快速成形技术的核心问题,而相对于国外来说,国内所提供的材料比较单一,与国外提供材料的品种和性能等方面相比都有一定的差距;第三,缺少原创性的快速成形新技术及装备,国内研究的快速成形技术在国外基本上都有报道,而商品化的快速成形装备在国外也均有多家颇具实力的生产单位;第四,应用宽度和深度不够,国内目前主要是辅助新产品开发的初级应用,较之国外快速制造航空特种材料复杂金属制件、复杂模具以及个性化生物制造等高端应用领域仍存在较大差距。

3.4 发展对策

为了促进我国快速成形技术的提高,促进快速成形装备的产业化和市场竞争力,解决我国快速成形装备从研究成果到批量化生产面临的各种问题,建议采取如下对策:

1. 国家支持

国家要制定快速成形产业化发展的战略规划,要把握该行业的近期和中长期市场需求,进而制定相应的国内发展战略。要找准应用突破口,扬长避短,以特别适合快速成形应用的重大领域为目标进行研究,取得突破,从而带动快速成形产业的发展。欧美等制造业发达国家起初重点发展快速成形技术在武器装备领域的应用。如美国军方应用快速成形技术辅助制造导弹用弹出式点火器模型,取得了良好效果。美国霍普金斯大学承接美国空军项目,利用快速成形技术制造飞机风洞模型。欧洲空客公司利用快速成形技术辅助风洞实验,改进飞机机翼端部使得飞机升力提高了 3%。我国除了辅助民用家电、数码、机械等新产品研发外，还必须在国家层面支持该技术在航空航天、武器装备、船舶等关键领域如发动机等核心部件的自主研制中应用。

2. 市场定位

目前，快速成形主要用于辅助汽车、家电、数码、玩具等领域新型结构件的快速开发。未来的快速成形技术，总的发展趋势如前述三个方面。其一，成形模型向制造制件的转变；其二，个性化向极端化的拓展；其三，传统学科向新型学科的交叉融合。因此，快速成形技术的未来市场将向功能件快速制造、极端结构（形状特别复杂或非常规尺度）制造、多学科交叉制造转变。

3. 人才培养

我国现有的快速成形技术大多是跟踪国外相关研究，而产业化的快速成形产品也是以引进、模仿或改进国外同类产品为主，原创性成果非常少。在掌握快速成形技术的发展趋势以及拓展其应用市场等方面，还缺乏具有卓远见识和宏观把握能力的高层次和领军人才。为了提高我国快速成形技术的市场竞争力，培养该领域的高层次人才十分必要。

4. 基础研究

在发展产业化的同时，也应注重基础理论、新方法新工艺的研究。应当支持面向国家需求，且具有良好原创性的新技术。前期的基础研究虽然周期相对较长，短期内无法见到经济效益，但是，一旦技术成功，转化为产业化生产，其效益较之跟踪项目会更为显著，其影响也更大。

5. 推广应用

快速成形技术是一种集材料、机械、电子、控制、信息、计算机等多领域多学科的先进制造技术，是辅助新产品特别是原创性产品开发的有力手段。我国要建设创新型国家，各类产品的自主创新是根本。特别是航空航天、船舶、电力、武器装备、汽车等关键领域中如发动机等核心部件，推广应用快速成形技术将十分有利于缩短开发周期，降低开发成本，从而显著地提高自主研发能力。

参考文献

[1] 吴懋亮，李涤尘，赵万华等. Cps 紫外光固化快速成形系统的研究与开发. 中国机械工程，2000(10)：46，49－51

[2] Chuk Raymond N，Thomson Vincent J. A Comparison of Rapid Prototyping Techniques Used for Wind Tunnel Model Fabrication. Rapid Prototyping Journal，1998(4)：185-196

[3] 李涤尘，曾俊华，周志华等. 光固化快速成形飞机风洞模型制造方法. 航空制造技术，2008(8)：26－29

[4] Cheah C M，Chua C K，Lee C W，et al. Rapid Prototyping and Tooling Techniques：A Review of Applications for Rapid Investment Casting. International Journal of Advanced Manufacturing Technology，2005，25(3－4)：308-320

[5] Kruth J P, Wang X, Laoui T, et al. Lasers and Materials in Selective Laser Sintering. Rapid Prototyping Journal, 2003, 23 (4): 357-371

[6] Zarringhalam H, Hopkinson N, Kamperman N F, et al. Effects of Processing on Microstructure and Properties of SLS Nylon 12. Mat Sci Eng A-Struct, 2006 (435-436): 172-180

[7] Wang Y, Shi Y S, Huang S H. Selective Laser Sintering of Polyamide-Rectorite Composite. Proceedings of the Institution of Mechanical Engineers Part L: Journal of Materials, 2005, 219: 11-15

[8] Mazzoli A, Moriconi G, Pauri M G. Characterization of an Aluminum-filled Polyamide Powder for Applications in Selective Laser Sintering. Materials and Design, 2007, 28: 993-1000

[9] Chung H, Das S. Processing and Properties of Glass Bead Particulate-filled Functionally Graded Nylon-11 Composites Produced by Selective Laser Sintering. Mat Sci Eng A-Struct, 2006, 437: 226-234

[10] Kim J, Creasy T S. Selective Laser Sintering Characteristics of Nylon 6/Clay-Reinforced Nanocomposite. Polymer Testing, 2004, 23 (6): 629-636

[11] Savalani M M, Hao L, Harris R A. Evaluation of CO_2 and Nd: YAG Lasers for the Selective Laser Sintering of HAPEX®. Proceedings of the Institution of Mechanical Engineers Part B: J Engineering Manufacture, 2006, 220: 171-182

[12] Hao L, Savalani M M, Zhang Y, et al. Selective Laser Sintering of Hydroxyapatite Reinforced Polyethylene Composites for Bioactive Implants and Tissue Scaffold Development. Proceedings of the Institution of Mechanical Engineers Part H: J Engineering in Medicine, 2006, 220: 521-531

[13] Dotchev K D, Dimov S S, Pham D T, et al. Accuracy Issues in Rapid Manufacturing Castformtm Patterns. Proceedings of the Institution of Mechanical Engineers, Part B: J Engineering Manufacture, 2007, 221: 53-67

[14] Zheng H, Zhang J, Lu S, et al. Effect of Core-shell Composite Particles on the Sintering Behavior and Properties of Nano-Al_2O_3/polystyrene Composite Prepared by SLS. Mater Lett, 2006, 60: 1219-1223

[15] Shi Y S, Wang Y, Chen J B, et al. Experimental Investigation into the Selective Laser Sintering of High-impact Polystyrene. Journal of Applied Polymer Science, 2008, 108 (1): 535-540

[16] 朱林泉，白培康，朱水淼. 快速成型与快速制造技术. 北京：国防工业出版社，2003

[17] Zhou W Y, Lee S H, Wang M, et al. Selective Laser Sintering of Porous Tissue Engineering Scaffolds orom Poly(L-Lactide)/Carbonated Hydroxyapatite Nanocomposites Microspheres. J Mater Sci: Mater Med, 2008, 19: 2535-2540

[18] Wiria F E, Chua C K, Leong K F, et al. Improved Biocomposite Development of Poly (Vinyl Alcohol) and Hydroxyapatite for Tissue Engineering Scaffold Fabrication Using Selective Laser Sintering. J Mater Sci: Mater Med, 2008, 19: 989-996

[19] Babyak R. Adding Armor：Cladding RP Parts with Metal Improves Functional Testing. Appliance Design，2006，54(10)：16

[20] Vandenbroucke B，Kruth J P. Selective Laser Melting of Biocompatible Metals for Rapid Manufacturing of Medical Parts. Rapid Prototyping Journal，2007，13(4)：196-203

[21] Lin C Y，Wirtz T，LaMarca F，et al. Structural and Mechanical Evaluations of a Topology Optimized Titanium Interbody Fusion Cage Fabricated by Selective Laser Melting Process. Journal of Biomedical Materials Research Part A，2007，83(2)：272-279

[22] Wong M，Tsopanos S，Sutcliffe C J，et al. Selective Laser Melting of Heat Transfer Devices. Rapid Prototyping Journal，2007，13(5)：291-297

[23] Yadroitsev I，Bertrand P，Laget B，et al. Application of Laser Assisted Technologies for Fabrication of Functionally Graded Coatings and Objects for the International Thermonuclear Experimental Reactor Components. Journal of Nuclear Materials，2007，362(2-3)：189-196

[24] Santorinaios M，Brooks W，Sutcliffe C J，et al. Crush Behaviour of Open Cellular Lattice Structures Manufactured Using Selective Laser Melting. WIT Transcations on the Built Environment，2006，85：481-490

[25] Kawata S，Sun H B，Tanaka T，et al. Finer Features for Functional Microdevices-Micromachines Can Be Created with Higher Resolution Using Two-Photon Absorption. Nature，2001，412(6848)：697-698

[26] 曹炜，曾忠，李合生. 快速成形技术及其发展趋势. 机械设计与制造，2006，5：104－106

[27] Wehmller M，Warnke P H，Zilian C，et al. Implant Design and Production——A New Approach by Selective Laser Melting. International Congress Series，2005，1281：690-695

[28] 齐海波，林峰，颜永年等. 电子束在快速制造领域的应用. 新技术新工艺，2004，(11)：54-56

[29] 王俊伟，陈静，刘彦红等. 激光立体成形 TC17 钛合金组织研究. 中国激光，2010，37(3)：847-851

[30] 贺瑞军，王华明. 激光熔化沉积 Ti-6Al-2Zr-Mo-V 合金高周疲劳变形行为. 稀有金属材料与工程，2010，39(2)：288－291

[31] 顾冬冬，沈以赴. 选区激光熔化制备原位 TiN-Ti_5Si_3 复合材料的显微组织. 金属学报，2010，46(6)：761－768

[32] 石世宏，傅戈雁，李龙等. 中空激光光内同轴送丝熔覆工艺的实现及其试验研究. 中国激光，2010，37(1)：266－270

[33] 吴伟辉，杨永强，何兴容等. 金属质个性化手术模板的全数字化快速设计及制造. 光学精密工程，2010，18(5)：1135－1143

[34] Li R D，Shi Y S，Wang Z G，et al. Densification Behavior of Gas and Water Atomized 316L Stainless Steel Powder During Selective Laser Melting. Applied Surface Sci-

ence,2010,256(13):4350-4356

[35] Li R D,Liu J H,Shi Y S,et al. Effects of Processing Parameters on Rapid Manufacturing 90W-7Ni-3Fe. Powder Metallurgy,2010,53(4):310-317

[36] Thijs L,Verhaeghe F,Craeghs T,et al. A Study of The Microstructural Evolution During Selective Laser Melting of Ti-6Al-4V. Acta Materialia,2010,58:3303-3312

[37] Hao L,Dadbakhsh S,Seaman O,et al. Selective Laser Melting of a Stainless Steel and Hydroxyapatite Composite for Load-bearing Implants Development. Journal of Materials Processing Technology,2009,209:5793-5801

[38] Wohlers T T. Wohlers Report 2010,Additive Manufacturing State of the Industry Annual Vorldwide Progress Report. Wohlers Associates,Inc. USA

专题5　装备再制造工程

华中科技大学　易朋兴[①]

1　再制造工程的内涵

随着21世纪的到来，保护地球环境、实现可持续发展已成为世界各国共同关心的问题。机电制造业是最大的资源使用者，也是最大的环境污染源之一。从传统的制造模式向可持续发展的模式转变就是从高投入、高消耗、高污染的传统发展模式向提高生产效率、最高限度地利用资源和最低限度地产出废物的可持续发展模式转变。装备经过长期服役后，将会因“到寿”而报废。判定装备是否“到寿”有以下几个原则：1)装备的性能是否因落后而丧失使用价值，即是否达到装备的技术寿命；2)装备结构、零部件是否因损耗而失去工作能力，即是否达到装备的物理寿命；3)装备继续使用或储存是否合算，即是否达到装备的经济寿命；4)装备是否危害环境、消耗过量资源，即是否符合可持续发展。目前，对报废装备大多采用再循环处理，但所获得的往往是低级的原材料，同时也造成了一定的资源和能源的浪费。世界各国都在积极研究和探寻处理报废装备的合理方法，即有效地利用资源并最低限度地产生废弃物。在这种形势下，产生了全新概念的再制造工程。

1.1　再制造工程概念

再制造工程是一个以装备全寿命周期设计和管理为指导，以优质、高效、节能、节材、环保为目标，以先进技术和产业化生产为手段，来修复或改造废旧装备的一系列技术措施或工程活动的总称。其中，再制造的对象——“装备”是广义的。它既可以是设备、系统、设施，也可以是其零部件；既包括硬件，也包括软件。再制造工程包括以下内容：

1.再制造加工

再制造加工主要指针对达到物理寿命和经济寿命而报废的装备，在失效分析和寿命评估的基础上，把有剩余寿命的失效、报废零部件作为再制造毛坯，采用先进表面技术、快速成形技术、修复热处理等加工技术，使其迅速恢复或超过原技术性能和应用价值，形成再制造新装备的工艺过程。

---

① 易朋兴，男，1974年生，副教授，博士。现任华中科技大学机械科学与工程学院副教授，主要研究方向包括绿色制造，状态监测与故障诊断、复杂系统多物理场分析等。

2. 过时装备的性能升级

过时装备的性能升级主要指针对已达到技术寿命的装备,或是不符合可持续发展要求的装备,通过技术改造、更新,特别是通过使用新材料、新技术、新工艺等,改善装备的技术性能,延长装备的使用寿命,减少环境污染,节约能源和资源,使装备性能得到技术提升。

再制造在装备寿命周期中的地位和作用可用图5-1粗略地表示。传统的装备寿命周期是"从研制到坟墓",即装备使用到报废为止,其物流是一个开环系统。而理想的绿色装备寿命周期是"从研制到再生",其物流是一个闭环系统。

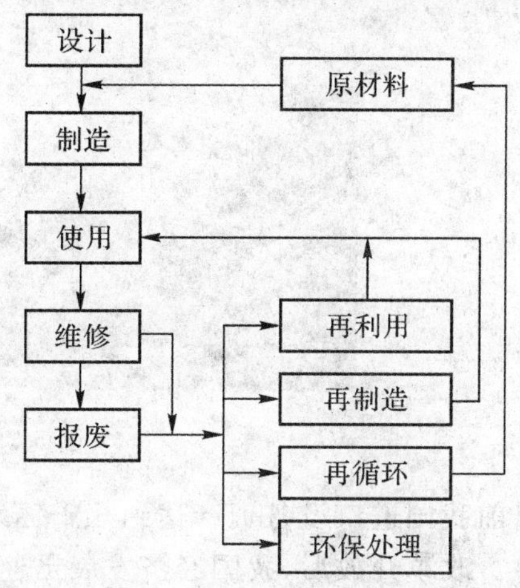

图5-1 再制造工程在装备全寿命周期中的位置

再制造是装备维修、报废阶段的一种再生处理。对于报废的装备,经过分解、检测之后,其零部件可以分为4类:第一类是性能符合要求的,可继续使用;第二类是有损伤或技术落后、经济性较差的,可通过再制造加工或改造,使性能得以恢复或升级;第三类是在目前的技术条件下无法再制造或经济上已无再制造价值的,通过再循环回收其原材料;第四类是只能作环保处理的装备。再制造的目标是改变这四部分的比例,使可再利用、可再制造的比例尽量增多,使再循环利用和环保处理的比例尽量减少,使报废装备对环境的负影响最小、资源利用率最高。

1.2 再制造工程的国内外研究和发展现状

国外从20世纪80年代就已经开始了再制造工程,世界最大工程机械供应商美国CAT公司(见图5-2)占总产值20%的装备属于可再制造装备。卡特彼勒之所以努力潜心经营"再制造"部门,主要是看中了"再制造"装备的低成本和高增长率。

美国是再制造发展和研究最具代表性的国家。1997年美国环境总署统计数据表明,从事再制造的企业有7.3万家,直接从业人员超过35万人,年销售额超过530亿美元。当时美国钢铁业从业人员24.1万人,年销售额560亿美元。即1997年美国的再制造业已经成为相当于钢铁行业这样国民经济支柱性产业。随着21世纪的到来,以优质、高效、安全、可靠、节能、节材为目标的先进制造技术得到了飞速的发展,以设备、装备零部件维修和再制造为主的研究越来越多,特别是符合可持续发展战略要求的再制造工程得到了越来越多的重视和发展。国外许多大学进行了再制造技术的研究和教学,例如,美国罗切斯特理工学院有一个专门从事汽车行业的再制造技术研究。福特汽车公司建立一个旧部件的交流中心,充分利用循环再制造的部件。再制造业是规模相当大的产业,美国军队目前是世界上最大的再制造者,它的车辆和武器通常都使用再制造部件,这样不仅节约了军用装备的制造费用,而且提高了装备寿命和装备维修能力。

我国对再制造工程的研究尚处于起步阶段,目前正规的发动机再制造公司仅有两家,他们分别是济南富强动力和上海大众公司。

图 5-2 卡特彼勒再制造

目前我国进口设备资产达到几千亿元，每年由于磨损造成的损失，需花数亿美元外汇补充备件。改革开放后，我国经济发展迅速，设备资产高达几万亿元，若其中 10％能利用再制造技术进行修复和强化，则能创造巨大的经济效益。我国的一些单位已经瞄准了电冰箱、摩托车的再制造。如果这项工作能普遍推广，对于我国这样一个机电设备大国，其经济增长是不可估量的。目前我国有不少军事装备处于更新换代的时期，如何科学地改造现有军用装备，使之适应新时期战略方针和未来战争的需要，以及减少库存备件，以最低的经费投入发挥军事装备最好的作战效能，也是值得关注的问题。北京首钢从比利时引进的二手连铸设备，以废钢价格廉价购进，其中有 300 多件大轴承座和轧辊，经刷镀修复或改造，已正常投入使用。可见，再制造工程在节能、节材、降耗、减少污染和提高经济效益上的潜力是巨大的。

1.3 再制造的研究意义

目前全球的产业结构调整正呈现出新的绿色战略趋势，装备的环保性将成为企业竞争力的重要因素之一。再制造技术是先进制造技术 21 世纪发展的一个重要组成部分和发展方向，再制造产业已成为一种极具潜力的新型产业。通过对回收的装备进行再制造，会大大减少对环境不利的影响。例如，可以减少废弃物，而且可以更合理地利用资源，减少制造中能源和资源的消耗。不管在工业界还是学术领域，都很重视材料的回收利用，这种方式破坏了装备的结构，仅仅把其材料进行再利用。我们可以通过再利用和再制造来更大幅度地减少对环境的影响，就是保持装备原来的物理形状而让它再发挥和原来相同或不同的功能。比如说，啤酒瓶和汽车引擎的回收、汽车轮胎的回收。轮胎的回收可以用来作为港口停泊处的软垫。和材料的回收利用相比，再制造和再利用具有更多的优点：

(1)可以减少材料浪费和占地面积，也可以减少能源和材料的消耗；

(2)减少了生产零部件的支出。

可持续发展就是建立减少产生废料和污染物的工艺或技术系统，它不是指某几项装备的清洁生产，也不仅限于“末端治理”型环境保护，而是整个生产系统的转型[8]。最有效地利用资源以及最低限度地产生废弃物成为环境问题的根本解决方法，而再制造恰恰是可以解决这个问题的一个根本方法。

再制造是处理陈旧或废弃装备的一种新方法。再制造工程的基本特征和意义如下：

（1）再制造使维修和报废处理得到跨越式发展；

（2）再制造装备性能、质量得到提高，成本大大降低；

（3）再制造工程是对先进制造技术的补充和发展；

（4）再制造工程是实现可持续发展的主要技术支撑；

（5）再制造工程是新的经济增长点。

2 装备再制造设计基础

装备的再制造工程可以实现装备的可持续发展，而装备的再制造性也正在成为现代装备设计的重要质量特性。把装备再制造性纳入装备设计过程，通过设计和验证来实现再制造性要求，既是再制造工程产业化的迫切需求，又是提高装备绿色度和实现装备多寿命周期使用的客观需要。

2.1 装备的再制造特性评价

因为再制造属于新兴学科，再制造设计是近年来新提出的概念，而且处于尝试阶段，所以以往生产的装备大多没有考虑再制造特性。当该类废旧装备送至再制造工厂后，首先要对装备的再制造特性进行评价，判断其能否进行再制造。

2.1.1 再制造特性概念

再制造特性是指经技术、经济和环境等因素综合分析后，废旧装备所具有的，通过维修或改造，恢复或超过原装备性能的能力。再制造特性的设计和评价是决定装备是否利于再制造的前提，是再制造理论研究中的首要问题。国外已经开展了对装备再制造特性评价的研究。影响再制造性的因素错综复杂，可归纳如图 5-3 所示的几个方面。

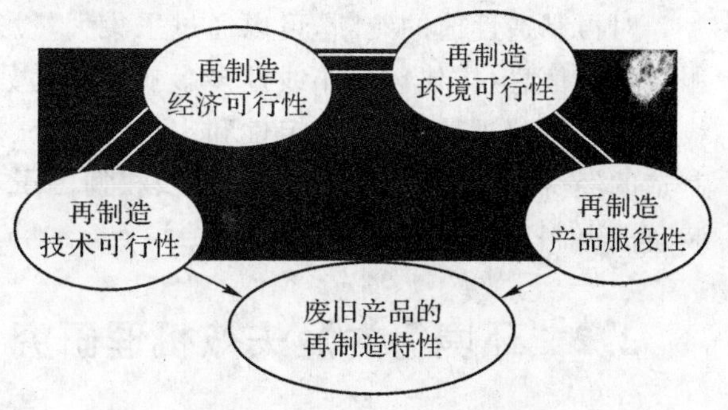

图 5-3 装备的再制造特性及其影响因素

由图 5-3 可知，再制造的技术可行性、经济可行性、环境可行性、装备服役性等影响因素的综合作用决定了废旧装备的再制造特性，而且四者之间也相互产生影响。

1. 再制造的技术可行性

再制造特性的技术可行性要求废旧装备进行再制造加工在技术及工艺上可行，可以通过原装备恢复或者升级来达到恢复或者提高原装备性能的目的，而不同的技术工艺路线又对再制造的经济性、环境性和装备的服役性产生影响。

2. 再制造的经济可行性

再制造特性的经济可行性是指进行废旧装备再制造所投入的资金小于其综合产出效益(包括经济效益、社会效益和环保效益),即确定该类装备进行再制造是否“有利可图”,这是推动某种类废旧装备进行再制造的主要动力。

3. 再制造的环境可行性

再制造特性的环境可行性是指,对废旧装备再制造加工过程本身及生成后的再制造装备在社会上利用后所产生的影响小于原装备生产及使用所造成的环境污染成本。

4. 再制造的装备服役性

再制造装备的服役性主要指再制造加工生成的再制造装备其本身具有一定的使用性,能够满足相应市场需要,即再制造装备是具有一定时间效用的装备。

通过以上 4 个对废旧零件再制造特性的评价后,可为再制造加工提供技术、经济和环境综合考虑后的最优方案,并为在装备设计阶段进行面向再制造的装备设计提供技术及数据参考,指导新装备设计阶段的再制造考虑。正确的再制造性评价还可为推广再制造装备种类、增加投资者信心提供科学的依据。

2.1.2 再制造特性评价步骤

由以上概念及相互关系可知,装备的再制造特性评价是一个综合的系统工程,研究其评价体系及方法,建立再制造性评价模型,是科学开展再制造工程的前提。不同种类的废旧装备的再制造性一般不同,即使同类型的废旧装备,因为装备的工作环境及用户不同,其导致废旧装备的方式也多种多样,如部分装备是自然损耗达到了使用寿命而报废,部分装备是因为特殊原因(如火灾、地震及偶然原因)而导致报废,部分装备是因为技术、环境或者拥有者的经济原因而导致报废。不同的报废原因导致了同类装备具有不同的再制造性值。

对再制造性值的判断,可以通过采集大量影响装备再制造的技术性、经济性、环境性和服役性等信息,构建包括非线性多影响因素的数据集;利用模糊数学和数理统计方法,对模糊因素进行分析量化;通过定性和定量相结合、模糊评判、综合权衡等方法,确定废旧装备再制造的经济、技术、环境的评价指标及权衡因子,建立较为完善的再制造性评价模型和废旧装备的再制造性评价流程。

2.2 环境行为及失效机理研究

鉴于废旧装备的特殊性,其零件原始几何和性能参量的获取是恢复零件至原尺寸的前提。当再制造生产由原装备制造商进行时,生产商拥有独特的原装备数据库,可以从中提取原始零件的几何及性能模型,通过与当前识别后获取的缺损零件几何模型的对比,可以生成零件的待加工模型。根据加工模型,通过控制加工方式,可以将零件恢复至原几何尺寸状态,保持装备的完好性。

例如,磨损机械零件自动堆焊模型的形成,主要包括以下几个步骤:固定零件;识别磨损零件;测量零件磨损量;分析测量数据并生成堆焊模型。在此步骤中,是以磨损零件外表面可能存在的一些在使用中留下的没有磨损的点作为对工作区零件进行空间定位的参考点,此情况能够保证零件修复后的精度。如果磨损零件外表面没有这些参考点,那么零件的空间定位则应以磨损量最少的点为参考点。在此情况下，只有在系统软件的协助下才能完成对工件的空间定位。定位后，应用激光传感器测量头测量零件，将测量结果与存储在系统数据库中零件的名义尺寸或者对新品的测量结果进行比较，得到零件的缺损模型，进而可生成加工模型。图 5-4 所示是将工件测量结果同系统数据库中的名义尺寸比较时确定零件再制造模型的示意图。

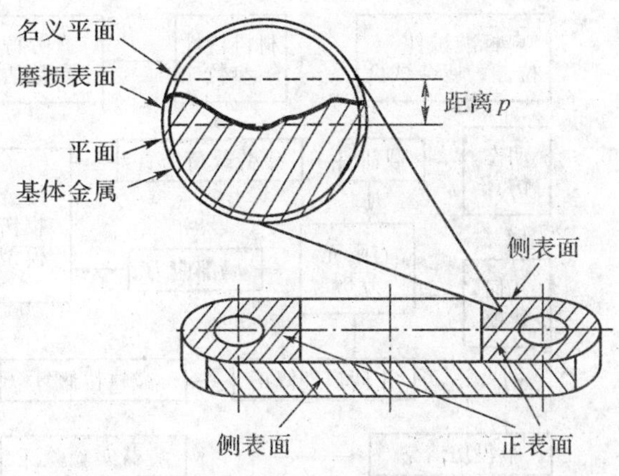

图 5-4 确定零件再制造模型的示意图

另外，在因技术封锁或者原零件的几何尺寸模型丢失的情况下，进行再制造加工首先需要求出原零件的原始几何尺寸模型，即在不能获取废旧零件原始几何尺寸和测量基准的情况下，研究废旧零件的机械学、摩擦学等行为及所丧失的零件信息，并通过采取接触式和非接触式测量技术，挖掘蕴含在废旧装备中的几何形貌、整体强度等信息，利用反求方法获得零件设计时的几何形貌和整体强度，得出装备的原始几何模型及性能模型；然后再通过与当前缺损模型的对比，同时对服役条件分析及表面性能检测，研究获得再制造零件摩擦学等表面性能和力学性能的再制造加工模型。

2.3 寿命预测与剩余寿命评估

零件剩余疲劳寿命是否足够维持下一个生命周期是再制造面临的重要技术问题。零件失效的主要形式有疲劳、腐蚀、变形和磨损，其中除疲劳外，其他失效形式都比较直观或比较容易检测。因此研究零件剩余疲劳寿命的预测方法对再制造的发展很有意义。

1. 技术路线

再制造零件前后的疲劳寿命预测采用图 5-5 所示的技术路线，即通过标准试样拉伸、疲劳试验以及估算获得材料特性；通过几何建模、动态仿真获得载荷；通过有限元分析获得局部应力；最后将获得的材料特性、载荷和局部应力代入相应的疲劳损伤模型，便可以预测无损伤积累零件的疲劳寿命，然后减去利用已知的服役疲劳损伤积累得到最大载荷下的当量寿命，便可得到剩余疲劳寿命。其中采用电弧喷涂修复曲轴的疲劳寿命通过带有相应涂层和不带有涂层标准试样试验得到修正系数来修正后，获得再制造后零件的剩余疲劳寿命。

2. 再制造零件剩余疲劳寿命预测方法

疲劳寿命预测极为复杂，图 5-6 对其进行了说明。其中输入由三大部分组成：(1)设计工作；(2)预测需要的基本数据；(3)载荷谱。每个部分又包含一些独立的问题，而每个问题还可以再分，比如联接包括焊接、螺栓联接、铆接和粘接等。根据结构的设计、材料的选用、生产的变化情况、载荷以及环境等的不同，结构的疲劳寿命预测问题的复杂程度也有所不同。目前疲劳寿命计算主要有应力寿命法、应变寿命法和断裂力学法。

大部分退役和废旧的机电装备零件在复杂的环境载荷作用下工作，存在疲劳问题；这些零件的材料一般为金属材料，且不包含热疲劳，材质一般不会退化；零件经过长时间工作，残余应力已经释放，即不存在残余应力。对于存在疲劳问题的零件，若有宏观裂纹，一般不适

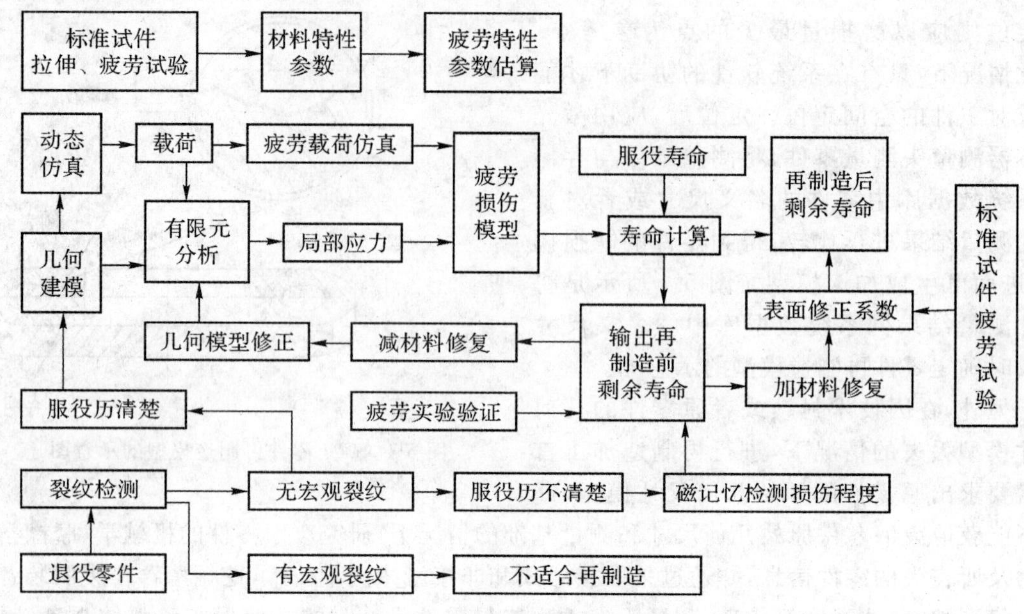

图 5-5 疲劳寿命预测技术路线

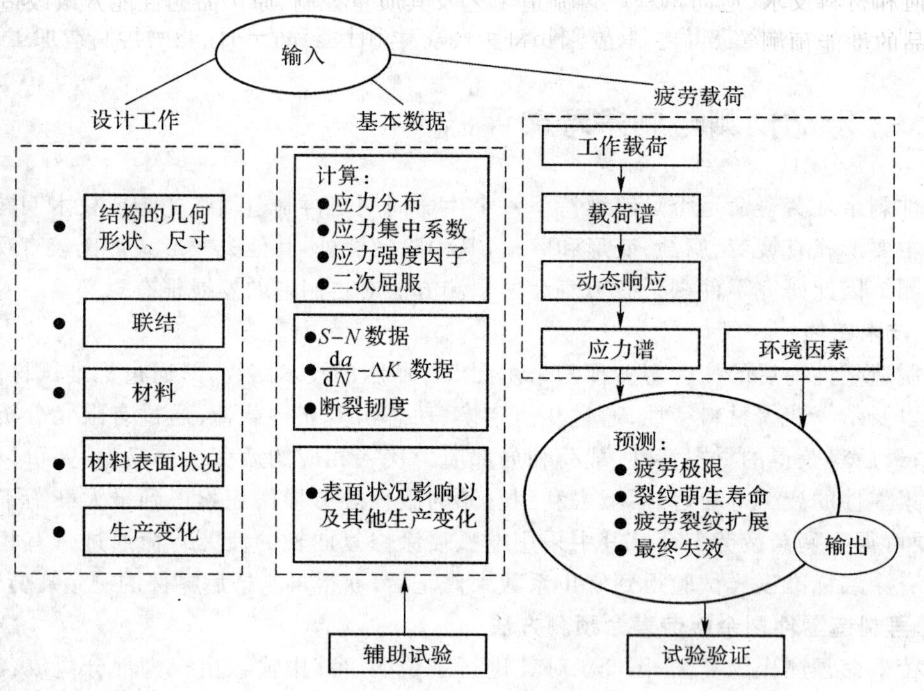

图 5-6 疲劳寿命预测方法

合再制造。因此，再制造零件应满足以下条件：

(1)退役装备的零件；

(2)存在疲劳问题；

(3)零件材质没有退化；

(4)没有残余应力；

(5)无宏观裂纹。

其剩余疲劳寿命预测的方法是：先预测零件在最大载荷下的疲劳寿命，再减去利用已知的服役疲劳损伤积累得到最大载荷下的当量寿命，即可得到再制造零件的剩余疲劳寿命。寿命评估方法采用传统的疲劳寿命预测方法，即只要已知材料特性、载荷、局部应力，再选择相应的疲劳损伤模型，便可以预测、估算疲劳寿命。通常使用的再制造零件剩余疲劳寿命预测方法包括基于有限元的疲劳寿命计算方法、损伤模型等。其中损伤模型包括应力寿命（*S-N*）损伤模型、应变寿命损伤模型和多轴疲劳损伤模型。其中应力寿命法的平均应力影响可采用 Goodman 法修正，缺口效应采用 Neuber 法和 Peterson 法修正；应变寿命法考虑了循环应变硬化、软化的影响，平均应力应变修正法采用 Morrow 法和 Smith-Watson-Topper 法，缺口处采用 Neuber 缺口应变分析法等。

2.4 再制造过程的模拟与仿真

再制造过程是一个对报废产品的零部件或结构性能恢复或提升的过程。这个过程主要包括报废结构或零部件的无损检测、报废结构或零部件的结构完整性评估、报废结构或零部件的几何和材料反求（逆向工程）、再制造工艺及其质量控制、原产品的性能升级改造以及再制造产品的性能预测等方面。完成这些过程除了采用适当的工具、仪器、设备、材料和工艺外，设计计算和建模分析是一个重要的不可取代的方法和过程。

作为一个制造过程，产品的设计计算和建模分析是新产品研发中的一个十分重要的环节，并在过去的实践中得到了证明，特别是作为一个完整的虚拟制造系统，计算机辅助设计、计算机辅助工程、计算机辅助制造等计算机辅助技术正在受到人们越来越多的重视，并成为机械工程学科由传统的机遇经验和试错法的设计制造方法走向基于知识的现代化设计制造的前沿研究应用领域之一。再制造是制造过程的延伸，它既有制造的共性特征又有区别于制造的特殊性。共性主要体现在几何、强度和功能的设计分析、材料和加工工艺的选择和应用以及产品的性能预测等。区别在于再制造的毛坯是报废的结构或零部件。对于这种毛坯的性能，如结构性能、电磁性能和理化性能等，在再制造之前并不完全清楚，甚至对其几何尺寸也并不确切知道。因此，广义上的逆向工程一般来说是必不可少的。再制造工艺和制造工艺的另外一个显著区别是材料的添加、去除和强化过程的不同。制造过程中利用传统的机加工、铸、锻、焊、热处理、粉末冶金以及各种表面工程技术对原始坯料或材料进行成形或者强化，以达到设计要求。而再制造过程要解决的主要问题是结构或零部件的尺寸恢复以及性能恢复或提升，是在报废零部件的基础上进行的，所采取的加工工艺和材料不相同，或者至少不完全相同。

搞清楚制造和再制造过程的共性和区别对于理解再制造过程中的计算机辅助工程十分重要，对已经熟悉或了解制造过程的建模和仿真的科技人员来说尤其重要。由于再制造工程作为一个新兴的工程学科体系，其创始和发展时间并不长，而关于再制造中的计算机辅助工程的研究应用更处于初始阶段。但是，作为再制造学科体系的重要组成部分，计算机辅助工程自开始就受到了再制造领域的重视。制造过程的模拟和仿真技术、方法和工具同样可以用于再制造过程的建模和仿真。再制造过程的模拟与仿真作为虚拟再制造系统的核心，主要解决如下几个问题：1）缺陷对结构完整性及剩余寿命的影响；2）材料去除对结构性能的影响;3)材料添加过程对结构性能的影响;4)再制造工艺仿真;5)再制造产品性能预测等。

3 装备再制造中的绿色清洗技术

清洗步骤是装备再制造过程中污染的主要来源,其所使用及产生的有害物会危害环境,进行环保处理的费用很高,这不符合绿色再制造的理念。因此在再制造清洗步骤中要尽量采用绿色环保清洗技术,减少清洗液对环境的危害。再制造企业对环保清洗技术开展了深入的研究和广泛应用,在提高清洗效率的同时,减少了有害物的排放和对生态环境的影响。例如,近几年来单纯地采用化学清洗液清洗的方法逐渐有所改观,热水和蒸汽清洗又重新获得了人们的重视,它的应用减少了清洗过程中危害臭氧层的氟氯碳化物的使用。由于环保性要求的提高,化学清洗方法将逐渐被淘汰,机械清洗方法如超声波清洗等会在将来得到更大的发展。在再制造绿色清洗技术中,目前高温蒸汽清洗、喷丸清洗、干冰清洗和超声波清洗比较流行,运用广泛。

3.1 高温清洗技术

高温清洗系统采用过热蒸汽清洗,过热蒸汽清洗以过热蒸汽(180℃)为载体(亦可配合专用液态清洗剂),对稀油和粉尘类污垢进行高温高压下半干式清除,其最大特点是使用成本低:每小时仅耗水 6～10L、耗电 10 kW·h。在工业设备保洁、野外车辆保护、工业轴承维修清洗、零部件表面除油除垢、汽车内外保洁清洗、食品工业设备和用具清洗消毒、医疗器具清洗消毒、卫生防疫诸领域均有广泛应用和不俗表现。

在高温高压作用下的饱和蒸汽,能在被清洗表面有效作用半径内自动捕捉和溶解微小的油渍物颗粒,并将其汽化蒸发。因为目前几乎所有的油脂都抵挡不住饱和蒸汽的威力,所以用饱和蒸汽清洗过的表面可以达到超净态。同时,过饱和蒸汽亦可以有效切入任何细小的孔洞和裂缝,剥离并去除其中的污渍和残留物。

3.2 喷丸清洗技术

喷丸清理是一种以压缩空气为动力的清理作业。喷丸清理工作涉及磨料、喷嘴、喷丸设备和空气压缩机等的正确选用和使用等问题。在喷丸清理技术应用的早期,砂是普遍使用的磨料,故此项作业被称为喷砂作业。随着社会经济的不断发展,为了满足不同行业表面处理的要求,磨料的种类有了很大的改变,喷砂清理就改名为磨料投射清理,简称喷丸清理。喷丸清理磨料来源比较广泛,有天然的、有人造的、也有工业副产品制成的。煤渣、铜炉渣和砂是工业上应用得比较广泛的喷丸清理用磨料。

喷丸清理可以在干燥的状态(通常称为喷砂清理)下或者在湿润的状态下进行。在大部分情况下,在喷丸清理过程中,一部分金属表面被清除而使表面光洁度提高。凡是需要清除一些粗糙的污染物,例如油漆、被锈蚀的物质、氧化物及切屑等,主要采用干式喷丸清理,但此种方法不适于清除黏稠的有机污染物。湿式喷丸清理适用于抛光表面和清除比较简单的锈蚀物质、氧化物以及有机污染物。湿式喷丸清理的应用实例包括工具和模具的处理，以使其达到可控制的表面平滑度和光洁度，清除铸造的痕迹，也可用于清洗钉子一类的小零件。由于喷丸清理后其表面没有氧化保护层，因此特别容易起化学反应而引起锈蚀。

喷丸清理借助于压缩空气、离心力或叶轮，将磨料猛力地喷向表面(悬吊式清洗)。湿式喷丸清理原则上采用两种方式：一种是采用压缩空气高压泵将含有悬浮磨料的水从喷枪内高速喷出；另一种是利用压缩空气流经喷嘴时所产生的真空，将含有悬浮磨料的水吸入喷枪喷出。一般水中含有 50 %以下的磨料，往往还添加防锈剂、润湿剂、扩散剂以及促使有机污染物悬浮的表面活性剂。喷丸清理系统有很多种，如用于超大型零件表面清洁的机械回收式喷砂房(如图 5-7 所示)、箱式喷砂机(如图 5-8 所示)等。

图 5-7　机械回收式喷砂房

图 5-8　箱式喷砂机

磨料可以是有机的(谷类、坚果壳、塑料)或无机的(氧化铝、碳化硅、石英、沙子)颗粒。借助于磨料的硬度和速度，将这些微粒猛烈地喷向表面，从而达到表面的清洁效果。颗粒的密度和大小是另外两个重要参数。所使用的颗粒大小为 1～30 mm，主要视被清洗材料的大小和形状而定。一般来说，与干式喷丸清理相比，湿式喷丸清理所使用的颗粒度较小。

在干式喷丸清理中，颗粒度的大小和质量对确定喷丸清理所应施加的能量和功率起主要作用。在湿式喷丸清洗中，颗粒的速度随着其悬浮液变化，因此，颗粒的结构和硬度对确定喷丸清理的结果起着决定性的作用。例如采用圆形颗粒状的磨料进行湿式喷丸清理，其清理效果较差，而采用带棱角的磨料，可以使表面达到打磨的效果。

3.3　干冰清洗技术

干冰清洗是以压缩空气为介质，以颗粒状干冰(零下 78℃的 CO_2)为载体，利用干冰的超低温和固体升华特性，对胶体、稠油、积碳、水渍、粉尘等污垢进行特效清洗。其独具低温杀菌、绝缘、阻燃、干式、在线等特性，使其在橡胶母粒及制品(如轮胎、密封条、O 形圈等)、树脂设备、制药设备(反应釜内壁等)、化工设备(加热炉管壁、散热器等)、石油(注气锅炉、冷凝器等)、木材(刷胶机喷嘴、烘干机等)、电力(转子、定子、电机、电磁阀、电控柜等)、汽车(内饰、座椅、缸体模具等)、铸造(芯盒、模具等)、食品加工(烘烤炉、生产线、烤盘等)、印刷机(辊轴、喷墨口)等领域具有广泛应用,解决了一系列工业难题,化不可能为可能。无二次清洗是该技术的一个亮点,特别是对大型生产线的不停机在线清洗和电控设备的带电清洗为大多数高端用户所青睐。该技术是国家推广的利废(CO_2)和环保项目,有长远的发展前景和广阔的拓展空间。

与喷钢砂、喷玻璃砂、喷塑料砂和喷苏打相似,干冰喷射介质干冰颗粒在高压气流中加速,冲击要清洗的表面。干冰清洗的独特之处在于干冰颗粒在冲击瞬间气化,干冰颗粒的动量在冲击瞬间消失,干冰颗粒与清洗表面间迅速发生热交换,致使固体 CO_2 迅速升华变为气体,干冰颗粒在千分之几秒内体积膨胀将近 800 倍,这样就在冲击点造成“微型爆炸”。由于 CO_2 挥发掉了,干冰清洗过程没有产生任何二次废物,留下需要收集清理的只是清除下来的污垢。

3.4 超声波清洗技术

传统的工业清洗方法,随着工业发展很难适应复杂工件清洗、高清洁度清洗等要求。而超声波清洗作为新型的清洗技术,有着广阔的应用领域。对超声波清洗技术的机理研究、工艺研究及应用,在国外已有近 50 年的历史,而我国起步较晚。20 世纪 80 年代前,我国的超声波清洗研制单位无论从研制队伍还是从生产能力上看,能够形成规模的为数很少。80 年代以后,特别是从 90 年代开始,随着我国国民经济的飞速发展以及科技的不断进步,尤其是先进制造技术的需求,促使超声波清洗技术的研究与超声波清洗设备的研制得到了迅速发展。目前,超声波清洗已成为国内外最有效的清洗手段,并逐步深入到科技领域的诸多方面和各种生产环节。超声波清洗作为一种工业清洗的成熟技术,在工程机械再制造领域有着广阔的前景。

超声波是指频率高于 20 kHz 的声波,与普通声波相比,它波长更短,频率更高。超声波具有如下特征:(1) 可在气体、液体、固体、固熔体等介质中有效传播;(2) 可传递很强的能量,会发生反射、干涉、叠加和共振现象;(3) 在液体介质中传播时,可在界面上产生强烈的冲击和空化现象。

超声波是一种交变电压,在液体中传播时出现稀疏密集状态。超声波发生器经换能器将高频振荡电讯号转换成高频机械振荡,以纵波的形式在清洗液中辐射。在辐射波扩张的半波期间,清洗液的致密性被破坏并形成无数直径为 50～500 μm 的气泡。这种气泡中充满着溶液蒸汽。在压缩的半波期间,气泡迅速闭合,以每秒 2.5 万～2.8 万次的频率在液体中产生出数千万个大气压的微核波。这种现象称为“空化”效应。清洗液产生空化的最低声强和声压幅值称为空化阈。在“空化”效应的连续作用下,清洗液的渗透作用加强,声学辐射压力与声学毛细效应促使清洗介质渗入工件表面的微小凹陷和微孔,脉动搅拌加剧,溶解、分散和乳化加速。这样,工件表面或隐蔽处的污垢被爆裂、剥落,从而将工件彻底清洗干净。这个过程纯属一种物理效应,对工件与环境无任何污染。

由于超声波清洗采用非 ODS 水基清洗剂,所以超声波清洗是绿色清洗。超声波清洗法是一种先进的清洗方法,它具有独特的清洗效果,适用于清洗几何形状复杂的工件(如带有盲孔、深孔、弯孔、狭缝的工件）和不同材料的组合件。尤其适用于精度高、光洁度高、清洗质量要求高的中小型工件的清洗。只要工件浸到声场存在的地方，都具有清洗作用。

对一般的除油、防锈、磷化等工艺过程，在超声波作用下只需 2～3 min 即可完成，其速度比传统方法可提高几倍，甚至几十倍，清洗清洁度也能达到最高级别。这在许多对产品表面质量和生产率要求较高的场合，更突出地显示了用其他处理方法难以达到或不可取代的效果。超声波清洗机的高效率和高清洁度，得益于其声波在介质中传播时产生的穿透性和空化冲击波，所以很容易将带有复杂外形、内腔和细缝的工件清洗干净（这些零部件以手工及其他清洗方式不能完全有效地进行清洗），具有显著的清洗效果，可彻底达到清洗要求，且全部工件清洁度一致。相比其他的清洗方法超声波清洗机显示出了巨大的优越性，尤其在专业化、集团化的制造生产企业中。

超声波清洗设备一般可分为通用和专用两种机型。超声波清洗机的结构一般有超声电源和清洗器合为一体或分开布局两种形式，一般小功率（200 W 以下）清洗机采用一体式结构（如图 5-9 所示），而大功率清洗机采用分体式结构（如图 5-10 所示）。专用超声波清洗机一般安装在某些特定物件清洗的生产流水线上。如某典型的软磁器件超声波清洗设备，被清洗物件从进料口可传动的不锈钢专用网带送入超声波清洗槽清洗，再经喷淋、烘干等工序后出料，被清洗物件可直接包装入库。

图 5-9 某型号单槽超声波清洗设备

图 5-10 某型号全自动精密零件超声波清洗系统

在装备再制造过程中，工件在油漆、电镀、热处理、防锈、装配前，以及装配过程中都需要清洗，清洗是多种工艺过程中反复进行的一项工序，清洗质量直接关系到机械产品的加工性能以及产品的整体性能。传统的清洗方法有人工刷洗、在含有 ODS 的溶剂浸洗、电解清洗、喷淋清洗、高压喷洗、气相清洗等，存在工人劳动强度大、清洗质量不稳定、效率较低等缺点。超声波清洗作为一种先进、高效、绿色非 ODS 现代清洗技术，在机械行业正得到越来越广泛的应用。

4 装备再制造中的无损拆卸技术

机电装备再制造的全过程包括废旧装备的回收、拆解、分类、清洗、鉴定、再制造加工、装配和检测等程序。拆卸作为再制造的首要步骤，直接影响再制造效率和旧件再利用率。机电装备的可拆卸性决定了机电装备再制造的可行性和费效比，是衡量机电装备再制造性能的重要指标。

面向机电装备再制造的可拆卸性设计，要求对机电装备功能、性能、可靠性、可回收性及可拆卸性等进行统筹评估，对回收的部件或总成进行解体，要求零件必须拆解至最小单元，使零件残余价值保值并对零件进行有效分类，最大程度地满足再制造的要求。机电装备再制造无损拆解的基本步骤包括掌握装配信息、零件分析、设计拆解方法、优化拆解顺序、实施拆解。

4.1 拆卸的内涵和特征

拆卸是指采用一定的工具和手段，解除对零部件造成约束的各种联接，将装备的零部件逐个分离的过程。拆卸分解比装配更加困难。这是因为废旧零件内部存在大量锈蚀、油污和灰尘，从而导致拆卸分解速度降低；拆卸分解也不单是装配的逆向过程，有些装备零件是通过胶粘、铆接、模压、焊接等方式联接，形成的联接件很难实现其逆向操作；同时，拆卸分解过程中还要对一些不能进行再制造的零件进行鉴别和剔除。

对拆卸进行分类可以按照不同的标准进行：按拆卸操作对零部件的损伤程度，可以分为非破坏性拆卸（不损伤任何零件，如螺钉的旋松等）、部分破坏性拆卸（一些低价值的零件受到损伤，如激光切割等）和完全破坏性拆卸（产品受到完全破坏，如粉碎等）；按产品的拆解程度，可以分为完全拆卸和部分拆卸；按拆卸工艺，可分为顺序拆卸（零件一个一个地被拆卸）和并行拆卸（同时拆卸若干个零件）；按自动化程度，可分为自动拆卸、半自动拆卸和手工拆卸。还可按照拆卸的目的进行分类，分为回收性拆卸、维修性拆卸和研究性拆卸（见表 5-1）。

表 5-1 回收性拆卸、维修性拆卸和研究性拆卸的比较

	回收性拆卸	维修性拆卸	研究性拆卸
拆卸目的	为产品回收作准备	获得需要修理或替换的零部件	研究产品的组成、结构等
研究内容	在拆卸成本与环境影响之间进行权衡	降低拆卸成本，或缩短拆卸时间	获得产品及其零部件的组成、结构等信息
拆卸程度	以部分拆卸为主	部分拆卸	完全拆卸
拆卸方式	非破坏性拆卸，破坏性拆卸	非破坏性拆卸	非破坏性拆卸

拆卸常常作为研究装配规划的工具，因此理论上讲也可以利用装配的逆过程研究拆卸问题。但是，实际上拆卸与装配逆过程之间具有显著的区别：

（1）由于使用过程中零部件的腐蚀、磨损、更换和丢失等原因，造成待拆产品状态的不确定性，从而拆卸目标也是不确定的；

（2）送入拆卸线的往往是多种不同类型、不同品牌、不同型号的产品；

（3）同一拆卸工位的操作任务往往是变化的；

（4）拆卸过程往往不需要进行完全拆卸；

（5）拆卸对精度的要求不高；

(6)与装配相比,拆卸的自动化水平非常低。

面向拆卸的设计还没有像面向装配的设计那样受到产品设计者的广泛接受。

4.2 面向拆卸的设计

面向拆卸的设计(Design for Disassembly,DFD)是在产品设计阶段就考虑维修时或废弃后的拆卸问题,使产品易于拆卸。这一过程包括三个阶段:(1)初级阶段(产品形态和结构的任何调整都是可接受的);(2)产品再设计阶段(基本的设计方案不再改变,较大的调整仍然是允许的);(3)再设计优化阶段(仅允许局部的调整,即少量关联点和零件的调整,且该调整不会产生副作用)。DFD方面的研究主要涉及供设计人员使用的设计准则和产品拆卸性评估方法及工具。

在产品设计过程中引入DFD准则是改善产品拆卸性的有效方法。目前,通用的DFD准则主要有以下几个方面:(1) 减少拆卸的工作量,包括使产品模块化,减少使用材料的种类,采用可兼容的材料,合并需要拆卸的零件,使需要拆卸的零件易于获得;(2) 防止产品结构的改变,包括避免易腐蚀材料处于腐蚀环境,避免零部件被污染;(3) 易于拆卸,包括保证产品在拆卸过程中具有稳定性,废液易于排放,使用易于拆卸或破坏的紧固件,减少紧固件数量,多数零件采用相同的紧固方式,采用简易的紧固方式,易于到达拆卸或切割位置,避免零件复杂的拆卸路径,避免在塑料件内嵌入金属,零部件表面易于抓取,避免非刚性零部件,对有毒物质进行密封;(4) 易于分离,包括避免二次处理油漆、涂层、电镀等,对不同材料进行标识,不采用可能损害拆卸回收机械的零部件和材料;(5)减少产品组件的多样性,包括采用标准零部件,尽可能减少紧固件类型的数量。

拆卸性是产品是否易于拆卸的特性。在产品设计过程中,对设计方案的拆卸性进行评估,找出影响产品拆卸性的关键点,可以指导产品的再设计,逐步改善产品的拆卸性。产品的模块化设计可以减少拆卸的工作量,改善产品的拆卸性。东京大学的研究人员提出了模块化的若干特征:技术成熟,功能可升级,寿命长,易于保证品质,易于清洗、修复等。参考文献还研究了针对拆卸的模块化设计方法。

4.3 拆卸过程规划

拆卸过程规划主要是为了解决在一定的约束条件下"如何拆卸"的问题,是指从待拆卸产品开始到获得所有需要的零部件和材料为止的拆卸操作的序列。一般来讲,拆卸过程规划包括拆卸过程建模、拆卸序列生成和拆卸序列评价三个部分。

拆卸路径规划是拆卸过程规划中的一个关键问题,是指被拆卸的零部件在拆卸过程中位置与姿态的确定。拆卸路径规划可以借鉴装配路径规划的大量经验。在拆卸过程中,把若干零件作为整体考虑,以显著改善规划的效率。

4.4 拆卸技术和工具

1. 活性拆卸

活性拆卸是指通过外界环境剧烈变化(如温度、电流等)的激励,废旧产品可以自行分解。为实现活性拆卸,产品在制造时需要嵌入执行元件。执行元件不仅可以是肉眼看得见的,还可以是微小精细的,甚至是材料自身,如英国 Brunel 大学开发的形状记忆聚合物螺钉、日本东京大学的贮氢合金联接件和日本机械工程实验室的两种不同玻璃材料制成的显像管等。Hosoda 和 Suga 提出表面活性联接,其原理基于真空中的粘结现象:材料表面在真空中由于离子或快原子的轰击,得到清洁和激活,固体表面联接在一起;通过加热,由于元素隔离或脆性金属互化物变形,导致接触面变脆,实现分离。

2. 自动拆卸

自动化和机器人领域的发展水平已经非常高,但仅限于装配。拆卸的自动化水平仍很低。拆卸自动化的目标是降低拆卸成本,改善拆卸企业的工作环境。Lee 提出的自动拆卸模型利用产品设计信息和传感器反馈,可以实时确定下一个需要拆卸的零件,使得获得目标零件的拆卸步骤最少。这一模型能够检测废旧产品与产品设计之间的差别,包括零件缺失、零件替换、附加新零件和零件损伤等。Knoth 根据拆卸族的概念,开发了人工拆卸和自动工位混合的半自动拆卸系统。拆卸族是指相似或不同的产品集合,它们需要几乎相同的拆卸操作。David 则采用分析文档、询问拆卸工人和观察拆卸操作的方法,为拆卸自动化提供信息基础。

3. 其他拆卸技术和工具

Uchiyama 开发了分别用于空调器和洗衣机拆卸的含有图像处理系统和采用超声波传感器的切割位置检测系统。Geskin 采用高压水枪切割 CRT 的前平面玻璃和后部漏斗状玻璃。Zuo 设计出一种低成本的柔性拆卸方法——螺钉嵌入,以部分损伤零件表面为代价,有效克服了待回收产品的几何不确定性。Aria 提出从空调热交换器中分离铜和铝的工艺:通过轧机提高热交换器的可分离性,然后对产品进行粉碎、分离和分类。国内研究人员对一些专用拆卸工具也进行了研究,如傅殿勋的单侧操作大螺栓拆解器等。

综上所述,面向机电装备再制造的无损拆卸,要求对回收的部件或总成进行解体,零件必须拆解至最小单元;使零件残余价值保值;同时对零件进行有效分类。因此要求在熟练掌握机电装备装配信息的基础上,对失效零件进行分析,并设计拆卸方法和优化拆卸顺序。

5 装备再制造毛坯质量检测

在机电装备再制造过程中,要对拆解后的零件进行检测,分出直接使用件、可再制造件和二次回收件。通过掌握零件精度和性能指标,对零件进行分类,同时不产生检测损伤。再制造毛坯检测及分类技术可分为三类:感官检测、检测工具直接测量和无损检测。

5.1 感官检测法

感官检测法是指不借助于量具和仪器，只凭检测人员的经验和感觉来鉴别毛坯技术状况的方法。这类方法精度不高，只适于分辨缺陷明显(如断裂等)或精度要求低的毛坯，并要求检测人员具有丰富的实践检测经验和技术。感官检测具体方法可分为目测、听测和触测。目测是指用眼睛或借助放大镜来对毛坯进行观察和宏观检测，如倒角、裂纹、断裂、疲劳剥落、磨损、刮伤、蚀损、变形、老化等。听测方法借助于敲击毛坯时的声响判断技术状态。零件无缺陷时声响清脆，内部有缩孔时声音相对低沉，内部有裂纹时声音嘶哑。听声音可以进行初步的检测，对重点件还需要进行精确检测。触测方法则是指测试人员用手与被检测的毛坯接触，可判断零件表面温度高低和表面粗糙程度、明显裂纹等；使配合件做相对运动，可判断配合间隙的大小。

5.2 测量工具直接测量

测量工具检测法是指借助于测量工具和仪器，较为精确地对零件的表面尺寸精度和性能等技术状况进行检测的方法。这类方法相对简单，操作方便，费用较低，一般均可达到检测精度要求，所以在再制造毛坯检测中应用广泛。此法主要包括以下内容：(1)用各种测量工具(如卡钳、钢直尺、游标卡尺、百分尺、千分尺或百分表、千分表、塞规、量块、齿轮规等)和仪器，检验毛坯的几何尺寸、形状、相互位置精度等；(2)用专用仪器、设备对毛坯的应力、强度、硬度、冲击韧性等力学性能进行检测；(3)用平衡试验机对高速运转的零件作静、动平衡检测；(4)用弹簧检测仪检测弹簧弹力和刚度；(5)对承受内部介质压力并须防泄漏的零部件，需在专用设备上进行密封性能检测。

必要时还可以借助金相显微镜来检测毛坯的金属组织、晶粒形状及尺寸、显微缺陷、化学成分等。根据快速再制造和复杂曲面再制造的要求，快速三维扫描测量系统也在再制造检测中得到了初步应用，能够进行曲面模型的快速重构，并用于再制造加工建模。

5.3 无损检测技术

无损检测技术(Non-Destructive Testing，NDT)是在不损伤被检测对象的条件下，利用材料内部结构异常或缺陷所引起的对热、声、光、电、磁等反应的变化，来探测各种工程材料、零部件、结构件等内部和表面缺陷，并对缺陷的类型、性质、数量、形状、位置、尺寸、分布及其变化做出判断和评价。

通过 NDT 技术，可以定量掌握缺陷与强度的关系，评价构件的允许负荷、寿命或剩余寿命；检测设备(构件)在制造和使用过程中产生的结构不完整性及缺陷情况。因此，NDT 技术是再制造体系中不可或缺的一环。

NDT 可用来检查再制造毛坯是否存在裂纹、孔隙、强应力集中点等影响再制造后零件使用性能的内部缺陷。这类方法不会对毛坯本体造成破坏、分离和损伤，是先进高效的再制造检测方法，也是提高再制造毛坯质量检测精度和科学性的前沿控制手段。

5.3.1 无损检测技术的分类

无损检测技术包含的种类很多，由于应用广泛，工艺、设备成熟，超声检测（Ultrasonic Testing，UT）、射线检测（Radiographic Testing，RT）、涡流检测（Eddy Current Testing，ET）、磁粉检测（Magnetic Particle Testing，MT）以及渗透检测（Penetrant Testing，PT）被称为五大常规无损检测技术。

目前，无损检测有3种简称，即NDI（Non-Destructive Inspection）、NDT（Non-Destructive Testing）、NDE（Non-Destructive Evaluation），分别译为无损探伤、无损检测和无损评价。按不同检测方法分类，无损检测技术主要分为超声检测、射线检测、涡流检测、磁粉检测和渗透检测，其他用得比较多的还有声发射检测、红外检测和激光全息照相检测。对20世纪90年代初期国外文献的统计显示，超声检测约占43%～46%，射线检测约占12%～14%，涡流检测约占9%～10%，磁粉检测约占3%～4%，渗透检测约占1%～2%，其他方法和内容约占26%～30%。另外，根据20世纪80年代中期日本的生产应用统计，5种检测方法的实际应用为超声检测18%，射线检测41%，涡流检测10%，磁粉检测24%，渗透检测7%。统计结果表明，实际应用中采用最多的无损检测方法是射线检测和磁粉检测。超声检测技术研究发表的论文数占有绝对优势。在中国，根据第5届全国无损检测学术年会发表的论文统计，所占比例分别约为超声检测54%，射线检测18%，磁粉检测13%，涡流检测12%，渗透检测3%。

5.3.2 超声波检测技术

超声波是一种以波动形式在介质中传播的机械振动。超声检测技术是利用材料本身或内部缺陷对超声波传播的影响，来判断结构内部及表面缺陷的大小、形状和分布情况。超声波具有良好的指向性，对各种材料的穿透力较强，检测灵敏度高，检测结果可现场获得，使用灵活，设备轻巧，成本低廉。超声检测技术是无损检测中应用最为广泛的方法之一，可用于超声探伤和超声测厚。超声探伤最常用的方法有共振法、穿透法、脉冲反射法、直接接触法、液浸法等，适用于各种尺寸的锻件、轧制件、焊缝和某些铸件的缺陷检测；可用于检测再制造毛坯构件的内部及表面缺陷。超声测厚可以无损检测材料的厚度、硬度、淬硬层深度、晶粒度、液位、流量、残余应力和胶接强度等；可用于压力容器、管道壁厚等的测量。

超声波检测技术是工业无损检测技术中应用最为广泛的检测技术之一，也是无损检测领域中应用和研究最为活跃的技术之一。工业超声波检测常用的工作频率为0.15～10MHz，较高的频率主要用于细晶材料和高灵敏度的检测，而较低的频率则常用于衰减较大和粗晶材料的检测。超声波检测技术可单独使用，也可与其他无损检测技术联合使用，因而在工业生产中占有十分重要的地位，是不可或缺和不可替代的无损检测技术之一。

超声波检测技术在工业生产上一个很重要的应用是超声波探伤，即利用超声波检测技术来判断材料中缺陷的有无、位置和大小；另一个很重要的应用是超声波测量，即利用超声波检测技术来进行工业测量。超声波测量的基本原理是利用介质的声学特征（如声速、衰减系数、声阻抗等）与某些待测的工业非声学量（如强度、弹性、硬度、密度、温度、黏度、浓度、流量、流速和厚度等）之间存在的函数关系或相关性，探索这些关系的规律，以便于通过测量这些声学量来测定那些工业非声学量。

5.3.3 涡流检测技术

常规涡流检测技术对表面开口裂纹很灵敏，在表面涂层、潮湿和水底等恶劣环境下也能开展检测工作，但对缺陷的判定同样有赖于技术人员的工作经验。综上所述，对于表面裂纹，常规涡流检测是最有效的方法，因为钢结构的疲劳裂纹大多数从表面开裂，在不需要除去表面漆层的情况下，重点检测钢结构关键受力部位，不仅可检出有危险性的裂纹缺陷，还可减少检验时间和降低检测成本。

涡流检测是建立在电磁感应原理基础上的无损检测方法。如图 5-11 所示，依据法拉弟电磁感应定律，在检测线圈上接通交流电，产生垂直于工件的交变磁场。检测线圈靠近被检工件时，该工件表面感应出涡流同时产生与原磁场方向相反的磁场，部分抵消原磁场，导致检测线圈电阻和电感变化。若金属工件存在缺陷，将改变涡流场的强度及分布，使线圈阻抗发生变化，检测该变化可判断有无缺陷。涡流检测技术在机电装备零件再制造过程中主要用于废旧零件厚度测量、金属工件表面和近表面的缺陷检测、金属表面锈蚀检测等工序中。装备再制造过程中可以选用的涡流检测设备有涡流检测换能器、涡流检测仪等。

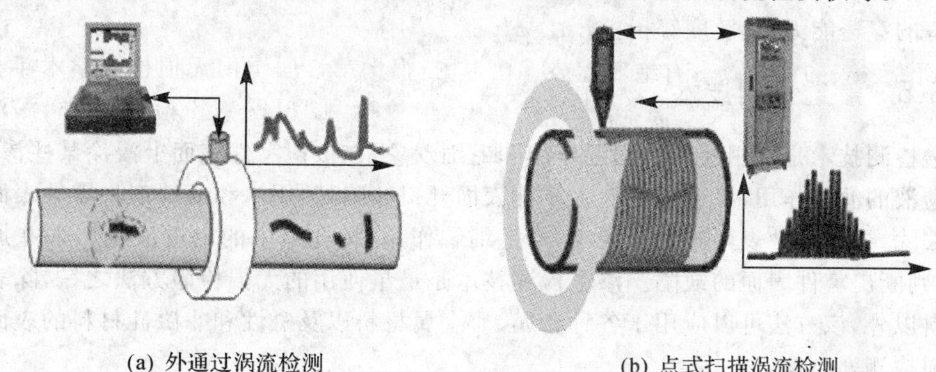

(a) 外通过涡流检测 (b) 点式扫描涡流检测

图 5-11 涡流检测原理

5.3.4 射线检测技术

自 1895 年德国科学家伦琴发现 X 射线以来，射线检测技术已经过了 100 多年的发展历程。从最初的胶片照相检验，发展到今天以数字成像技术为特征的多种射线检测新技术，如实时成像检测技术（RTR）、数字射线成像技术（DR）、计算机层析成像技术（工业 CT）、计算机照相技术（CR）和康普顿背散射技术（CBS）等。由于射线检测技术具有不受被检试件材料种类、形状结构、表面状况等的限制，成像直观、目标特性易于识别并且灵敏度高等优点，它目前已成为我国无损检测技术领域应用最普遍、使用频率最高、发展最快的检测技术之一，受到了非常广泛的重视。射线检测技术几乎适用于所有材料，而且对被测材料表面粗糙度无特殊要求，能直观地反映缺陷的大小、性质，便于对其进行定位、定量、定性分析。而且射线底片可以长期保存，便于分析问题的原因，对被检物无任何损坏。但是，射线检测系统由于光电效应等物理效应会产生衰减和散射，使其可检测的厚度受到限制，对于与射线入射方向垂直的薄层缺陷，难以发现。另外，此方法具有生物效应，对人体有害，需要防护。

当射线透过被检测物体时，物体内部有缺陷部位与无缺陷部位对射线的吸收能力不同，射线在通过有缺陷部位后的强度高于通过无缺陷部位的射线强度，因而可以通过检测透过工件后射线强度的差异来判断工件中是否有缺陷。目前,国内外应用最广泛、灵敏度比较高的射线检测方法是射线照相法。它采用感光胶片来检测射线强度。在射线感光胶片上黑影较大的地方,即对应被测试件上有缺陷的部位,因为这里接收了较多的射线,从而形成黑度较大的缺陷影像。射线检测诊断使用的射线主要是X射线、γ射线,有实时成像技术、背散射成像技术、CT技术等。该检测技术适用材料范围广泛,对试件形状及其表面粗糙度无特殊要求,能直观地显示缺陷影像,便于对缺陷进行定性、定量与定位分析,对被检测物体无破坏和污染。但射线检测技术对毛坯厚度有限制,也难以发现垂直射线方向的薄层缺陷,检测费用较高,并且射线对人体有害,需做特殊防护。射线检测技术比较容易发现气孔、夹渣、未焊透等体积类缺陷,而对裂纹、细微不熔合等片状缺陷,在透照方向不合适时,不易发现。射线照相主要用于检验铸造缺陷和焊接缺陷,而由于这些缺陷几何形状的特点、体积的大小、分布的规律及内在性质的差异,使它们在射线照相中具有不同的可检出性。

常用的射线检测技术包括射线实时成像检测技术、数字射线成像技术、工业CT、计算机射线照相技术、康普顿散射成像检测技术等。一般的射线设备由射线管、高压发生器、冷却系统和控制器组成。射线管是它的核心部件,靠它产生射线。射线管的技术指标直接决定了设备的穿透能力、灵敏度等指标。

5.3.5 渗透检测技术

渗透检测技术是利用液体的润湿作用和毛细现象,在被检零件表面上浸涂某些渗透液,由于渗透液的润湿作用,渗透液会渗入零件表面开口缺陷处,用水和清洗剂将零件表面剩余渗透液去除,再在零件表面施加显像剂,经毛细管作用,将孔隙中的渗透液吸出来并加以显示,从而判断出零件表面的缺陷。渗透检测技术是最早使用的无损检验方法之一,除表面多孔性材料以外,该方法可以应用于各种金属、非金属材料以及磁性和非磁性材料的表面开口缺陷无损检测。

渗透检测方法按照渗透液所含染料成分分类,可分为荧光、着色及荧光着色渗透检测法三类;按照按渗透液的去除方法分类,可以分为可水洗性、亲油性后乳化、亲水性后乳化及溶剂性去除型渗透检测法四类;按渗透检测灵敏度等级分类,可分为很低、低级、中级、高级及超高级灵敏度五类;按显像剂类型分类,可分为干粉、水溶性、水悬浮性、非水湿、特殊应用显像剂及自显像剂六类;按去除溶剂类型分类,可分为卤族类、非卤族类及特殊应用类溶剂去除剂三类。渗透检测方法具有工作原理简单易懂;运用广,可用于多种材料的表面检测,而且基本上不受工件几何形状和尺寸大小的限制;缺陷的显示不受缺陷方向的限制,即一次检测可同时探测不同方向的表面缺陷等特点,但其只能检测开口式表面缺陷,而且工序比较多,探伤灵敏度受人为因素的影响比较大。

5.3.6 磁记忆检测技术

现代工业部门大量使用着用铁磁金属材料制造的设备和构件,如锅炉、压力容器、汽轮机、管道、桥梁、铁道和焊接件等。这些设备与构件在长期运行中不可避免地会存在由应力集中而产生的疲劳损伤和腐蚀缺陷,从而引发事故,导致严重的后果。采用传统的无损检测方法(如超声、磁粉、涡流和渗透等)对设备和构件的相关部位进行百分之百的检测,虽能发现已发展成形的宏观或大部分微观缺陷,但对于金属构件的早期损伤,特别是尚未成形的隐形的不连续性变化，难以实施有效的评价，从而无法避免检修后由于意外的疲劳损伤而引发的恶性事故。

设备的零部件和金属构件发生损坏的主要原因是各种微观和宏观机械应力集中。在应力集中区域，疲劳、腐蚀和蠕变过程的发展尤为剧烈。因此，有效地评价应力变形状况，特别是导致损伤的临界应力变形状况便成为评价设备和构件结构强度与可靠性的一个重要依据。为了及时准确地找出最大机械应力变形区域，就必须开发新的无损检测方法。

20 世纪 90 年代后期，以杜波夫教授为代表的俄罗斯学者率先提出一种崭新的金属诊断技术——金属磁记忆检测。该方法的原理是：基于铁制工件在应力和变形集中区域内，会发生具有磁致伸缩性质的磁畴组织定向的和不可逆的重新取向，而且这种磁状态的不可逆变化在工作载荷消除后不仅会保留，还与最大作用应力有关。

金属磁记忆检测技术是迄今为止对金属部件进行早期诊断的唯一可行的无损检测方法。近年来逐步受到世界各国的普遍重视，并已在俄罗斯、乌克兰、保加利亚、波兰、印度及澳大利亚等国得到推广应用，我国也已开始了对这项技术的研究和应用。可以预见，在 21 世纪，这项集无损检测、断裂力学、金属学等学科于一体的无损评价技术必将在各工业部门得到广泛的普及与应用。

如图 5-12 所示，处于地球环境下的铁磁性工件受载荷的作用，其内部会发生具有磁致伸缩性质的磁畴组织定向和不可逆的重新取向，并在应力与变形集中区形成最大的漏磁场 H_p 的变化。即磁场的切向分量 $H_p(x)$ 具有最大值，而法向分量 $H_p(y)$ 改变符号且具有零值点，这种磁状态的不可逆变化在工件载荷消除后继续保留，即铁磁性工件具有了“磁记忆”现象。

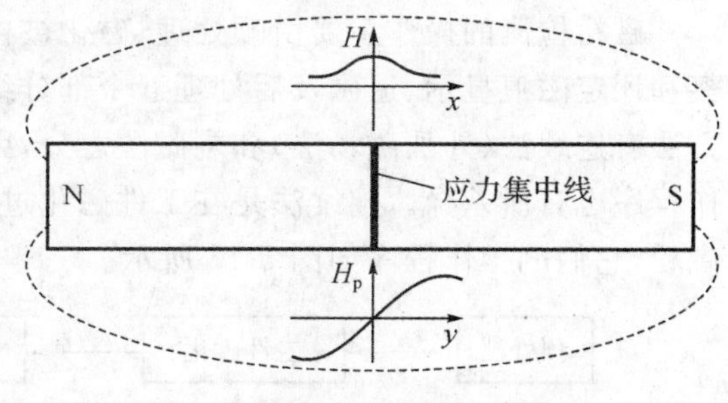

图 5-12 磁记忆检测原理图

通过专门的应力集中磁测仪可以测出铁磁性工件漏磁场法向分量 $H_p(y)$ 的变化情况曲线。通过对测试曲线的分析，确定出漏磁场梯度的变化，可以准确地推断工件的应力集中区和缺陷，确定工件的危险部位。

5.3.7 磁粉检测技术

关于磁粉检测方法的设想是美国人霍克(Hoke)于 1922 年提出的。他在磨削钢制工件时发现，被磨削下来的铁末经常在工件(磁性夹具夹持)上形成一定的花形，花形总是与工件上的表面裂纹形状一致，于是他提出了利用这一现象检验工件表面裂纹的构想。早期的开发和应用存在很多困难，直到 20 世纪 30 年代初才获得真正成功的应用。瓦茨(Wats)采用磁粉检测方法对钢管焊缝质量进行了检验。成功的应用给磁粉检测带来了快速发展的机遇。自那以后的几十年里，磁粉检测得到了广泛的研究，各种磁化方法、检验方法得到了开拓发展：多种检测设备、材料相继研制成功，不断更新、进步；检测技术逐步完善，实现了规范化、标准化。磁粉检测技术的应用几乎遍及工业领域，机械、航空、航天、化工、石油、造船、冶金、铁路等行业使用尤为普遍。制造业用它可实现质量控制，对原材料进行检验，或对采用易于产生缺陷的工艺加工的工件进行检验，对成品进行检验，从而及早发现缺陷，及早地剔除那些不合格的原材料、工件或及早地对它们进行修复，以保证产品的可靠性和经济性。磁粉检测广泛地用于在役工业设施、装备的维护检查，如锅炉、压力容器、飞行器、管道系统及桥梁等，检查它们是否存在危险及使用安全的缺陷，评价它们的安全状况。

铁磁性材料工件被磁化后，由于不连续性的存在，使工件表面和近表面的磁力线发生局部畸变而产生漏磁场，吸附施加在工件表面的磁粉。在合适的光照下形成目视可见的磁痕，从而显示出不连续性的位置、大小、形状和严重程度。

铁磁性材料工件被磁化后，在不连续性处或磁路截面变化处，磁力线离开和进入工作表面形成的磁场称为漏磁场。磁粉检测是利用铁磁性粉末——磁粉，作为磁场的传感器，即利用漏磁场吸附磁粉形成的磁痕（磁粉聚集形成的图像）来显示不连续性的位置、大小、形状和严重程度，所以磁粉检测的基础是不连续性处漏磁场与磁粉的磁相互作用。

磁粉检测适用于检测铁磁性材料表面和近表面的缺陷，因此奥氏体不锈钢、钛和钛合金、铝和铝合金、铜等非磁性材料不能用磁粉检测。由于马氏体不锈钢、沉淀硬化不锈钢具有磁性，因此可以对其进行磁粉检测。

磁粉检测可以发现裂纹、夹杂、气孔、未熔合、未焊透等缺陷，但难以发现表面浅而宽的凹坑、埋藏较深的缺陷以及与工件表面夹角极小的分层。

磁粉检测的操作主要由预处理、磁化被检工件、施加磁粉或磁悬液、在合适的光照下观察和评定磁痕显示、退磁及后处理五个部分组成。在施加磁粉或磁悬液的过程中，由于磁化方法有连续法（外加磁场法）和剩磁法之分，因此，磁悬液施加的时间也有所不同，它们的操作程序也有所差异。连续法是在工件磁化过程中施加磁粉，而剩磁法是在工件磁化后施加磁粉，它们的操作程序如图 5-13 所示。

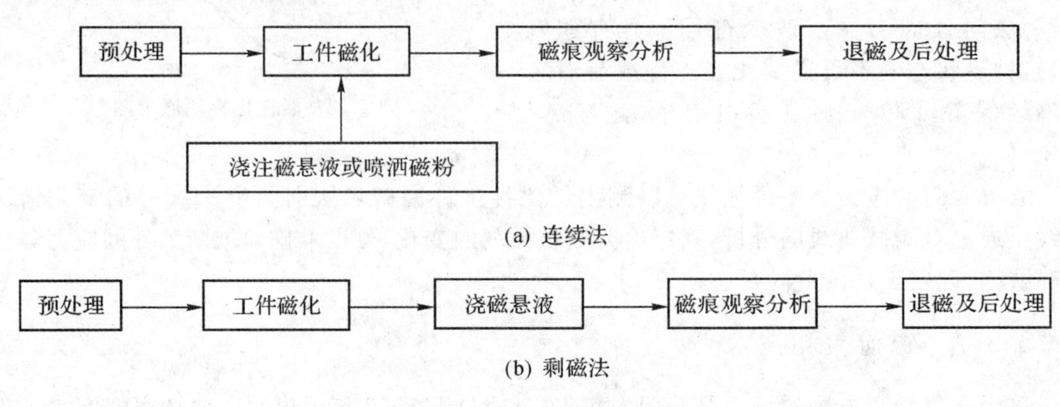

图 5-13 磁粉检测操作程序

6 装备再制造工程技术

机电装备再制造过程中应用到的技术很多，每种技术各有所长，也各有应用的局限性，需视装备失效的具体情况合理选用。在再制造诸多技术中，有些技术应用面很广而且技术已经很成熟，如堆焊技术、普通镀液电刷镀技术、普通丝材高速电弧喷涂技术等；有些技术是近期发展的高新技术，如微/纳米表面工程技术、材料制备与成形一体化技术、再制造快速成形技术、虚拟再制造技术、装备性能提升再制造技术等。

6.1 微/纳米表面工程技术

微/纳米表面工程技术是在材料或零部件表面获得微/纳米结构或微/纳米复合结构膜层的各种表面技术的统称。与传统表面工程技术相比，纳米表面工程技术具有显著的优越性。其优越性如下：第一，赋予表面新的服役性能。纳米材料的奇异特性保证了纳米表面工程涂覆层的优异性能。第二，使零件设计时的选材发生重要变化。纳米表面工程中，在许多情况下，传统意义上的基体材料只起载体作用，而纳米表面涂覆层成为实现其功能或性能的主体。第三，为表面技术的复合提供新途径。纳米表面工程为表面工程技术的复合提供了一条全新的途径，具有广阔的应用前景。例如，表面纳米化技术与离子渗氮技术相结合，使渗氮工艺由原来的500 ℃条件下处理24小时转变为300 ℃条件下处理9小时。

微/纳米表面工程技术可以在材料表面制备出纳米结构或纳米/微米复合结构的表层，根据获得表面微/纳米膜层的途径不同，微/纳米表面工程技术主要可以分为表面沉积与自组装、表面自身纳米化、表面反应纳米化和表面复合纳米化四种。围绕以上途径开展研究，当前已经开发出了多种实用的纳米表面工程技术。

1. 纳米颗粒复合电刷镀技术

电刷镀技术是表面工程的重要组成部分，已被广泛应用于机械零件表面修复与强化。近年来，纳米颗粒材料在电刷镀技术中的应用产生了纳米颗粒复合电刷镀技术，促进了复合电刷镀技术在高温耐磨及抗接触疲劳载荷等更广阔领域中的应用。在电刷镀镀液中添加纳米颗粒所制备的复合镀层的摩擦学性能有较大改善。在快速镍镀层中分别添加 Al_2O_3、SiC、金刚石纳米颗粒，并对纳米颗粒进行表面改性处理，有效提高了纳米颗粒在镍基复合镀层中的共沉积量和均匀分布程度。在不同温度下，纳米复合刷镀层均比传统快镍刷镀层具有更高的显微硬度和抗微动磨损性能。纳米复合电刷镀技术可用于装备贵重零部件及服役苛刻条件下零部件的高性能修复与再制造。

2. 纳米热喷涂技术

热喷涂技术是表面工程领域中应用十分广泛的技术，在各种新型热喷涂技术，如超音速火焰喷涂(HVOF)、高速电弧喷涂、气体爆燃式喷涂、电熔爆炸喷涂；超音速等离子喷涂、真空等离子喷涂等不断涌现的同时，纳米热喷涂技术已成为热喷涂技术新的发展方向。

热喷涂纳米涂层组成可分为三类：单一纳米材料涂层体系；两种(或多种)纳米材料构成的复合涂层体系；添加纳米颗粒材料的复合体系。特别是陶瓷或金属陶瓷颗粒复合体系具有重要作用。目前，完全的纳米材料涂层离普及应用还有相当距离。大部分的研究开发工作集中在第三种，即在传统涂覆层技术基础上，添加复合纳米材料，可在较低成本情况下使涂覆层功能得到显著提高。例如，美国纳米材料公司通过特殊粘结处理制成专用热喷涂纳米颗粒，用等离子喷涂方法获得了纳米结构的 Al_2O_3/TiO_2 涂层，该涂层致密度达95%～98%，结合强度比传统喷涂粉末涂层提高2～3倍，耐磨性提高三倍，表明纳米结构涂层具有良好的性能。研究结果表明，采用热喷涂技术制备的纳米结构涂层性能优异，在一些贵重、关键零件的应用中具有良好的前景。

3. 纳米涂装技术

纳米复合涂料是指将纳米颗粒用于传统涂料中，所得到的具有抗辐射、耐老化与剥离强度高或具有某些特殊功能的新型涂料。例如，50～120 nm 球状 TiO_2 对衰减 300～400 nm 的紫外线有明显效果，衰减长波、短波紫外线时，分别起散射和吸收作用；纳米 SiO_2 具有极强的紫外反射能力，对波长 400 nm 以内的紫外光反射率达 70%以上，是一种极好的抗老化添加剂；60 nm 的 ZnO 吸收 300～400 nm 紫外线能力强。尤其是纳米隐身涂料在军事上有重要的应用价值。

4. 纳米减摩自修复添加剂技术

机械零部件的磨损主要发生在边界润滑和混合润滑状态下。而润滑油添加剂，特别是摩擦改进剂是降低其摩擦磨损最有效的途径之一，也是表面工程的重要发展方向之一。在润滑油中加入特定的纳米颗粒后，在一定温度、压力、摩擦力作用下，摩擦副表面产生剧烈摩擦和塑性变形，纳米颗粒在摩擦表面沉积，并与摩擦表面作用，填补表面微观沟谷，从而形成一层具有抗磨减摩作用的自修复膜。通过发动机台架试验，该技术可使整车的动力性、经济性以及尾气排放都得到改善，燃油消耗率可以降低 5%～10%。

5. 纳米固体润滑干膜技术

固体润滑技术是将固态物质涂(镀)于摩擦界面，以降低摩擦、减少磨损的技术。与常用的液体润滑相比，固体润滑技术不需要相应的润滑设备和装置，不存在泄漏问题。固体润滑技术不仅扩充了润滑油、脂的应用范围，而且弥补了润滑油、脂的缺陷。例如，加入纳米 Al_2O_3 颗粒，使固体润滑干膜的摩擦系数增大，耐磨性提高。某重载车辆平面弹子滚道部位，采用纳米固体润滑干膜对其进行处理后，涂层能有效地隔绝腐蚀介质，同时涂层起到较好的减摩润滑作用。该技术可用于特殊情况下，贵重零部件的减摩、耐磨。

6. 纳米粘涂技术

表面粘涂与胶粘技术是指以高分子聚合物与一些特殊功能填料(如石墨、二硫化钼、金属粉末、陶瓷粉末和纤维)组成的复合材料涂敷于零件表面，实现特定用途(如耐磨、抗蚀、绝缘、导电、保温、防辐射等)的一种表面工程技术。纳米材料因其优异的特性在表面粘涂技术领域显示出广阔的应用前景。例如，含金刚石的纳米胶粘剂具有优异的耐磨性和很高的胶接强度。实验表明，随着纳米级金刚石粉在胶粘剂中加入量的增加，涂层的耐磨性提高。当加入量为 8%时，耐磨性是未添加时的 2.2 倍，拉伸强度可达 50 MPa，比未添加时提高 27.5%。

7. 纳米薄膜制备技术

薄膜技术是通过某些特定工艺过程(常用溅射法)，在物体表面沉积、附着一层或者多层与基体材料材质不同的薄膜，使物体表面具有与基体材料不同性能的技术。按薄膜的用途，可以将其分为功能性薄膜和保护性薄膜两大类。两大类中又有纳米多层膜和纳米复合膜之分。纳米多层膜一般是由两种厚度在纳米尺度上的不同材料层交替排列而成的涂层体系。由于膜层在纳米量级上排列的周期性，即两种材料具有一个基本固定的超点阵周期，双层厚度为 5～10 nm，一些涂层在 X 射线衍射图上产生了附加的超点阵峰，这些涂层又称之为纳米超点阵涂层。纳米复合膜是由两相或两相以上的固态物质组成的薄膜材料，其中至少一相是纳米晶，其他相可以是纳米晶，也可以是非晶态。

8. 金属表面纳米化

金属表面纳米化是指采用某种能量手段作用于金属表面，使得表层晶粒细化至纳米尺度，从而获得纳米晶粒构成的表面层。金属表面纳米化可以通过不同方法实现。例如，应用超声冲子冲击工艺，可在 Fe 或不锈钢表面获得了晶粒平均尺寸为 10～20 nm 的表面层。该技术的优点之一是可以在复杂形状零部件表面获得纳米晶表面层。该技术将为整体材料的纳米晶化处理提供一个基本途径，此项工作具有重大的创新意义。

6.2 材料制备和成形一体化技术

材料制备与成形一体化技术与锻造、热处理、机械加工等技术不同，它是针对装备零部件再制造，实现零件修复部位成形和修复材料制备两个过程同时完成的各种再制造技术。材料制备与成形一体化技术是再制造工程先进技术。发展材料设计、制备与成形加工一体化技术，可以实现先进材料与零部件的高效、近成形、短流程成形，是不锈钢、高温合金、钛合金、难熔金属及金属间化合物、陶瓷、复合材料、梯度功能材料零部件制备技术的研究热点。

应用于装备再制造的材料制备与成形一体化技术主要包含电弧喷涂技术、高能束快速成形技术、堆焊技术和电化学沉积技术等多种具体的再制造技术。针对装备再制造材料制备与成形一体化技术，下面重点介绍高速电弧喷涂和激光再制造技术。

1. 高速电弧喷涂技术

1910 年瑞士 M. U. Schoop 博士发明了第一个金属喷涂装置，即“固定式坩埚熔融喷涂装置”，1917 年设计制造世界上第一把“电弧喷涂枪”，1920 年逐渐发展完善并得到了应用。1920 年金属喷涂技术引入日本，并发明了用交流电弧为热源的喷涂装置。由于交流电弧不稳定、效率低、涂层质量差，因此没有得到实际推广。后来德国改用直流电源使电弧喷涂有了实用价值。1938 年美国研制成功了电弧线材喷枪。20 世纪 50 年代后期，为了满足航空、原子能、导弹、火箭等尖端领域对于高熔点、高强度涂层的迫切要求，美国相继发明了等离子喷涂和爆炸喷涂，这使电弧喷涂的发展相对延缓。20 世纪 70 年代末，粉芯丝材的出现给电弧喷涂带来了生机。粉芯丝材既克服了高合金成分带来的难以拔丝的困难，同时还使一些不能导电的颗粒材料在电弧喷涂上得以应用。由于粉芯丝材成分调节容易，生产周期短，便于优选材料且具有较低成本等特点，很大程度上促进了电弧喷涂的发展。进入 20 世纪 80 年代以后，电弧喷涂设备向精密化和自动化方向发展，使涂层质量得到进一步提高，应用范围也越来越广泛，使电弧喷涂又重新得到了各工业领域的重视。

近年来，随着传统电弧喷涂技术的不断完善，又涌现了许多电弧喷涂新技术，如高速电弧喷涂、高速脉冲电弧喷涂、HVOF-EA（High Velocity Oxy Fuel Spraying-Electrical Arc Spraying）复合电弧喷涂、保护气氛电弧喷涂、真空电弧喷涂及单丝电弧喷涂等新技术。这些电弧喷涂新技术的出现，不仅提高了喷涂效率，而且进一步改善了电弧喷涂涂层的质量，从而更加拓宽了电弧喷涂的应用领域。

2. 激光再制造技术

激光具有单色性、方向性和相干性好及能量集中等优点，这些特性决定了激光具有不同于一般光源的用途。

自 1960 年第一台红宝石激光器面世，激光技术即获得了迅速发展，并逐步在工业、农业、军事、交通等各经济领域中获得应用。20 世纪 80 年代，随着大功率激光器的成熟和应用，世界各国竞相研究开发激光在机械零件制造和维修领域的理论和技术，例如激光表面热处理、激光表面熔凝、激光表面合金化、激光表面熔覆等。20 世纪 90 年代，激光熔覆技术在装备金属零件维修中获得大量成功应用。同时，在先进制造技术中，激光快速成形技术获得了快速发展，尤其是金属零件激光直接成形技术成为国际研究热点。激光制造技术和激光再制造技术已成为激光在机械工业领域研究和应用的重点。

激光再制造技术是指利用激光表面处理、激光烧结成形、激光焊接、激光切割、激光打孔等各种激光加工与处理技术对零部件进行再制造的技术。按激光束对零件材料作用结果的不同，激光再制造技术主要可分为两大类，即激光表面改性技术和激光加工成形技术，如图 5-14 所示。图中列出了部分常用的激光再制造技术。

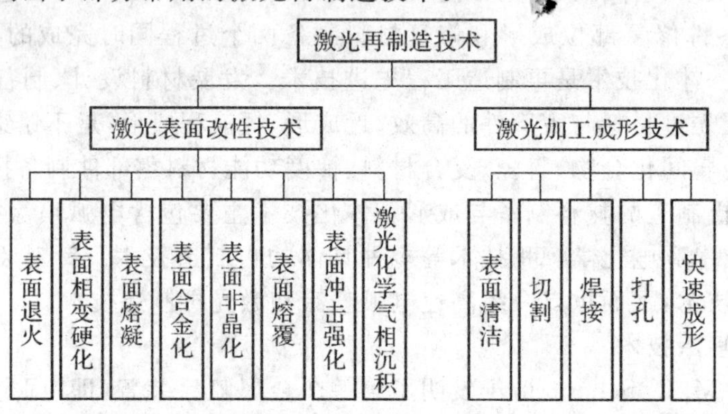

图 5-14　激光再制造技术分类

(1)激光表面相变硬化技术

激光相变硬化又称为激光淬火，是指激光以 $10^5\sim10^6$ ℃/s 加热速度作用在金属表面上，使其温度迅速上升至相变点以上，并通过基体的热传导作用使之以 10^5 ℃/s 冷却速度实现自淬火，从而提高工件表面的硬度和耐磨性。激光相变硬化淬硬层深度可以精确控制，但其深度一般小于 3 mm。

(2)激光表面合金化技术

激光表面合金化是采用激光束加热金属表面，并加入一定的合金元素改变金属表面层的化学成分、组织和性能的方法。通过优化激光处理工艺参数和合理选择加入的合金元素，可以在金属零部件表面获得设计性能的表面复合涂层，从而提高零部件表面耐磨、耐蚀及其他性能。激光表面熔凝是采用适当的激光束辐照金属表面，使其表层快速熔化和冷凝，得到具有超细晶组织结构的表层，达到提高材料性能的目的。激光表面熔凝处理可以提高工件的硬度、耐磨性能及疲劳性能等。

(3)激光表面非晶化技术

激光表面非晶化是指利用高能量密度($10^7\sim10^8$ W/cm^2)激光束超快速加热金属表面并使表面熔体超快速冷却($\sim10^6$ ℃/s)至其晶化温度以下，从而在金属表面形成一薄层(1～10 μm)原子排列为长程有序而短程无序的非晶态合金层。表面非晶态合金层具有优异的耐磨性、耐蚀性，同时具有优良的力学性能及特殊的电学和磁学性能。激光功率密度为 10^9 W/cm^2、脉冲时间为 20～40 ns 的脉冲激光可以使材料表面薄层迅速气化，并在表面原子逸出期间发生动量脉冲、产生冲击波，冲击波可以产生幅值约为 10^9 Pa 的压力，使金属产生剧烈塑性变形，从而显著提高工件表面硬度、屈服强度和疲劳寿命。这种激光表面处理工艺称为激光表面冲击强化。激光表面冲击强化处理多采用光开关钕玻璃激光器。

(4)激光熔覆技术

目前，激光再制造技术主要针对表面磨损、腐蚀、冲蚀、缺损等零部件局部损伤及尺寸变化进行结构尺寸恢复，同时提高零部件服役性能。激光熔覆技术是目前工业中应用最为广泛的激光再制造技术。

激光熔覆，又称为激光涂敷，始于 1974 年，而兴起于 20 世纪 80 年代。激光熔覆技术是指在被涂敷基体表面上，以不同的添料方式放置选择的涂层材料，经激光辐照使之和基体表面薄层同时熔化，快速凝固后形成稀释度极低、与基体金属成冶金结合的涂层，从而显著改善基体材料面的耐磨、耐蚀、耐热、抗氧化等性能的工艺方法。它是一种经济效益较高的表面改性技术和废旧零部件维修与再制造技术，可以在低性能廉价钢材上制备出高性能的合金表面，以降低材料成本，节约贵重稀有金属材料。

按照激光束工作方式的不同，激光熔覆技术可以分为脉冲激光熔覆和连续激光熔覆。脉冲激光熔覆一般采用 YAG 脉冲激光器，连续激光熔覆多采用连续波 CO_2 激光器。表 5-2 列出了两种激光熔覆技术的特点。

表 5-2 脉冲激光熔覆和连续激光熔覆的技术特点

工艺种类	控制的主要技术工艺参数	技术特点
脉冲激光熔覆	激光束的能量、脉冲宽度、脉冲频率、光斑几何形状及工件移动速度(或激光束扫描速度)	(1)加热速度和冷却速度极快，温度梯度大；(2)可以在相当大范围内调节合金元素在基体中的饱和程度；(3)生产效率低，表面易出现鳞片状宏观组织
连续激光熔覆	光束形状、扫描速度、功率密度、保护气种类及其流向和流量、熔覆材料成分及其供给量和供给方式、熔覆层稀疏度	(1)生产效率高；(2)容易处理任何形状的表面；(3)层深均匀一致

现在，激光熔覆过程一般均在微机或单片机控制下自动完成。为此，必须配备可实现二维、三维甚至五维运动的可控工作台。完成自动熔覆过程需要按照设计路线移动激光束和工作台。

6.3 修复热处理技术

6.3.1 概 述

修复热处理是属于再制造技术范畴中的一项新兴技术。它的技术内涵是指对长期运行的热处理工件，在未发生不可挽救的损伤之前适时采用合理的热处理方法，使组织结构、性能恢复，以保障其继续安全运行，从而达到延长材料使用寿命的目的。

热处理技术是指通过不同的加热、保温、冷却过程，改变材料的组织结构，进而改善材料的机械性能和工艺性能，使之满足使用要求的材料加工工艺。根据其在整个装备生产工序中的工艺位置，可以分为预备热处理、中间热处理和最终热处理。这些热处理工艺基本上是在装备制造过程中完成的，而在成品使用过程中，特别是对于某些重要的机械零件，它们在长期运行后所发生的局部损伤和性能退化，能否采用热处理的方法予以调整和恢复，以保证其在安全运行的基础上延长使用寿命是一个值得研究的问题。近几年来，解决此问题的修复热处理技术以其在生产实践中的优越性及其所带来的巨大的经济效益，日益受到黄金矿山和各大中型工业企业的重视，逐渐完善和发展起来。

6.3.2 修复热处理的目的及内容

在大型工业企业的生产实践中，对于生产所应用的重要零件都要进行定期的大修检查。在检测中经常可以发现服役期中的某些重要零部件，特别是承受重载或在恶劣条件下工作的零件，都会出现不同形式的表面损伤、内部损伤以及由于组织结构变化而引起的性能劣化。即使这种损伤和性能劣化程度并未影响零件的正常使用，但由于存在着安全隐患的原因，也不得不进行更换。如果能够在零件使用过程中及时跟踪零件的损伤程度，进一步分析产生损伤的各种因素，并采用相应的处理方法，使材料在没有完全失效前经过调制后恢复原有的形状和性能，那么就可以延长零件的服役期。

在 1992 年国际金属热处理联合会(IFHT)上，莫斯科巴依阔夫冶金研究院的班内赫院士建议成立"修复热处理技术委员会"，以吸引各国学者和厂商参与有关修复热处理问题的研究和交流。在随后的 10 年间，特别是进入了 21 世纪以后，由于修复热处理所显现的巨大经济效益和广阔的发展前景，它逐渐被各国科学界和企业界认同和重视，并被开发应用于具体的生产实践中。

修复热处理技术作为一项系统工程，它应当包括对不同失效形式和损伤程度的跟踪与观察；具体分析损伤产生的原因、影响因素以及可能的抑制方法；确定并实施具体的修复热处理工艺；对经过修复热处理的零件跟踪、反馈并评估修复热处理的效果等几个方面。

6.3.3 材料失效机理分析

机械零件的失效原因可以概括为外观损伤和内部损伤两大类。外观损伤常指零件的形状、尺寸与表面状况所发生的损伤；内部损伤主要指零件材料的显微组织和组织结构所发生的损伤性变化。

外观损伤主要是热处理工件在工作中受到磨损、腐蚀以及变应力等作用所造成的表面损伤。宏观可见的表面损伤包括麻点、磨损或磨蚀、氧化或均匀腐蚀、表面粗糙度下降、软化、表面裂纹等。在工程构件中主要是由于变应力所产生的疲劳损伤以及在高温服役状态下所发生的热疲劳、热蠕变等。对于轻微磨损的硬化表面，可以采用刷镀、喷涂、化学热处理以及气相沉积技术加以解决。而对于磨损、腐蚀或空蚀较为严重的零件，可采用堆焊、等离子熔覆等方法进行恢复。

内部损伤主要是指由于显微组织和结构的变化而引起的材料性能退化与失效。材料中显微组织变化主要包括碳化物球化、晶粒的聚并长大与结构改型、碳的石墨化过程以及杂质元素向晶界处的扩散与偏聚等。这些变化大多与相变有关。根据物理冶金学中有关热力学和动力学的观点，理想状态下的材料应当是在稳定的热力学和动力学平衡状态下使用的。由于使用环境和条件要受到各种条件和因素的影响，材料通常都会发生熵增加或自由能降低的变化。这样在长期服役过程中，由自由能变化所引起的相变并通过相变而产生的性能变化也就不可避免了。

6.3.4 修复热处理技术内涵分析

修复热处理的技术内涵是指对长期运行的重要热处理工件，在未发生不可挽救的损伤之前，适时采用合理的热处理方法使组织结构、性能得以恢复的手段。其前提条件是材料的损伤程度轻微，其性能退化的程度可以用热处理的方法恢复，并且在修复热处理方面的投入应当远小于零件的成本。

修复热处理的原理来源于材料损伤的自愈合和功能的自修复机理，根据国内外关于材料智能化的研究成果，金属材料的疲劳与恢复、损伤与愈合均具有开放体系自我调节的特征，可以将其理解为耗散结构的自组成过程。即金属材料在经过变形或损伤之后，有根据自身原子结合的特点与晶格结构方式，恢复为原有形状和原有状态的趋势。记忆金属即是这种原理的典型体现。而对于热处理件，其在服役过程中形成的轻微损伤，包括微观缺陷，尚未聚合到产生裂纹的程度或者裂纹低于某一临界尺寸时，热处理件是具有恢复为原有结构和组织的趋势的。例如对于不锈钢中的1Cr18Ni9Ti，在使用过程中通常会发生合金碳化物$Cr_{23}C_6$沿晶界的析出长大，这种现象是晶间腐蚀、脆化、蠕变速率增加及持久强度下降的重要原因。通过试验人们发现，如果把这种钢重新加热至奥氏体区，可以使生成的碳化物熔解与回熔，恢复为原有组织形态，性能也随之恢复。

此外，组织的改变与性能的劣化均与原子的扩散有关，促使原子运动的扩散过程不仅与浓度梯度有关，而且应当与电场、应力场、温度场有关。美国北卡罗来纳州大学通过试验对高功率密度脉冲电流对金属力学性能的影响进行了广泛的研究，提出了电致塑性效应。他们认为脉冲电流有助于位错运动，可以加速位错攀移及滑移，提高相变形核率，从而改善微观结构，降低加工应力及材料脆性。这为修复热处理手段的发展提出了新的方向。但总体而言，以温度场变化的方式进行的修复热处理手段仍是最主要的修复热处理手段。

6.3.5 修复热处理方法

修复热处理按零件的损伤形式可以分为表面修复热处理、整体(内部)修复热处理以及特殊修复热处理。

对于表面损伤的热处理零件，只要具备可修复的技术条件都可以采用表面修复热处理工艺。该工艺主要包括表面淬火、表面喷丸、表面激光硬化以及化学热处理。与表面修复相比较，整体修复热处理的技术难度较大。其包括结构缺陷修复和组织修复。结构缺陷是指零件在运行过程中出现的晶体缺陷增殖并且发展到形成蠕变孔洞或内部显微裂纹。这种缺陷的修复方法主要包括再结晶退火以及热强压与退火的综合处理，这些处理手段可以钝化或消除显微裂纹及蠕变孔洞。组织修复是采用重新加热到略低于实际临界温度进行的低温退火或高温回火，这种处理方法可以改善某些杂质(或析出相)在晶界处的偏聚状态，也可以使某些低温析出相在较高温度下重新回熔。而对于需要加热至高于实际临界温度进行完全退火、正火以及二次淬火等的处理则要十分慎重，首先应当考虑保持再处理工件的尺寸问题，其次需要考虑保证精度的可能性和重复热处理再加工的可能性。一般说来，大型工件在经过再次退火处理后可用于制造截面较小的零件。而对于制造精度要求不高的简单零件，如套筒、杆类、轴类零件，采用整体中频感应淬火或调质处理，则是一种简便可行的修复热处理方法。

6.4 虚拟再制造技术

6.4.1 概 述

表面工程技术的发展促进了再制造工程的长足进步。多年来，随着再制造工程关键技术之一的表面工程技术在再制造工程领域中的应用，对环境保护和资源可重复利用的贡献越来越凸显，因而，对于设备、装备零部件维修和再制造的研究越来越多。但对于再制造中的重要环节——虚拟再制造工程的研究在国内外尚属起步阶段。

传统的做法是再制造的设备只有在再制造后才能真正了解装备的性能。当性能不能满足要求时，就要重新修改再制造技术方案，这会导致设备的再制造周期变长、费时费力、浪费人力物力。虚拟再制造不是实际的再制造，但能实现实际再制造的本质过程。由于它发展了过程仿真技术并与拟实环境相结合，使开发人员能通过视觉和感觉来感知拟实环境中的装备运行情况，并可进行交互作用。它可以通过计算机虚拟模型来模拟和预估再制造设备的性能指标、可再制造性等可能存在的问题，可以在老旧设备再制造之前进行综合的评价，使人们感受到再制造后设备的相关性能及方案可行性，从而提前做出决策和优化实施方案，继而提高人们的预测和决策水平。也可以通过虚拟再制造技术开展再制造实用技术的培训，提高培训效率，降低培训成本。

6.4.2 虚拟再制造工程的发展概况

目前各国学者对虚拟再制造尚未形成统一的认识。借鉴虚拟制造技术的描述，可理解为：在计算机内构造虚拟的再制造系统模型，进行实际再制造过程的模拟，预估出再制造装备未来的性能、再制造全过程及其对装备设计的影响，从而做出前瞻性的决策与控制方案，实现再制造装备总体优化的目标。

虚拟再制造包括实现再制造过程中的虚拟检测、虚拟加工、虚拟维修、虚拟装配、虚拟控制、虚拟实验、虚拟管理等再制造本质过程。虚拟再制造是虚拟现实技术和计算机仿真技术在再制造过程中的具体应用，是实际再制造过程在计算机上的一种虚拟实现。虚拟再制造是一种以软件为主、软件硬件结合的新技术。

在再制造领域，虚拟现实技术的直观与交互性可以弥补传统设计分析工具的不足，为虚拟装配、虚拟加工提供有力的支持。虚拟装配设计环境(Virtual Assembly Design Environment，VADE)是华盛顿州立大学研制的一个沉浸式虚拟装配系统。利用这个系统，设计人员在设计工作的初期就能考虑装配的问题。美国威斯康星大学的I-Cave实验室专门针对拆卸研制了“虚拟拆卸”软件工具，其功能包括拆卸顺序的选择、优化、拆卸过程分析，如拆卸操作时间估计、可拆卸性评定，同时还可以对装备设计进行分析，并提出设计修改建议。德国弗朗霍夫工业工程研究所(Fraunhofer IAO)进行了基于虚拟现实的装配规划系统的研究和开发。德国BMW公司建立了一个Virtual Process Week的体系，利用虚拟现实技术对汽车装配流程的合理性加以测试。日本N. Abe等开发了机械零件可装配性验证系统，支持设计者在虚拟环境下进行装配分析。

国内清华大学国家CIMS工程技术研究中心是最先开展虚拟装配研究开发的单位之一,多年来已在面向装配的设计、装配建模、装配顺序与路径规划、装配过程仿真、装配资源建模等方面做了较为深入的研究,开发实现了一个虚拟装配支持系统VASS(Virtual Assembly Support System)。浙江大学CAD&CG国家重点实验室采用CAVE系统建立了一个完全沉浸式的虚拟装配原型系统IVAS。华中科技大学CAD中心在Deneb环境下建立了一个虚拟装配系统,能够描述虚拟人工实时拆卸的过程,解决了虚拟环境下装配约束的动态管理及装配序列/路径的自动记录等关键技术。

6.4.3 虚拟再制造体系结构

在虚拟再制造出现以来,还未见有学者对其进行体系结构的构建,而对于虚拟制造有不少国内外学者从不同角度建立了虚拟制造系统的体系结构。最早提出虚拟制造体系结构的是日本大阪大学的Kazuki Iwata和Masahiko Onosato等人。德国的欧洲机电一体化中心、马里兰大学也相继提出了自己的体系结构。在我国,各科研院所也开展了相应的工作。上海交通大学提出了基于虚拟总线的VM体系结构。国家CIMS中心提出了基于装备开发管理(PDMⅡ)集成的虚拟设计、虚拟生产、虚拟企业框架。借鉴上海交通大学提出的虚拟总线的VM体系结构划分对再制造体系结构进行构建,设备虚拟再制造体系结构可分为数据层、活动层、应用层、控制层、界面层5层(如图5-15所示)。

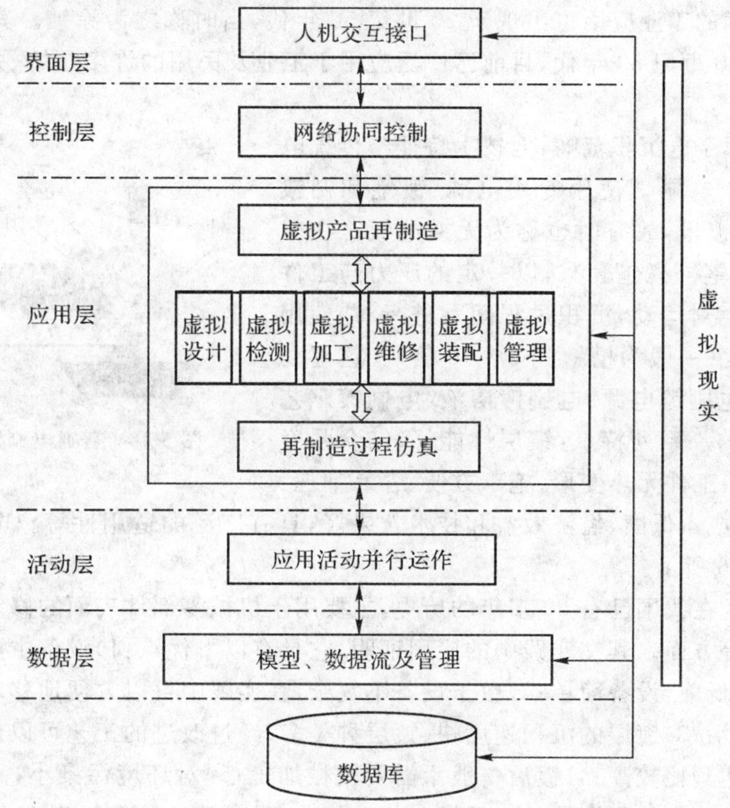

图5-15 虚拟再制造体系结构

6.4.4 虚拟再制造工程关键技术

虚拟再制造目前的理论基础与体系面对的是多种学科的交叉、多种高新技术的融合，需要研究和解决的问题很多。它的关键技术主要包括虚拟再制造系统信息挖掘技术、虚拟环境下再制造加工建模技术、虚拟环境下系统最优决策理论与技术、虚拟环境及虚拟再制造加工过程技术、虚拟质量控制及检测技术、基于虚拟现实与多媒体的可视化技术、虚拟再制造企业的管理策略与技术等内容。这些关键技术多沿用和拓展了虚拟制造的内容。根据虚拟再制造的特点与发展水平，当前应重点发展的技术是虚拟环境下再制造加工建模技术和虚拟环境及虚拟再制造加工过程技术。

6.5 普通电刷镀技术

电刷镀(electro brush plating)又称刷镀(brush plating)，起源于1899年法国人采用的棉团电镀法(tampon plating)，作为专门技术大约成形于20世纪40年代的欧洲。该技术在北美是1954年开始出现的。1954年到1964年间，部分早先开发出的电刷镀镀液在法国、美国、英国相继取得了专利。1956年，美国早先从事电刷镀的公司是Selectron Process，翻译成中文是塞莱创公司；1965年，法国早先从事电刷镀的公司是Dalic Process，翻译成中文是达立克公司；在这以后，电刷镀技术相继在英国、瑞士、苏联、日本也发展了起来。我国最早的电刷镀技术的工业应用也出现于20世纪50年代，当时称之为涂镀。其大规模的推广和应用则始于20世纪80年代，目前已广泛应用于工业及民用的许多领域，并取得了巨大的经济效益。

电刷镀仍属于电沉积范畴，但技术特征与传统电镀有很大区别。电刷镀使用专用电源、镀笔和刷镀液，无需常规电镀槽，故有时也称为无槽电镀。在电刷镀过程中，镀笔外裹包套布，以一定的压力与工件保持接触并作相对运动，沉积过程间歇进行，并使用很高的电流密度(一般为槽镀的5～10倍)。这些基本特点决定了电刷镀电源、电刷镀溶液、电刷镀工艺和电刷镀应用的一系列特点：镀层性能好、结合强度高、沉积速度快、工件无热变形、施工方便、容易掌握、对环境污染小、成本低廉、经济效益和技术效果好，具有广泛的适用性等。电刷镀的基本工作原理如图5-16所示。

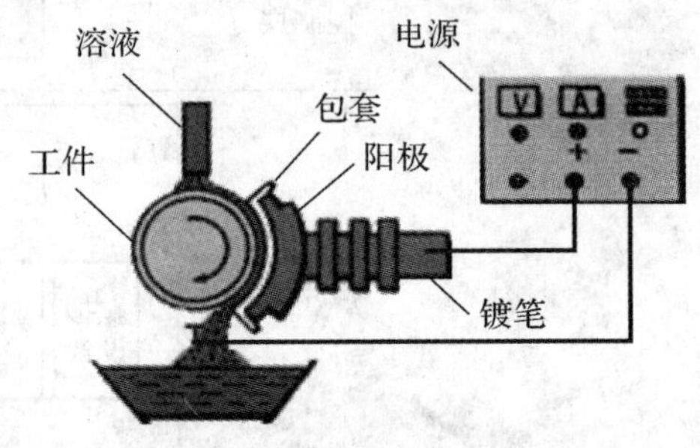

图5-16 普通电刷镀基本原理

电刷镀技术在我国已有20多年的历史，主要用于机械零部件表面的修复、强化防腐、需特殊功能改性等方面。其在实践中的应用证明，它具有以下优点：1)设备主要为电刷镀专用电源，而且成本低廉，设备简单；2)由于设备不复杂，在实践中可以方便地移动到工件现场操作，所以工艺灵活；3)镀层的沉积速度快、镀层种类多、经过改进的工艺可以使镀层和基体材料的结合强度达到比较高；4)镀后一般不需要机械加工；5)对环境污染小，完全可以在市内施工。就是以上优点使电刷镀的应用被很快地推广起来，产生了巨大的经济效益和社会效益。特别是机械不解体修复和现场修复的特点使其能够解决以往手段无法解决的难题。电刷镀技术现已广泛应用于煤矿、水泥、电力、铁道、港口、机床、军事、桥梁、船舶、钢铁冶金化工、纺织、橡胶、陶瓷、工程机械、液压系统、压力机械、皮革、印刷、模具、机械制造、造纸、汽车、航空航天、食品、制酒、制烟等众多需要表面技术的领域。

电刷镀是一种从电镀(槽镀)发展起来的、利用电化学原理在导电工件上进行金属离子沉积而形成镀层的新技术。随着电刷镀的应用实例的增多,其技术的优越性被越来越多的行业所重视。电刷镀是五种基本金属维修技术(焊接、喷涂、电镀、电刷镀、粘接)之一。该技术与其他技术相比具有以下特点:

(1)设备投资少,资金回收快,利润高,通常一套成套设备在1万元左右。

(2)设备轻便简单,不用镀槽,可在现场流动作业,特别适用于大重型零件现场就地修复。

(3)工艺灵活,操作方便,可沉积多种用途的单金属、合金镀层和组合镀层,根据需要可以方便地选用镀层的种类,可以刷镀镍、铜、铁、锡、金、银等。

(4)环境污染小,刷镀溶液中不含剧毒物。同时溶液的使用量少并可循环使用,产生的废液很少,溶液稳定,无闪点,储运过程中属非危险品。

(5)维修质量高。水溶液操作,不会引起被修复工件的变形和金相组织的变化,设备上采用专门的厚度控制装置,误差小于10%,镀层通常不需再机械加工。

(6)生产率高,节约能源。电刷镀具有高的沉积速度,最快时可达0.05 mm/min,成本低。

7 装备再制造中的虚拟现实技术

7.1 装备再制造中的可视化

可视化(visualization)是利用计算机图形学和图像处理技术,将数据转换成图形或图像在屏幕上显示出来,并进行交互处理的理论、方法和技术。它涉及计算机图形学、图像处理、计算机视觉、计算机辅助设计等多个领域,成为研究数据表示、数据处理、决策分析等一系列问题的综合技术。可视化技术最早运用于计算科学中,并形成了可视化技术的一个重要分支——科学计算可视化(visualization in scientific computing)。科学计算可视化能够把科学数据,包括测量获得的数值、图像或是计算中涉及、产生的数字信息变为直观的、以图形图像信息表示的、随时间和空间变化的物理现象或物理量呈现在研究者面前,使他们能够观察、模拟和计算。科学计算可视化自1987年提出以来,在各工程和计算领域得到了广泛的应用和发展。

最近几年计算机图形学的发展使得三维表现技术得以形成,该技术使我们能够再现三维世界中的物体,能够用三维形体来表示复杂的信息,这种技术就是可视化技术。可视化技术使人能够在三维图形世界中直接对具有形体的信息进行操作,和计算机直接交流。这种技术已经把人和机器的力量以一种直觉而自然的方式加以统一。这种革命性的变化无疑将极大地提高人们的工作效率。可视化技术赋予人们一种仿真的、三维的并且具有实时交互的能力，这样人们可以在三维图形世界中用以前不可想象的手段来获取信息或发挥自己创造性的思维。机械工程师可以从二维平面图中得以解放，从而直接进入三维世界，很快得到自己设计的三维机械零件模型。医生可以从病人的三维扫描图像分析病人的病灶。军事指挥员可以面对用三维图形技术生成的战场地形，指挥具有真实感的三维飞机、军舰、坦克向目标开进并分析战斗方案的效果。

更令人惊奇的是目前正在发展的虚拟现实技术，它能使人们进入一个三维的、多媒体的虚拟世界，人们可以游历远古时代的城堡，也可以遨游浩瀚的太空。所有这些都依赖于计算机图形学、计算机可视化技术的发展。人们对计算机可视化技术的研究已经历了一个很长的历程，并且形成了许多可视化工具，其中SGI公司推出的GL三维图形库表现突出，易于使用而且功能强大。利用GL开发出来的三维应用软件颇受许多专业技术人员的喜爱，这些三维应用软件已涉及建筑、装备设计、医学、地球科学、流体力学等领域。随着计算机技术的继续发展，GL已经进一步发展成为OpenGL。OpenGL已被认为是高性能图形和交互式视景处理的标准，目前包括ATT公司UNIX软件实验室、IBM公司、DEC公司、SUN公司、HP公司、Microsoft公司和SGI公司在内的几家在计算机市场占领导地位的大公司都采用了OpenGL图形标准。

怎样来分析大量、复杂和多维的数据呢？答案是要提供像人眼一样的直觉的、交互的和反应灵敏的可视化环境。因此，可视化技术的主要特点是：

(1)交互性。用户可以方便地以交互的方式管理和开发数据。

(2)多维性。可以看到表示对象或事件的数据的多个属性或变量，而数据可以按其每一维的值，将其分类、排序、组合和显示。

(3)可视性。数据可以用图象、曲线、二维图形、三维体和动画来显示，并可对其模式和相互关系进行可视化分析。

可视化的应用十分广泛，几乎可以应用于自然科学、工程技术、金融、通信和商业等各种领域。图5-17、图5-18所示为虚拟可视化技术在实际工作中的运用。

虚拟再制造的可视化技术是指将虚拟再制造的数据结果转换成图形和动画的形式，使仿真结果可视化并具有直观性。采用文本、图形、二维/三维动画、声音等多媒体手段，实现虚拟再制造在计算机上的实景仿真，获得再制造的虚拟现实，将可视化、临场感、交互、激发想象结合到一起产生沉浸感，是虚拟再制造实现人机交换的重要方面。该部分的研究内容包括可视化映射技术、人机界面技术、系统实现技术、数据管理和操纵技术等。目前，美、日、英等国在虚拟再制造技术与可视化技术方面进行了深入的研究，已经把虚拟现实技术成功地运用到生产、装配、维修等实践之中。如华盛顿州立大学研制开发了虚拟装配设计系统(VADE)，威斯康星大学开发了虚拟拆卸软件，英国的Salford大学开发了面向装配和维修操作的沉浸式和非沉浸式虚拟环境等。

7.2 虚拟再制造企业管理技术

虚拟再制造企业属于虚拟企业范畴，也是企业动态联盟的一种表现形式，它是以再制造为手段，多个相关企业信息技术为基础，去谋求迅速响应市场需求的动态合作形式。虚拟再

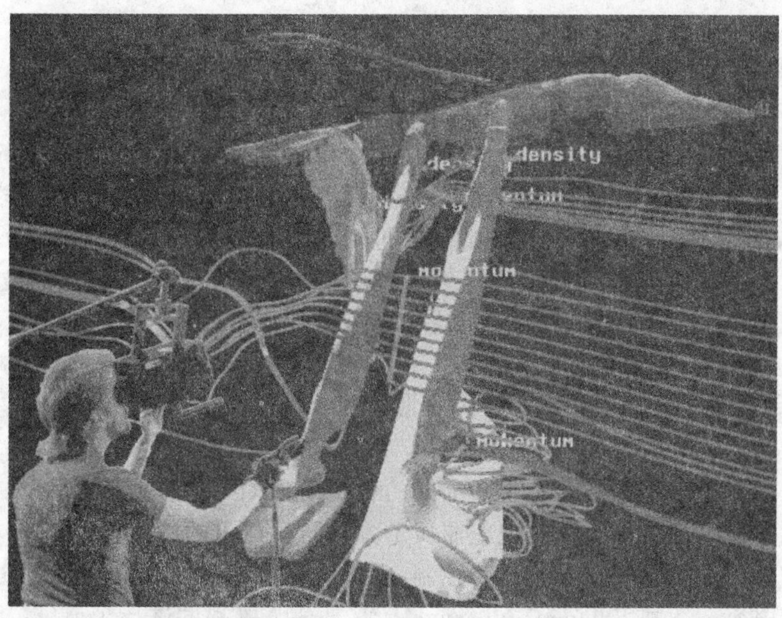

图 5-17　美国航空航天局阿姆斯研究中心的虚拟风洞

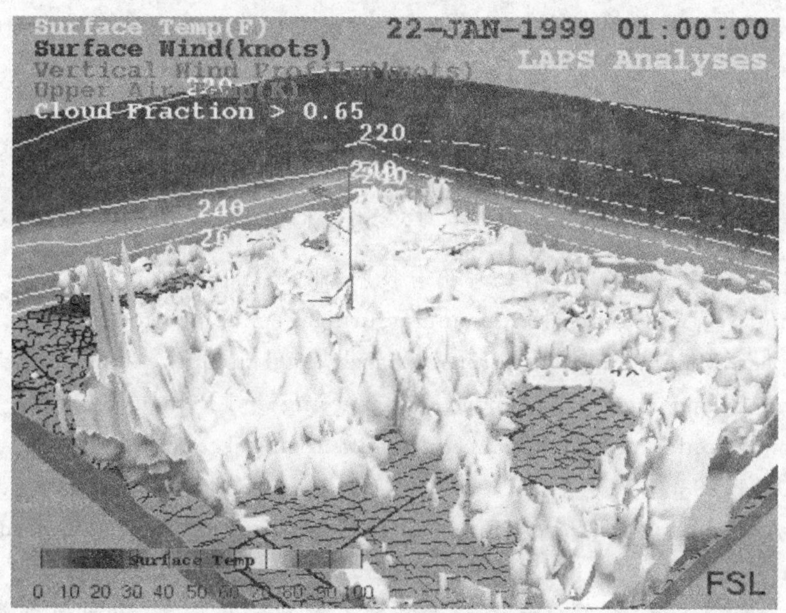

图 5-18　美国国家海洋和大气局预报的北克拉罗多的天气数据的三维图象

制造是建立于虚拟企业的基础上，对其全部生产和管理过程的仿真。虚拟再制造企业的管理策略是虚拟再制造的重要组成部分，其研究内容包括决策系统仿真建模、决策行为的仿真建模、管理系统的仿真建模以及由模型生成虚拟场景的技术研究。

7.3 虚拟环境和虚拟再制造加工过程技术

虚拟再制造加工是虚拟再制造的核心内容，虚拟再制造加工不仅可以节约创新再制造装备开发的投资，而且还可以大大缩短装备开发周期。虚拟再制造加工包括虚拟工艺规程、虚拟加工、装备性能估计等内容。再制造加工包括对废旧装备的拆解、清洗、分类、修复或改造、检测、装配等过程的仿真，而建立基于真实动感的再制造各个加工过程的虚拟仿真，可以实现再制造的虚拟生产，为再制造的实际决策提供科学依据。

7.4 虚拟质量控制和在线检测

质量活动贯穿于再制造装备全生命周期的各个阶段，再制造过程质量控制和质量管理是实现设计意图、形成装备质量、实现企业质量方针与质量目的的重要保证。虚拟质量控制和检测技术可分为虚拟在线质量检测及控制、虚拟统计过程控制、虚拟再制造过程质量预测控制等方面的内容。德国 Erlanger-Nuerngerg 大学对虚拟测试进行了研究，提出了虚拟测试系统原理的虚拟 ATE 模型，实现了利用外部测试程序取代测试设备、控制测试以及信号流的功能，取得了良好的效果。

参考文献

[1] 徐滨士等编著.装备再制造工程的理论与技术.北京:国防工业出版社,2007

[2] Xu B,Zhang W,Liu S C,et al. Remanufacturing Technology for the 21' Century. The 15' European Maintenance Conference,March,2000 in Gothenburg,Sweden: 335-339

[3] Xu Bin-shi, Zhang Zhen-yue. Surface Engineering and Remanufacturing Technology. International Conference on Advanced Manufacturing Technology 99,Xi'an,New York Press,1999:1129-1132

[4] Klann D A,Tipton S M,Cords T S. Notch Stress and Strain Estimation Considering Multiaxial Constraint,SAE Technical Paper,1993: 41-93

[5] 朱绍华,刘世参,朱胜.谈绿色再制造工程的内涵和学科构架.中国表面工程,2005,51(2): 6—11

[6] 孙良欣.中国清洗行业现状与发展趋势展望.洗净技术,2003,(1):1—2

[7] 张德孝.对国内清洗行业现状及未来发展策略的认识.洗净技术,2004,2(9):50—54

[8] 张秀棉等.超声波技术及其在汽车工业中的应用.清洗世界,2006,22(1):13—16

[9] Bogdan Niemczewski. Observations of Water Cavitation Intensity under Practical Ultrasonic Cleaning Conditions. Ul-trasonics Sonochemistry,2007 (14): 13-18

[10] 高建刚,武英,向东等. 机电产品拆卸研究综述. 机械工程学报,2004,40(7):1—10

[11] 倪俊芳,莫建中,蔡建国. 可拆卸性设计的理论及应用. 上海交通大学学报,1997,31

(12):99—101

[12] 周炜,刘继红. 虚拟环境下人工拆卸的实现. 华中科技大学学报,2000,28(2):45—47

[13] 郭茂,蔡建国,童劲松. 基于 Petri 网的产品拆卸模型研究. 中国机械工程,2000,11(9): 1007—1009

[14] 徐滨士,等.再制造工程基础及其应用.哈尔滨:哈尔滨工业大学出版社,2005

[15] 徐滨士,等.现代制造科学之 21 世纪的再制造工程技术及理论研究. 国家自然科学基金委员会机械学科前沿及优先领域研讨论文集,广州,1999

[16] Lee H B, Cho N W, HONG Y S. A Hierarchical End-of-life Decision Model for Determining the Economic Levels of Remanufacturing and Disassembly under Environmental Regulations. Journal of Cleaner Production, 2010,18(13):1276-1283

[17] 徐滨士,朱胜,马世宁,等. 装备再制造工程学科的建设和发展. 中国表面工程,2003,16(3):3—5

[18] 徐滨士,马世宁,刘世参. 绿色再制造工程设计基础及其关键技术. 中国表面工程,2001,14(2):12-15

[19] 无损检测学会编. 射线检测(第 3 版). 北京:机械工业出版社,2003

[20] 仲维畅.金属磁记忆法诊断的理论基础.无损检测,2001,23(10):424—426

[21] Chechko. Using the Method of Magnetic Memeory of Metal to Evaluate the Service Life of the Iterms of Power Equipment at the Konakovo District Power Station. Thermat Engingeering,2002,49(12):1028-1031

[22] 徐龙堂,徐滨士,周美玲. 含纳米粉镀液的电刷镀复合镀层试验研究. 中国表面工程,1999,12(3):7—10

[23] 涂伟毅,徐滨士,蒋斌,等. n-SiO_2/N 电刷镀复合镀层的组织结构和沉积机理. 材料研究学报,2003,17(5):530—536

[24] Marple B,Voyer R J,Bisson J F,et al. Thermal Spraying of Nanostructured Cermet Coatings. Journal of Materials Processing Technology,2001,117 (2):418-423

[25] 张魁武.国外激光熔覆应用和直接熔覆金属零件及梯度材料制造.金属热处理,2002,27(9):1—4

[26] 徐滨士,等.表面工程与热喷涂技术及其发展.中国表面工程,1998,38(1):3—9

[27] 佘力,等.定向凝固高温合金 DZ125 的修复热处理.金属热处理,2005,30(10):77—79

[28] 崔培枝,姚巨坤,朱胜.虚拟再制造研究的体系框架.装甲兵工程学院学报,2003,17(2):85—88

[29] 肖田元,韩向利,张林照.虚拟制造内涵及其应用研究.系统仿真学报,2001,13(1):118—123

[30] G-randl Reinlaard. Virtual Process Week in the Experimental Vehicle Build A at BMW AG. Roboticsand Computer Integrated Manufacturing,2001,17(2):65-71

[31] Roessler A. Assembly Planning in Virtual Environment-Scenarios and Potentials Fraunhofer-Gescellschaft IAO Vis-Lab[EB/OL]. http: /www. iao. fhg. de /VR/research areas/ Assembly/OVERVIEW em. Html,1998

专题6 故障诊断技术现状及其发展趋势

浙江大学 向 玲[①] 杨世锡[②]

1 引 言

设备故障诊断技术是随着电子计算机技术、现代测量技术和信号处理技术的发展而发展起来的，是一门了解和掌握设备在使用过程中的状态，确定其整体或局部是否正常，以便早期发现故障及原因，预报故障发展趋势并提出相应排除方法的技术。设备故障诊断技术的实施过程主要包括设备状态特征信号的获取、从特征信号中提取状态征兆、故障的模式识别和维修决策的形成。基于故障预测的设备故障诊断是以信号采集与处理为中心，多层次、多角度地利用各种信息对设备的状态进行评估，并预知异常故障和预测未来的技术状态，从而正确地作出决策。

故障诊断理论与技术的研究起源于20世纪60年代末期。1967年，在美国国家宇航局(NASA)的倡导下，由美国海军研究室(ONR)主持成立了美国"机械故障预防小组(MFPG)"。在英国，20世纪60年代末至70年代初，以科拉科特(R. A. Collacott)为首的英国"机械保健中心(Mechanical Health Monitoring Center)"率先开展研究工作，在宣传、培训、咨询、制订计划、故障分析以及诊断技术开发等多方面取得了很好的成效。欧洲其他国家的设备诊断技术研究也有不同程度的进展，在某些方面占据领先地位，如瑞典的SPM轴承监测技术、挪威的船舶诊断技术、丹麦的振动及噪声分析和声发射技术等。在日本，设备诊断技术在民用工业(如钢铁、化工和铁路等)部门发展迅速，并占有一定的优势。新日铁于1971年率先开展了设备故障诊断技术的开发研究工作，1976年基本上进入了实用阶段，开发完成了商品化的专用诊断仪器。法国电力部门(EDF)从1978年起就在透平发电机上安装离线振动监测系统，到20世纪90年代初又提出了监测和诊断援助工作站(Monitoring and Diagnosis Aid Station)的设想。90年代中期，其专家系统PSAD及其DWA子系统在透平发电机组和反应堆冷却泵的自动诊断上得到了应用。丹麦的B&K公司在20世纪90年代推出了新一代状态监测与故障诊断系统——B&K3450。美国Bently公司的在线监测系统则在全球范围内，尤其是在中国得到广泛应用。日本三菱重工首先研制出机械状态监测系统，并在多台核电站和商业热电站使用，后来又发展成带诊断规则描述以及采用模糊逻

① 向玲，1970年生，副教授，浙江大学机械工程学系博士后。

② 杨世锡，1968年生，教授，浙江大学机械工程学系博导。

辑分析确定置信因素功能的振动诊断专家系统。我国自 20 世纪 70 年代末开始吸收国外先进诊断技术和设备,80 年代初有关院所开始研究状态监测与故障诊断。在开展基础性理论研究的同时,着力研制新型实用监测与诊断仪器。现在无论是理论研究还是技术应用方面,我国已进入普及与提高相结合的阶段,并已形成高校、研究所及工厂的梯队式研究、开发和应用层次,在一些方面接近国际先进水平。

故障诊断技术引入生产现场已经 40 多年。最初,设备较为简单,维修人员主要靠感觉器官、简单仪表和个人经验来进行故障的诊断和排除工作,这就是传统的诊断技术。随着现代设备的复杂化,传统的诊断方法已远远不能适应了。一旦因故障停机,损失就非常巨大。国内外曾经发生的空难、爆炸、断裂、泄漏、毁坏等恶性事件,造成了巨大的经济损失,产生了严重的社会影响。这些严重的甚至灾难性的事件不断发生,迫使人们在设备的故障诊断方面进行大量的研究,形成了机器设备、工程结构和工艺过程的故障诊断这一新兴的研究领域。应用故障诊断技术对机械设备进行监测和诊断,可以及时发现机器的故障和预防设备恶性事故的发生,从而避免人员的伤亡、环境的污染和巨大的经济损失。应用故障诊断技术可以找出生产设备中的事故隐患,从而对机械设备和工艺进行改造以消除事故隐患。状态监测及故障诊断技术最重要的意义在于改革设备维修制度。一直以来多数工厂的维修制度是定期检修,这会造成很大的浪费。由于诊断技术能诊断和预报设备的故障,因此在设备正常运转没有故障时可以不停车,在发现故障前兆时能及时停车。按诊断出故障的性质和部位,可以有目的地进行检修,这就是预知维修——现代化维修技术。把定期维修改变为预知维修,不但节约了大量的维修费用,而且由于减少了许多不必要的维修时间,大大增加了机器设备正常运转时间,大幅度地提高了生产效率,能产生巨大的经济效益。国内外许多资料表明,开展故障诊断技术的经济效益是明显的。据日本统计,在采用诊断技术后,事故率减少 75%左右,维修费降低 25%～50%;英国对 2000 个国营工厂的调查表明,采用诊断技术后每年节省维修费 3 亿英镑,用于诊断技术的费用仅为 0.5 亿英镑。

经过 40 年不懈的努力,一些新的技术不断地被引入到故障诊断领域,使故障诊断技术不断丰富与完善。许多大型系统或关键设备在设计阶段就考虑到对故障诊断的要求,故障诊断系统的规模也从原来的单机监测发展到现在的远程分布式监测系统。现代设备故障诊断技术已发展成以现代动力学、计算机技术、网络技术、人工智能、模式识别、现代数字信号处理、数学、信号采集为中心的一门新兴学科。

综上所述故障诊断技术的发展大体经历了以下几个发展时期:

1. 人工离线监测与诊断方式

有经验的设备维护人员,利用常规检测仪表或较复杂的分析仪器设备进行人工巡检,根据自己的经验对设备的状态及发展趋势做出判断。这种监测方式只能对设备做出一些简单的判断。

2. 单机集中式在线监测与诊断系统

这种监测诊断技术是以一台计算机为中心,并配备有信号分析处理、工况监测、故障诊断模块。设备的所有监测情况,如传感器信息等,都传送到这台计算机,由此机分析诊断。这类系统集主要功能于一体,维护方便且投资较少,主要用于重要的主体设备。

3. 基于局域网的远程故障诊断系统

基于局域网的远程故障诊断系统是分布监测诊断系统的新的组成形式,由单纯的监测诊断向监测、诊断、管理和调度的集成化方向发展。综合了单机系统的优点,采用多台微机通过网络通信技术形成一个完整的诊断网络。

4. 基于 Internet 的远程故障诊断技术

基于 Internet 的远程故障诊断技术是传统故障诊断技术与网络技术、计算机技术和现代通讯技术相结合的一种新兴技术。这类系统采用 Internet 技术实施异地远程诊断,能充分利用远程专家的技术支持和共享数据,大大地提高了诊断效率。

计算机技术的飞速发展、各种新型传感器的出现和信号分析手段的完善为诊断技术的发展提供了很好的机会。以前难以解决的问题由于高速、大容量计算机的出现变得容易解决,特别是分布式、并行处理技术和网络技术的发展使问题的解决变得更加容易。今后故障诊断技术的发展会出现如下趋势:

(1) 诊断系统的智能化仍是今后发展的主要方向

人工智能故障诊断方法,如基于专家系统的方法和基于人工神经网络的方法,模糊诊断等各种智能诊断方法仍是今后研究的重点。

(2) 诊断技术的发展将由单纯的监测诊断向监测诊断、管理调度的集成化方向发展

根据当前设备的状态决定设备运行方式或策略,最终预知故障,从而防止故障的发生,是目前故障诊断技术最高级的集成化趋势。它是把诊断系统和控制系统进一步结合,达到了集监测、诊断、控制、管理于一身。

(3) 远程协作诊断系统

远程诊断对于作业分布面广、工作条件恶劣的工程机械更加急需。远程诊断首先是诊断任务调度,其次是远程数据获取。理想的情况是能以远程控制采集系统的方式获取需要的信息,然后针对某个诊断对象,采用相应的某一诊断方法或某些诊断方法的融合,对异地设备进行远程故障诊断,快速传递诊断结果。

(4) 诊断系统综合化

由过去的单纯的监测和诊断,向集监测、诊断、管理、咨询和训练一体化的综合化的方向发展。

2 研究现状

2.1 故障诊断的内容

现代机械日益高速化、大型化、自动化和精密化,事后维修制(run-to-breakdown maintenance)和定期预防维修制(time-based preventive maintenace)显得越来越难以适应,因而,作为状态维修制(on-condition maintenance)的技术基础——故障诊断技术的研究已理所当然地成为当代工程科技的热点之一。故障诊断通过机械运行中的相关信息来识别其技术状态是否正常,确定故障的性质与部位,寻找故障起因,预报故障趋势,并提出相应对策。目前故障诊断技术已获得迅猛发展,新理论、新技术和新方法不断出现并日趋完善,并已基

本形成了一个学科体系。该学科以故障机理和技术检测为基础,以信号处理和模式识别为其基本理论与方法。一般的机械系统故障诊断系统从物理上划分为机械测量、监视与保护、数据采集、状态分析、网络数据传输等 5 个部分;从功能上,机械系统故障诊断系统又可分成状态监测、故障诊断、诊断决策 3 个部分,如图 6-1 所示。

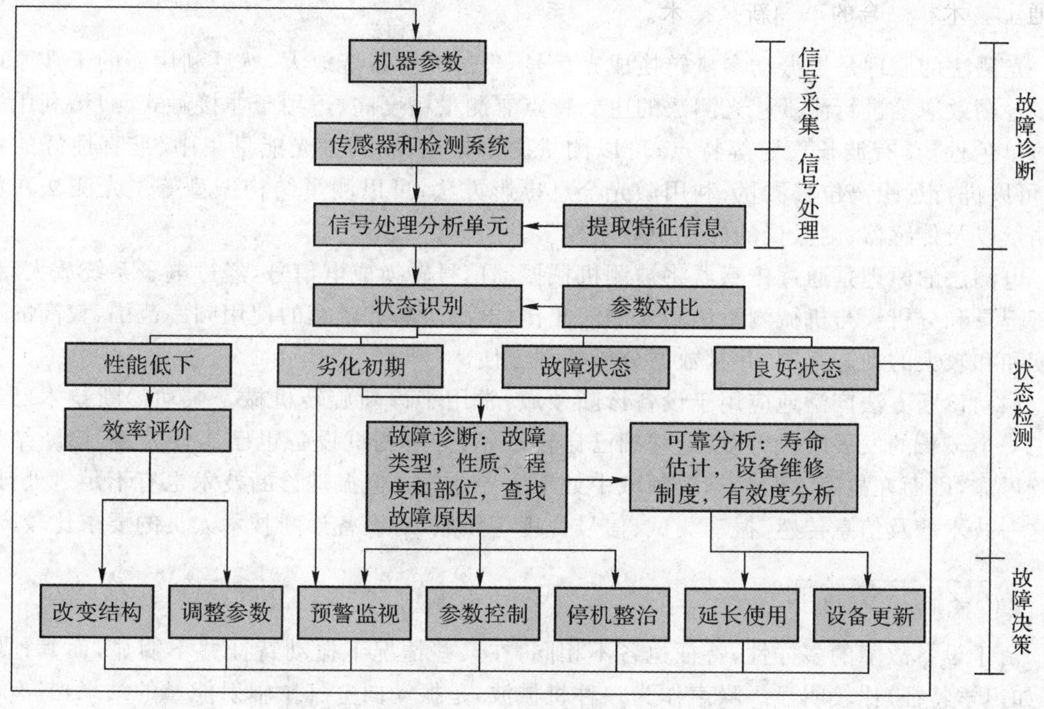

图 6-1 故障诊断的内容和实施过程

2.2 设备诊断技术

经过多年的发展与完善,故障诊断技术已形成了多种行之有效的方法,就其技术手段而言,已逐步形成以振动诊断、抽样分析、温度监测和无损探伤为主,其他技术为辅的局面。这其中又以振动诊断涉及的领域最广、理论基础最为雄厚、最具生机与活力。

2.2.1 振动检测技术

设备的零部件、整机都有不同程度的振动。机械设备的振动往往会影响其工作精度,加剧设备的磨损,加速疲劳破坏。而随着磨损的增加和疲劳损伤的加重,机械设备的振动将更加剧烈。如此恶性循环,直至设备发生故障、破坏。设备发生故障时,常表现为振动频率的变化。通过检测振动的频率、转数、速度、加速度、位移量、相位等参数,并进行分析,从中可以找出产生振动变化的原因。振动分析法主要采用时域分析、频域分析、时序分析、时频域分析等方法来分析所采集的振动信号。振动信号是设备状态信息的载体,它包含了丰富的设备故障信息。振动特征是设备运行状态好坏的重要标志。

振动检测就是将振动运动量转变为与之成正比的电学或者其他便于观察、显示或处理的物理信号。振动参数的测量有各种不同的方法,按其测量过程的物理性质可以分为三类,即机械测量法、光测法和电测法。

机械测量法的原理是利用杠杆机构进行放大，把振动波形用笔尖直接记录到运动的纸带上。其主要特点是抗干扰能力强，构造简单，但频率范围和动态线性范围窄，灵敏度低，测量的振幅不能够太小，给振动体附加的质量大等。其主要应用场合是低频大振幅振动和扭转振动。

光测法的原理是把振动参量转换成光信号，经过光学系统放大，然后利用光的干涉原理和多普勒效应等进行测量。光测法的主要特点有测量精度高、适用于非接触式测量；利用激光的单色性，具有波长稳定等特点；可以测量微小振动；利用激光能量集中、准直性好的特点，可以进行远距离位移测量；利用激光全息摄影方法，可以测量结构振型等。光测法在精密测量以及传感器、测振仪的标定中应用较多。

电测法的原理是通过传感器将被测机械振动信号转换成电信号，经过电子系统放大后，进行记录和分析。与机械测量法和光测法相比，电测法具有较宽的使用频率范围、较高的灵敏度和和较大的动态范围，并且数据分析处理方便。

振动诊断方法广泛地应用于设备诊断领域，常用于诊断旋转机械。振动诊断技术已经历了一个较长的发展阶段，其理论基础已比较雄厚，分析测试设备也已比较完善，诊断结果比较可靠，因而在故障诊断的整个领域中处于主导地位。但振动诊断技术也有不足之处，因为这一技术涉及信息传感、振动测试、信号处理等领域，对设备诊断技术人员的要求比较高。

2.2.2 声学检测法

由于设备故障的多样性，特征也各不相同，在某些情况下振动特征并不明显，而其他特征（如声学特征）比较明显。噪声作为一种机械波，是振动向空气中辐射能量的结果，具有与振动信号同等的功能，蕴含着丰富的机器状态信息，是一项重要的衡量指标。当机器零件的自身运动以及零件之间的相互运动状态发生变化时，机器的噪声信号也会随之变化。例如设备发生旋转不平衡、构件碰磨、机座松动、管道泄漏等故障时会产生明显的异常噪声，通过分析能够对机器运行状态进行状态监测与故障诊断。利用噪声信号进行故障诊断成为近年来故障诊断领域新的发展方向，被称为声学诊断技术。与振动诊断技术相比，声学诊断技术具有非接触式测量、设备简单、信号易于测取、传感器安装灵活、不影响设备正常工作和在线监测等优点。声学检测法尤其适合应用在振动信号不易测量的场合，是一种简易快速的故障诊断技术。

人们在最早开始进行故障诊断的时候，就是采用听诊法进行诊断，即利用设备运行时发出的声音来诊断。如果设备的声音突然发生变化，往往说明设备有故障，有经验的师傅能根据声音判断出故障类型。听诊法只适合于有经验的工人，包含较大的人为因素。由于掌握这种方法不易，因此它无法适用于现代化工业。

统计能量法也是一种基本的声学诊断技术。当设备发生故障时伴随有异常噪声，不仅设备的音质发生变化，辐射的声能量也发生变化，根据该变化就可诊断出故障。在实际应用中，这种方法容易受环境的影响，依赖于操作人员的经验，技巧不易掌握。这也是一种简易的声学诊断方法。目前，一些电机厂家仍采用该法对电机装配质量进行检测。

与前两种方法相比，声发射（Acoustic Emission，AE）是一种比较成熟的声学诊断方法。该方法利用金属材料在外力作用下释放内部贮存能量所引起的弹性波来识别故障，对运行状态下构件的缺陷的产生和发展有较好的诊断效果。

声源识别对有效地提取声学特征至关重要。声源识别方法主要分为三类:1)传统识别方法,如主观评价法、分部运转法、分别覆盖法、近场测量法、表面速度测量法、表面强度法、声强测量法;2)基于信号处理的识别方法,如频谱分析法、倒谱分析法、常相干函数法、偏相干函数法;3)声全息方法,如近场声全息、等效源法、局部近场声全息等。

传统的几种声源识别方法各具优点,适用场合不尽相同。主观评价法适用于有经验的专业人员,对简单声源有效,但无法获得定量数值。分别运行法是将各部件依次脱开运行,从而获得各个部件或组件对总声级的影响,适用于各零件可以分别运行的情况。分别覆盖法是利用密封隔声罩,分别暴露机器的不同表面,测量辐射噪声,因而比较耗时,成本较高。近场测量法是靠近各个声源进行测量,适用于声源尺寸较大的情况,在混响场中也无法实现,所以它只能近似反映各声源的强弱,精度不高。表面振速测量法利用物体结构表面的声—振关系,通过测量表面振速来反映辐射声功率的强弱,从而鉴别主要声源。表面强度法采用传声器和加速度传感器近场测量,获取物体表面声辐射,但对旋转部件和高温部件无法适用。声强法相对于表面强度法先进,采用非接触式测量,能较准确地识别噪声源,但由于造价甚高限制了其使用。总之,传统的噪声源识别方法普遍存在识别精度不高、实现困难等缺点,仅用作简单的声源识别。

基于信号处理的声源识别方法是通过对声信号进行空间采样和变换来识别声源。频谱分析和倒谱分析通过计算信号的功率谱密度函数,根据其频率特性来鉴别主要声源。常相干函数法和偏相干函数法是假设一个噪声传递系统,利用输入输出信号的相关性来评估声源近场测量点对于评价点的贡献大小,从而找出影响最大的声源。这几种方法的分析结果都比较精确,但容易受传感器的安装位置的影响,而且测点少,提供的信息十分有限。

声全息方法是通过测量一个二维面(称为全息面)上的声压,运用重构算法来重构声源表面的三维声场(包括声压、声强和法向振速),最后将声场以图形或动画的形式显示出来。与上述两类方法相比,声全息方法不仅利用了声信号的强度信息,还利用了其相位信息,结果特别直观,可以很容易地对声源进行定位、量化,并能显示噪声的传播路径。由于声全息在频域进行,自然地继承了上述方法在频域的分析特点。

盲源分离是指在源信号与传递通道参数均未知的情况下分离源信号的技术。独立分量分析法是盲分离算法的基本框架。机械噪声故障特征提取的难点在于观测信号的信噪比较小。将盲分离技术引入噪声故障特征提取,通过声源信号的相互独立性质,可以使用盲分离算法从观测的混合信号中提取独立声源信号。

2.2.3 无损检测法

无损检测是以不改变被检测对象的状态和使用性能为前提,应用物理和化学等现象,对各种工程材料、零部件和产品进行有效的检验和测试,测定材料结构物理和机械性能或内在各种缺陷以及其他技术参数,借以评价它们的完整性、连续性、安全可靠性以及适用性的综合性应用的检测技术。无损检测技术可改进产品制造工艺、降低制造成本、提高设备的运行可靠性。由于现代工业和科学技术的进步与工业生产的发展,近一二十年来无损检测技术有了异常迅速的发展,形成了一门富有生命力的新兴学科。无损检测学科几乎涉及了物理科学中的光学、电磁学、声学、原子物理学以及计算机、数据通讯等学科,在冶金、机械、石油、化工、航空、航天各个领域有广泛的应用。其应用涉及科学技术的各个领域,已发展形成了数十种无损检测的方法,并且成为保证产品质量、仪器设备可靠,以及诸如核反应堆、宇宙飞船等工程安全运转的重要手段。同时,随着航空、航天、核工业和军工业等高科技尖端技术的发展,一系列新材料、新结构及新工艺也随之快速地发展起来。这些新材料、新工艺的不断涌现和检测的范围、精度等要求的提高,促使人们不断研究新的检测方法以适应实际应用的需要。作为现代工业的基础技术之一,无损检测技术在保证产品质量和工程质量上发挥着越来越重要的作用,其"质量卫士"的美誉已得到工业界的普遍认同。毫无疑问,无损检测在国民经济的发展中是非常重要的,也具有巨大的经济价值。

20世纪中期,在现代化工业大生产促进下,建立了以射线检测(RT)、超声检测(UT)、磁粉检测(MT)、渗透检测(PT)和电磁检测(ET)五大常规检测方法为代表的无损检测体系。随着现代科学技术的不断发展和相互间的渗透,新的无损检测技术不断涌现,新的无损检测方法层出不穷,建立起一套较完整的无损检测体系,覆盖工业化大生产的大部分领域。进入20世纪后期,世界的科学技术得到飞速的发展,以计算机和新材料为代表的新技术促进了无损检测方法本身的快速发展,例如X射线实时成像、工业CT、声发射、微波、红外成像、激光全息成像等无损检测方法,据不完全统计,目前已有近50种方法被列入无损检测的范畴。无损检测技术已历经一个世纪,其重要性在全世界已得到公认。统计资料显示,经过无损检测后的产品增值情况大致是:机械产品为5%,国防、宇航、原子能产品为12%~18%,火箭为20%左右。如德国奔驰公司汽车的几千个零件经过无损检测后,整车运行公里数提高了一倍。

目前,应用比较广泛的无损检测技术有超声、射线、涡流、磁粉、渗透、红外和微波检测等,这些方法各有所长,也各有其局限性。例如,超声检测对裂纹、未熔合等长条类缺陷的检出率较高,但对体积状缺陷的检出率较低;射线检测对气孔、夹渣等体积状缺陷较敏感;磁粉检测可以确定钢铁材料表面缺陷的位置和分布,却无法判断缺陷的内部形状和取向;涡流检测在导电材料表面及近表面的缺陷检测中效果明显,而在深层缺陷检测上受到很大限制。因此,无论采用哪种方法都不能同时检出所有的缺陷。所以,充分利用各种无损检测方法的长处,相互结合,取长补短,提高无损检测的全面性、可靠性和准确性一直是人们关注的课题。

2.2.4 温度检测

温度与机械设备的运行状态密切相关。对于温度特别敏感的机械设备,可用温度诊断技术,查找机件缺陷和诊断各种由热应力引起的故障。随着现代热传感器和检测技术的发展,温度诊断技术已成为故障检测技术的一个重要发展方向。

温度检测约占工业检测总数的50%左右,并且它与机械设备的故障紧密相连:一方面,润滑不良造成机件的异常磨损、涡轮增压器以及发动机的排气管阻塞、电气接点烧坏等常见故障形式都会造成相应部位的温度增高;另一方面,材料的机械性能与温度有密切的关系。因此,机械故障的温度诊断在故障诊断中占有重要地位。由于机器振动变化的信息能反映出机器出现异常或发生故障,此外机器轴的磨损和过热等都会造成温度的升高,甚至裂纹的产生与发展也会引起其附近的温度变化。所以对高速旋转机器进行温度诊断十分重要。

温度检测法并不是单一靠检测温度来对设备进行故障诊断,将其跟其他技术方法相结合就能更方便地应用于工程实践中。

2.2.5 油样分析

油样分析技术是油液污染度和气体污染度的检测技术。在各种油箱、油缸、管路中固体颗粒状污染物是造成机件磨损、刮伤、卡死、堵塞的主要原因。据统计,70%以上的液压设备故障是由于固体颗粒物的污染造成的。所以,油液污染物的测定是预防机件破坏的有效途径。而气体污染是在故障形成过程中或故障形成后产生的故障,这种检测方法主要用于电气故障、发动机故障及空压机故障的监测。

油液分析技术又称为设备磨损工况监测技术,是一种新型的设备维护技术,它利用油液所携带的设备工况信息来对设备的当前工作状况以及未来工作状况作出判断,从而为设备的正确维护提供了有效的依据,达到预防性维修的目的。油液在设备中的各个运动部位循环流动时,设备的运行信息会在油液中留下痕迹,这些信息主要包括以下 3 个方面:油液本身的物理和化学性质的变化;油液中设备磨损颗粒的分布;油液中外侵物质的构成以及分布。采用油液分析技术进行机械设备故障诊断的特点有:不拆机,无需安装传感器(随机监测除外);操作易于掌握,方法十分简单和直观;信息量较大;需要有一个严密的管理体系(如油样的递送、机器状态的反馈等)作为开展工作的组织保证;需要建立一个计算机管理系统,以完成大量数据的管理工作。油液分析中,目前应用较多的有光谱分析和铁谱分析两种。油液分析结果有种类多、表征各异、离散与随机性、定量与定性交叉、信息量大、信息冗余和不一致性等特点,因此必须对油液分析的信息加以信息综合及信息融合。

2.2.6 铁谱技术

20 世纪 70 年代初期,国际上出现了一种新的磨粒检测技术——铁谱技术(ferrography)。它是由美国麻省理工学院机械系的 W. W. Seifert 和美国 Foxboro 公司的 V. C. Westcott 共同研究并命名的。它的基本原理是可在正常运行设备中抽取少量的润滑油样,经过一定的处理,利用专门设计的高梯度强磁场装置,把油样中金属磨损颗粒分离出来,进行磨粒、形状及组成等的定性和定量分析。铁谱分析主要由直读式铁谱仪和分析式铁谱仪进行油样的检测分析,以获得机械磨损的可靠信息,再由专家系统等相关软件据检测结果诊断机械磨损的部位、性质和程度,并作出运转设备故障预测等。铁谱分析技术对于摩擦系统的各种摩擦故障的诊断十分敏感,它可在不停机的情况下通过分析油液中的微粒,检测出系统中一些不正常磨损的轻微征兆。20 世纪 80 年代,铁谱技术逐步传入我国,并得到快速发展。而今铁谱技术在国内外应用范围涉及石油化工、生物及医疗工程、航空、航海、铁路等各个领域,并在发挥越来越重要的作用。通过对设备在用油中磨损金属颗粒的定量、定性分析,监测诊断设备主要摩擦副的磨损失效状态及原因,指导企业及时采取视情维修措施,保证设备安全运行。

直读铁谱技术是利用具有高梯度强磁场作用,将油液中带有机械设备磨损信息的磨屑颗粒与油液、杂质等分离出来,按照尺寸大小依次沉积在一个玻璃管内,经过电路处理后,直接测读油液中大磨粒直读数和小磨粒直读数。可快速测定机器润滑油中所含两种不同粒度范围内的磨粒浓度值。用于对油液中磨粒浓度的定量测量,以达到对运行中的机械设备进行磨损趋势监测的目的。

铁谱分析技术是利用高梯度强磁场的作用，将油液中带有机械设备磨损信息的磨损颗粒、杂质等分离出来，按粒度大小的规律沉积在玻璃基片上形成谱片，然后借助专业铁谱显微镜观察和测量其沉积分离物的形貌、数量、尺寸、成分及粒度分布等情况，以获得磨损过程中的特征信息，从而对机械设备的运转工况、关键零件的磨损状态进行分析判断。直读铁谱仪通过对磨损定量数据的趋势监测，回答监测对象是否有问题；分析铁谱仪对有问题的油样进行磨粒的分离和观测，可回答发生了什么问题，在何处发生问题。两者是统一的整体，据此可以判断机器的磨损状态，并可进一步分析机器的磨损机理。

2.3 信号分析方法

故障诊断一般有三个步骤：首先是获取故障信号的诊断信息；其次是提取故障的特征，即采用适当的方法，从故障信号中提取出设备的故障特征信息，信号处理是特征提取最常用的方法；最后是模式识别和故障诊断，即采用相关的诊断机理，设计不同类型的分类器来建立合适的模式识别方法。其中最关键的步骤是提取故障特征。故障特征的提取是机械故障诊断中最困难的问题之一，在某种意义上，故障特征提取也可以说是当前机械故障诊断研究中的瓶颈问题，它直接关系到故障诊断的准确性和故障早期预报的可靠性。对实际测量的信号，需要采用各种数字信号处理方法进行分析和处理，提取各种特征，用以实现参数检测、质量评价、状态监视和故障诊断，因此，信号的数字处理方法一直是近十几年的主要研究方向之一。

设备状态信号处理及特征提取的方法是在通用的信号处理理论基础上发展起来的，它是一切诊断工作的前提，也是各种诊断方法的依据。目前应用最广泛的信号特征提取方法是以傅里叶变换为基础的经典信号分析方法。为克服傅里叶变换分析方法存在的缺陷，人们又研究出最大熵谱分析、自回归滑动平均模型（ARMA）分析等分辨率较高的现代谱分析方法。另外，全息谱、分形维数、混沌、高阶谱等分析技术也被引入到信号分析处理领域，取得了较好的工程分析效果。

在工程实际中测得的振动信号，特别是当设备出现故障或负荷、转速发生变化时，一般是一个非平稳过程，需要应用合适的时频分析方法，以便既能反映信号的频率，又能反映该频率随时间变化的规律，还能准确地反映出信号能量随时间和频率的分布。如短时傅氏变换、Wigner-Ville 分布、小波变换以及近年来出现的 Hilbert-Huang 变换等，这些时频分析方法对于分析非平稳信号起到了很大的作用，目前已成为机械故障诊断特征提取研究中的热点。以下对这几种时频分析方法分别进行介绍。

2.3.1 短时傅里叶变换

短时傅里叶变换（STFT）基本思想如下：傅里叶分析是频域分析的基本工具，为了达到时域上的局部化，在信号傅里叶变换前乘上一个时间有限的窗函数，并假定非平稳信号在分析窗的短时间隔内是平稳的，通过窗在时间轴上的移动而使信号逐段进入被分析状态，这样就可以得到信号的一组“局部”频谱，从不同时刻“局部”频谱的差异上，便可以得到信号的时变特性。其定义为：

$$STFT_x(t,f)=\int_{-\infty}^{\infty}x(\tau)g^*(\tau-t)\mathrm{e}^{-\mathrm{j}2\pi f\tau}\mathrm{d}\tau=\langle x(\tau)g^*(\tau-t),\mathrm{e}^{\mathrm{j}2\pi f\tau}\rangle \tag{6-1}$$

式中：$g(t)$ 是一“窄”的窗函数；g^* 为 g 的共轭函数。

从其内积形式可以看出，短时傅里叶变换是对 $x(t)$ 的局部化，其核函数 $\mathrm{e}^{-\mathrm{j}2\pi f\tau}$ 与傅里叶变换相同。

短时傅里叶变换是一种比较自然的时频分析思想。实际应用也表明它是一种有效的方法.这种方法的主要缺陷是：因为窗的选择完全是人为的，对应一定的时刻，窗函数应选择哪种类型和多大的宽度才能更集中反映该时刻的频谱难以确定，因为许多自然界的信号和人工信号的时变性如此之快和不规则，以至于难以找到一个统一的窗。另外，根据 Heisenberg 的测不准原理，窗函数 $g(t)$的带宽 Δt 和 Δf 满足：$\Delta t\cdot\Delta f\geqslant\frac{1}{4\pi}$。这表明短时傅里叶变换时频表示的时间分辨率和频率分辨率是相互矛盾的，要提高频域分辨率就得降低时域分辨率，反之亦然，这制约了短时傅里叶变换的分析精度。当滑移时窗采用高斯窗时，短时傅里叶变换分析的时域和频域分辨率相等，二者之积最小，有最高的时频分辨率。由于最早由 Gabor 提出，因此，使用高斯窗的短时傅里叶变换习惯上称之为 Gabor 变换。

短时傅里叶变换通过对信号的分段截取来处理时变信号，认为截取的每一段信号是线性、平稳的。因此，严格地说，短时傅里叶变换是一种平稳信号分析法。并且对变化着的不同时间段的信号只能加相同的窗，所以它不适应信号频率高低变化的不同要求，因此具有不变窗的短时傅里叶变换更适合应用在准稳态信号分析的场合。

2.3.2　小波变换

小波变换（Wavelet Transformation，WT）发展了短时傅里叶变换的局部化思想，具有可调时频窗，因而符合高频信号的分辨率较高的要求。它通过在信号上加一个变尺度滑移窗来对信号进行分段截取和分析，本质上为可调窗口的傅氏分析。小波变换的定义为：

$$\begin{aligned}WT_x(a,b)&=\frac{1}{\sqrt{a}}\int x(t)\Psi^*\left(\frac{t-b}{a}\right)\mathrm{d}t\\&=\int x(t)\Psi^*_{a,b}(t)\mathrm{d}t=\langle\langle x(t),\Psi_{a,b}(t)\rangle\end{aligned} \tag{6-2}$$

其中：$x(t)$ 为要做变换的信号；$\Psi^*()$ 为满足某种条件的母小波函数；$a>0$ 为尺度因子；b 为位移因子。

其内积形式表明，小波变换的核函数 $\Psi_{a,b}(t)$ 被局域化，并且不同于傅里叶变换的核函数。

在分析方法上小波变换和短时傅里叶变换是相似的，但与短时傅里叶变换的窗口长度固定相比，小波变换的滑移时窗不是固定的，而是随尺度因子 a 而变化的。在时间尺度相平面的高频段，尺度因子 a 的值小，滑移窗的时窗宽度小，谱窗宽度大，具有高的时间分辨率和低的频率分辨率；在时间尺度相平面的低频段，尺度因子 a 的值较大，滑移窗的时窗宽度大，谱窗宽度小，具有低的时间分辨率和高的频率分辨率。由于小波变换的分析精度可调，既可以看到信号的概貌，又可以看到信号的细节，因此，它被称为数学显微镜。

小波分析已被广泛地用于信号的瞬态分析、信号降噪、数据压缩等方面。由于小波的优良特性，为机器零部件故障特征频率的分离及微弱信号的提取以及实现早期故障诊断提供了高效、有力的工具。实践证明，在机械监测诊断中广泛采用小波技术是一种很有效的方法。

由于小波基函数种类很多，常用的如 Harr 小波、Daubechies 小波、Morlet 小波等。而在实际应用中，小波基函数的选择非常重要，不同小波基函数往往产生不同的分解效果，因此，小波基函数一直是小波分析的理论研究的重点，新的小波函数不断被构造出来。利用小波分析的优良特性提取特征，去噪后与其他信号分析、诊断方法相结合是小波应用的另一方向。如：小波与相关分析、小波与包络谱、小波包与最大熵谱、小波与分形、小波与独立分量分析(ICA)、小波与奇异值分解(SVD)等相结合的特征提取方法；小波与神经网络、支持向量机等相结合的诊断方法都得到了研究和应用。

2.3.3 Wigner-Ville 分布

1948 年 J. Ville 将 Wigner 分布引入到信号处理领域，发明了著名的 Wigner-Ville 分布。设为一连续时间信号，Wigner-Ville 分布可表示：

$$\begin{aligned} W_x(t,f) &= \int_{-\infty}^{\infty} x\left(t+\frac{\tau}{2}\right)x^*\left(t-\frac{\tau}{2}\right)\mathrm{e}^{-\mathrm{j}2\pi\tau}\mathrm{d}\tau \\ &= \left\langle x\left(t+\frac{\tau}{2}\right)x^*\left(t-\frac{\tau}{2}\right),\mathrm{e}^{-\mathrm{j}2\pi\tau}\right\rangle \end{aligned} \tag{6-3}$$

x^* 为 x 的共轭，若将 x^* 换为另一连续时间信号 $y(t)$ 的共轭 y^*，则称为互 Wigner-Ville 分布。从其内积形式可以看出，Wigner-Ville 分布是对 $x(t)$ 的局部化。Wigner-Ville 分布是一种二次时频分布(即信号在变换中被使用了两次)，具有很好的时频聚集性、对称性、时移性、频移性、时域和频域压扩特性、组合性、复共轭关系等，使其具有十分明确的物理意义，可以被看作是信号的能量在时域和频域中的分布。Wigner-Ville 分布及高阶 Wigner-Ville 分布在旋转机械、齿轮等故障诊断中得到了应用。

2.3.4 Hilbert-Huang 变换

机械故障信号大部分都是非平稳信号，其明显特征是存在着时变频率。在现实生活中，时变频率是普遍存在的，如变化的色彩、变化的声音等。而傅里叶变换和时频分析都不能很满意地解决这一问题，解决这一问题的最理想方法是研究信号的瞬时频率(Instantaneous Frequency，IF)。

美国华裔工程师黄锷(Norden E. Huang)等人经过深入分析和认真总结，提出了 Hilbert-Huang 变换(HHT)。HHT 由经验模态分解(Empirical Mode Decomposition，EMD)和 Hilbert 变换两部分组成，其基本思想是，将原始信号经 EMD 分解成一系列称为本征模函数(Intrinsic Mode Function，IMF)的组合，然后对每个 IMF 利用解析信号相位求导定义计算出有意义的瞬时频率及瞬时幅值，获得信号的时域频谱——Hilbert 谱。HHT 的提出被认为是近年来对以傅里叶变换为基础的线性和稳态谱分析的一个重大突破，Huang 本人也被美国航太总署颁赠杰出太空行动奖，表彰他“发明航太总署有史以来最重要的应用数学方法之一”，并获选为美国国家工程学院院士。

由于 HHT 局部性能良好而且是自适应的，对稳态信号和非平稳信号都能进行分析，引起了众多科研工作者的极大兴趣。Huang 等人主要建立了 HHT 的基本框架，分析了

HHT 的基本依据，引入了固有模态(IMF)的概念，提出了经验模态分解 EMD 方法，并定义了 Hilbert 谱和边际谱概念。在随后的研究中，对 IMF 的筛分次数、结束准则的优化等问题进行了讨论，提出了归一化 EMD(Normalized EMD)的算法，探讨了可能涉及的相关数学问题。国内的大连理工大学马孝江、重庆大学秦树人、湖南大学于德介等带领的学术团队及众多科研人员都开展了关于 HHT(又称为局域波)理论、算法及应用的研究，并取得了一定成果。

HHT 的出现为信号处理研究开辟了一个新的途径，在不到十年的时间内被广泛应用于海洋数据、地震信号、结构、桥梁、光学测量、语音识别、生物医学信号、电力系统等领域的研究。在设备状态监测与故障诊断方面，HHT 已应用于转子裂纹、碰摩、启动过程、扭转振动分析及转子早期故障诊断、齿轮、轴承故障分析、机床设备监测与诊断、模态参数识别、材料结构损伤检测等方面。

2.4　设备诊断仪器

目前故障诊断装置的开发与研究主要体现在以下两个方向：一是便携式的振动监测、诊断仪(包括数据采集器)；二是在线监测与诊断系统。便携式仪器主要采用单片机，完成数据的采集，并具有一定的分析与诊断能力。在线监测与诊断系统一般都配有传感器、数据采集、报警与联锁保护、状态监测等子系统，并配有丰富的信号分析与诊断软件，如：美国 BENTLY 公司的 3300、3500 及 DM2000 系统，美国 Westinghouse 公司的 PDS 系统，IRD 与 ENTECK 公司联合开发的 5911 系统，日本三菱公司的 MHM 系统，丹麦 B&K 公司的 B&K3450 型 COMPASS 系统等。

我国工业企业的设备诊断系统初期主要应用于石化、冶金及电力等行业，进入 20 世纪 90 年代后，迅速渗透到国民经济的各个主要行业，其中旋转机械的故障诊断是诊断技术应用最广、涉及行业最多的应用领域之一，如电力行业中的汽轮发电机组、石化行业的压缩机、航空工业的各种航空发动机等。大型汽轮发电机组的在线监测与故障诊断技术作为国家“七五”、“八五”重大科技攻关项目，并在“九五”期间仍继续受到支持，其重要意义是显而易见的。浙江大学、西安交通大学、哈尔滨工业大学、清华大学等一些高校及西安热工研究院等一些研究单位在大型汽轮发电机组故障机理及其诊断技术研究方面总体上处于国内领先水平。在现场信号采集与故障诊断仪器及数据管理软件的研制方面，国内有一些大学及研究所推出了自己的产品，如北京振通检测技术研究所推出的 902 和 903 便携式数据采集器、重庆大学测试中心的 QLSAW 型振动噪声测试分析仪、大连理工大学推出的 PDM2000 数据采集分析仪及管理软件、华中科技大学研制的 MFBVAS 多功能轴系动平衡及振动分析系统等。表 6-1 是我国相继开发研制出可与国际接轨的设备在线监测与故障诊断系统，并已在重要设备上投入使用。

表 6-1 国内主要故障诊断系统(装置)及研制单位

序号	型号	名称	研制单位
1	TGD-2	旋转机械振动监测与诊断装置	上海发电设备成套设计研究所
2	TVD-90	轴系扭振疲劳寿命监测诊断装置	上海发电设备成套设计研究所,秦山核电公司
3	MMMD-3	微计算机化旋转机械状态监测故障诊断装置	哈尔滨工业大学,东方汽轮机厂
4	ZHX-10	200MW 汽轮发电机组状态监测,分析及故障诊断装置	哈尔滨电工仪表所,清华大学,哈尔滨工业大学等
5	CONDES-1	大机组计算机网络监测与诊断系统	哈尔滨工业大学,郑州工学院,吉林大学,大庆石化总厂
6	RB-20	高速旋转机械状态监测与故障诊断系统	西安交通大学,兰州炼油厂
7	CMDSG200	200MW 发电机组状态监测与故障诊断系统	西安交通大学
8	DEST	汽轮发电机组诊断专家系统	华中理工大学,扬子石化总厂
9	ZJZ-1	汽轮发电机组状态监测与诊断系统	西安热工研究所
10		旋转机械微机工况监测与信号分析系统	郑州机械研究所
11	VMCRAS	旋转机械振动状态监测与数据处理软件	南京汽轮机厂
12	TTS-1	工业汽轮机状态监测系统	浙江大学
13	HSD-2000	火力发电机组计算机监测系统	航空部 634 所
14	VCMD-3	旋转振动与故障巡检系统	上海交通大学
15	HZ-1	汽轮发电机组振动监测与故障诊断专家系统	华中理工大学,扬子石化总厂
16	AMDS8900	旋转机械在线监测装置	河北电力试验研究所等
17	EN-600	水机振动测量分析系统	北京英华达电力工程有限公司
18		大型汽轮发电机组远程在线振动监测分析与诊断网络系统	山东电力科学试验研究院,清华大学,石横电厂

随着 Internet 和信息技术的高速发展,远程故障诊断正在走向成熟,它是对传统故障诊断理论与技术的一种创新。远程故障诊断是在实现设备工况监测与故障诊断的基础上,通过网络实现信息的远距离传输,使得网络诊断中心可以在远离设备的地方随时监视设备的运行情况,进行诊断,也可以实现对生产设备的异地协同诊断,使得多个诊断系统服务于同一台设备,多台设备共享同一诊断系统,以弥补单个诊断系统在领域知识上的不足,提高了设备故障诊断的可靠性和智能化水平。

2.5 故障诊断方法

机电系统的故障诊断技术发展至今，已提出了大量的理论和方法。按照国际故障诊断权威德国Frank教授的观点，故障诊断方法可以划分成基于模型的方法、基于信号处理的方法和基于知识的方法三种。该观点也得到了越来越多学者的认同。当系统可以建立比较准确的被控过程的数学模型时，基于解析模型的方法是人们的首选。后两者的特点是不需要对非线性系统进行建模，但基于信号处理的方法对故障的隔离和辨识能力较为有限。而基于知识的方法则一般需要大量的样本学习，对早期故障的识别能力存在一定的不足。以下对它们的发展现状进行简述。

2.5.1 基于解析模型的故障诊断方法

基于模型的故障诊断方法始终是国内外的研究热点，其一般思路是将被诊断对象的可测信息和模型提供的参考信息进行比较，从而产生残差，然后对残差进行分析和处理来实现故障诊断，它包括残差产生和残差决策两个过程。在系统正常运行时，残差在某种意义下近似为零；而当系统出现故障时，则显著偏离零点。迄今为止，利用模型进行非线性机电系统故障诊断主要有三种方法，即一致空间法、状态估计法和参数估计法。

一致空间法是利用系统的可测输入输出变量来检测系统的数学方程(即一致方程)的一致性来检测故障。它可分为直接冗余和时间冗余的一致空间法，前者利用瞬态关系把各个传感器的输出联系起来，后者利用动态关系把传感器输出及系统输入的历史数据联系起来。奇偶方程反映了各传感器输出的内在一致性关系，通过对其产生的残差向量即奇偶向量的检测就可以实现对传感器故障的检测。线性系统的一致空间方法先后被推广到不同类型的非线性系统，包括双线性系统和一类特殊的非线性系统的故障诊断。

参数辨识法主要根据通过监测模型参数的变化来诊断故障，因为系统发生故障通常表现为物理参数的变化，而物理参数的改变会引起系统模型参数的改变。对于线性系统而言，常用的参数估计方法有最小二乘法、子空间法以及鲁棒性较强的集元辨识法等。

状态估计法是基于模型的故障诊断方法中使用最为广泛的一种，其基本思路就是重构被控过程的状态，通过与可测变量比较构成残差序列，再构造适当的模型并用统计检验法从残差序列中把故障检测出来。该方法要求系统可观测或部分可观测，通常利用各种状态观测器或滤波器进行状态估计。状态观测器用于动态系统故障诊断的思想是由Beard提出的，并被称为故障检测滤波器(Fault Detection Filter，FDF)。它实质上是一个全阶状态观测器，通过选取特殊的检测增益阵，使得残差与特定的故障相联系，并利用残差的方向性来进行故障的检测与定位。非线性观测器的概念首先由Thsu提出，由于其设计比较困难，所以很多工作都是针对某类非线性系统展开的。最先用于非线性系统故障诊断的观测器是非线性恒等观测器(Nonlinear Identity Observer，NIO)。非线性故障检测滤波器(Nonlinear Fault Detection Filter，NFDF)设计最基本的方法是对非线性系统在工作点进行线性化。由于精确的机电系统模型非常难以获取，因此关于观测器的鲁棒性一直是研究的重点，包括非线性未知输入观测器(Nonlinear Unknown Input Observer，NUIO)、非线性自适应观测器(Nonlinear Adaptive Observer，NAO)、非线性滑模观测器方法等。

2.5.2 基于信号处理的故障诊断方法

对于某些设备，难以建立比较精确的非线性数学模型，人们一般采用基于信号处理的故障诊断方法，其基本思路是提取对故障敏感的传感器信号特征，再进行特征识别和故障决策。平稳信号可以利用概率密度、充分统计量、时域指数、频域指数等进行分析；而非平稳信号可以利用高阶谱、时频分布、小波分析、混沌特征量等进行识别。对于复杂的机械部件，存在着广泛的非线性因素，如部件之间的间隙和摩擦、齿轮传动的动力特性、高速旋转机械的陀螺效应、流固耦合激励、柔性结(机)构、裂纹引起的轴刚度变化等。对非线性系统而言，不论输入(或激励)为何种类型，其输出的动态特征信号一般是非高斯的。而对于变载荷下运行的转子系统，表征故障的动态信号往往表现出非高斯、非平稳性。对于非高斯信号，由于二阶统计量方法不含相位信息，因此理论上对非高斯信号无能为力。而高阶统计量理论是在二阶统计量(相关函数和功率谱)基础上发展起来的，它克服了二阶统计量因缺少相位信息而无法直接处理非最小相位系统的固有缺陷，并包含了更丰富的内容，从而给非线性系统的信号处理和故障诊断开辟了一个新的前景。

2.5.3 基于知识的故障诊断方法

基于知识的故障诊断技术是故障诊断领域引人注目的发展方向之一。它不需要精确的数学模型，利用人工智能技术，如神经网络、模糊逻辑推理、模糊神经网络及专家系统等，具有逼近任意复杂非线性系统的能力，它的目标是建立智能化的故障诊断系统。基于知识的故障诊断系统中知识获取和推理是两大关键技术。知识获取是从数据库中获取所需要的知识，并对知识库进行管理和维护。推理技术是基于故障信息模型，依据相关信息和知识，根据某些规则，按一定的推理策略和算法，得到故障原因和最佳故障排除方法的思维过程。

基于知识的故障诊断技术具有无需数学模型、推理能力强、鲁棒性好等优点，适用于复杂大型系统和各种非线性系统，具有较强的生命力。目前应用较多的方法有神经网络、模糊逻辑、定性模型、专家系统和 Petri 网等。

专家系统(expert system) 是一种基于知识的人工智能诊断系统，其实质是应用大量人类专家的知识和推理方法求解复杂的实际问题的一种人工智能计算机程序。目前专家系统用于旋转机械的故障诊断是比较成功的。基于专家系统的诊断方法的主要特点是可以方便地把运行人员的诊断经验用规则表示出来，并允许在知识库中增加、删除或修改一些规则，以确保诊断系统的实时性和有效性，同时还能够给出符合人类语言习惯的结论，并具有相应的解释能力等。专家系统在实际应用中仍然存在以下主要缺点：建立知识库及验证其完备性比较困难；容错能力较差，缺乏有效的方法识别错误信息；大型专家系统的知识库的维护难度很大；专家系统在复杂故障诊断任务中会出现组合爆炸和推理速度慢的问题。这些缺陷限制了专家系统的实际应用。

另外，尽管目前的专家系统及其开发工具有了较大的发展，但投入实际运行的专家系统并不多，且效率较低，问题求解能力更有待进一步提高。因为目前的专家系统主要是模拟某一领域中求解特定问题的专家的能力，而在模拟人类专家协作求解方面很少或几乎没有做什么工作。其次，目前开发的专家系统的规模越来越大，并且十分复杂。这样就要求将大型专家系统的开发变成若干小的、相对独立的专家系统来开发，而且需要将许多不同领域的专家系统联合起来进行协作求解。

模糊逻辑方法的引入主要是为了克服由于系统本身的不确定性、不精确性以及噪声等所带来的困难，因而在处理复杂系统的大时滞、时变及非线性方面，显示出它的优越性。目前主要有三种基本诊断思路：一是基于模糊关系及合成算法的诊断，先建立征兆与故障类型之间的因果关系矩阵，再建立故障与征兆的模糊关系方程，最后进行模糊诊断；二是基于模糊知识处理技术，先建立故障与征兆的模糊规则库，再进行模糊逻辑推理的诊断过程；三是基于模糊聚类算法的诊断。该类方法的具体应用方式有残差的模糊逻辑评价、采用模糊逻辑自适应调节阈值、基于模糊逻辑进行专家系统规则库的设计与更新等。

与专家系统相比，基于人工神经网络（Artificial Neural Network，ANN）的故障诊断方法具有鲁棒性好、容错能力强和学习能力强等特点。目前主要有基于 BP 算法的前向神经网络和基于径向基函数的神经网络两种应用于旋转机械的故障诊断。大型旋转机械往往是多个故障一起发生的，对于并发的故障进行诊断是一个备受关注的问题。并行遗传神经网络是诊断并发故障的新方法，与传统的 BP 网络用于故障诊断的方法相比较，该方法在训练网络过程中能够避免网络陷入局部极小，加快网络训练的速度，减少诊断时间。基于 ANN 的诊断方法的主要特点是避免了专家系统故障所面临的知识库构造等难题，不需要推理机的构造。但其也有存在的问题：其性能取决于样本是否完备；与符号数据库交互的功能较弱；不擅长处理启发性的知识；不知如何确保 ANN 训练时收敛的快速性和避免陷入局部最小；缺乏解释自身行为和输出结果的能力。由于需要采取相关措施优化 ANN 系统，其研究的热点及今后趋势有：ANN 与模糊集合论的结合用于故障诊断；ANN 与遗传算法、进化算法相结合，用于调整网络结构和网络参数，获得优化的 ANN 系统；分岔和混沌与 ANN 结合用于研究非线性系统的故障诊断；统计数学和传统数学用于 ANN；小波与分形和 ANN 的结合应用研究。

Petri 网是由德国学者 Cah Aham Petri 博士于 1962 年创立的用于构造系统模型及动态特性分析的知识表示方法。Petri 网不仅能描述系统的静态结构，也能描述系统的动态行为；既有严格的数学基础，也有易理解的可视化表达，是一个理想的用于系统描述的工具。近年来，Petri 网以其强有力的描述具有并行或异步并发行为系统及处理并行推理的能力、良好的数学基础和便于工程化等特点，为故障诊断提供了全新的理论方法和实现手段。

Petri 网络是在构造有向图的组合模型的基础上，形成可以用矩形运算所描述的严格定义的数学对象。Petri 网络是离散事件动态系统建模和分析的理想工具。基于 Petri 网络的诊断方法的主要特点是可以对同时发生、次序发生或循环发生的故障演化过程进行定性和定量的分析。该方法存在的不足之处主要有：Petri 网络方法的容错能力较差，不易识别错误的报警信息；基本的 Petri 网络不能描述时间特征要求高的行为特征。因此，在复杂系统建模时，需要采用高级的 Petri 网络。

任何一种设备故障都具有自己的特征。故障特征是构成故障样板模式的基本要素，它是判断故障分类的规则。掌握各种故障的基本特征是判断故障的基础。模型中故障基本特征信息的获取及故障模式的匹配是整个模型的核心，也是最难解决的两个问题。数据挖掘技术是新兴的基于知识的故障诊断技术，应用数据挖掘的相关技术，从大量的故障样本数据中获得故障判别的规则，即故障的基本特征，将其保存于故障规则数据库中，再通过数据库查询的办法将带诊断数据与故障规则库进行比较，完成故障匹配任务。通过利用数据挖掘技术强大的知识获取能力，能够较好地解决知识获取的难题，能够通用、有效地解决对于复杂设备的故障诊断。目前，基于粗糙集理论的数据挖掘方法已经成为主要的数据挖掘方法之一。

粗糙集理论是波兰数学家 Pawlak 在 20 世纪提出的用于分析和处理各种不完备信息、从中发现知识、揭示潜在规律的数学工具。粗糙集理论的主要思想是：在保持分类能力不变的前提下，通过知识约简，导出问题的决策或分类规则。它无需提供问题所需处理的数据集合之外的任何先验信息，能有效地分析和处理不精确、不一致、不完整等各种不完备数据，从中发现隐含知识，揭示潜在规律。鉴于粗糙集理论的优越性，已经有不少研究人员把它引入到故障诊断系统中。应用粗糙集理论，对设备的振动故障诊断决策表进行属性约简，以提取故障识别的重要属性，降低决策表的冗余性。实验表明，粗糙集理论应用于故障诊断可得到更清晰、简明的诊断规则。在使用粗糙集理论进行知识获取时，提出一种基于明析矩阵的属性值约简新算法，这种算法能够有效地缩短计算时间和节约存储空间，操作简便。基于粗糙集理论的诊断方法的主要特点是：它能较强地处理信息不完整和信息冗余的情形。但该方法仍需要进一步改进：第一，粗糙集方法的诊断规则的获取取决于条件属性集下各种故障情况训练样本集；第二，当丢失或出错的警报信息是关键信号时，诊断结果将受到影响；第三，当考虑发生多重故障时，粗糙集方法将出现决策表十分庞大，甚至出现组合爆炸的问题。

故障诊断的方法多种多样，各有其优缺点，只有针对不同的故障类型选择适合的故障诊断方法，才能及时、快速、准确地诊断并排除故障，确保系统的正常运行。

3 发展趋势

故障诊断技术研究和发展的目标是为了提高诊断的精度和速度，降低误报率和漏报率，确定故障发生的准确时间和部位，并估计出故障的大小和趋势，其未来的发展方向必将是与容错控制、冗余控制、自治控制和余度管理等可靠性系统设计相结合。随着人工智能技术的迅速发展，特别是知识工程、专家系统、模糊逻辑和神经网络在诊断领域中的进一步应用，迫使人们对智能诊断问题进行更加深入与系统的研究。从分支学科的要求来看，无论是在理论体系的构建方面，还是在解决实际问题方面，故障诊断研究仍有一段艰巨的路程要走。

目前和今后的主要研究可归纳为：多传感器数据融合技术；在线实时故障检测算法；混合智能故障诊断技术；基于因特网的远程协作诊断技术；以故障监测及分离为核心的容错控制、监控系统和可信性系统研究等。

1. 多信息量融合，多层次诊断集成

集成知识库中的各种诊断知识，结合数据库中的各种故障数据，按照不同的故障情况进行综合分析、判断，定位故障点。主要对状态监测所得到的信息进行融合，然后结合层次诊断模型，按照深浅结合的推理层次进行诊断。它进一步把状态监测中的信号监测处理集成到诊断系统中，进行在线数据处理与在线诊断推理，实现非实时诊断到实时诊断的转变，也实现信息诊断与智能诊断的统一。

信息融合较确切的定义可以概括为利用计算机技术对按时序获得的多源的观测信息在一定准则下加以自动分析、综合以完成所需的决策和估计任务而进行的信息处理过程。通俗地说，就是将来自多个传感器、多源的或多时段的信息进行综合处理，从而获得更为准确、可靠的结论。由此可见，多传感器系统是信息融合的硬件基础，综合处理和优化是信息融合的核心。

融合的信息来源可以是各种范围和级别上的。它们可能是不同时空上的数据信息，如某个时刻多个信息源的数据，或单个信息源不同时刻的数据；也可能是数据库或知识库中的先验信息；也可能是人机交互中的人工输入信息等。多种信息源的信息也可能具有不同的特征。他们可能是实时的，也可能是非实时的；可能是快变的，也可能是慢变的；可能是模糊的，也可能是确定的；可能是相互支持或互补的，也可能是相互矛盾或竞争的。信息融合的基本思想就是充分利用多个信息源，通过对这些信息源及其信息的合理支配和使用，把多个信息源的冗余的或互补的信息依据某种准则进行组合，以获得被认识对象的一致性的解释或描述，使该信息系统由此获得比它的各组成部分的子集所构成的系统更优越的性能。它是对人脑综合处理复杂问题能力的一种较全面的、高水平的模仿，而所有单源的信息处理是对人脑信息处理的一种低水平的模仿。

2. 多种诊断方法的结合

将多种不同的智能技术结合起来的混合诊断系统，是智能故障诊断研究的一个发展趋势。结合方式主要有基于规则的专家系统与神经网络的结合，实例推理与神经网络的结合，模糊逻辑、神经网络与专家系统的结合等。其中，模糊逻辑、神经网络与专家系统结合的诊断模型是最具发展前景的，也是目前人工智能领域的研究热点之一。这方面的探索才刚开始，很多问题需要深入研究，例如，模糊逻辑与神经网络的组合机理、组合后的实现算法、便于神经网络处理的模糊知识的表达方式等。

3. 远程协作诊断

基于网络的远程故障诊断，由于能够实现远程、多专家、多手段、多工具及多种方法的协同以及能够实现区域乃至全球诊断资源共享和快速故障诊断，因而对提高装备安全性、可靠性、可用度以及降低诊断维修成本具有积极意义。正因为如此，远程故障诊断日益成为工业界关注的焦点。对它的研究不仅具有理论意义，也有着重要的工程应用价值。

远程故障诊断集现代通信、计算机应用、故障诊断和协同管理等技术于一体，是一种多学科交叉、多技术集成的新兴、边缘工程研究领域。远程故障诊断的发展与兴起借鉴了远程医疗诊断系统的概念与技术。

基于因特网的设备故障远程协作诊断是将设备诊断技术与计算机网络技术相结合，用若干台中心计算机作为服务器，在企业的关键设备上建立状态监测点，采集设备状态数据；在技术力量较强的科研院所建立分析诊断中心，为企业提供远程技术支持和保障。跨地域远程协作诊断的特点是测试数据、分析方法和诊断知识的网络共享，因此必须使传统诊断技术的核心部分(即信号采集、信号分析和诊断专家系统)能够在网络上远程运行。要实现这一步，应重点研究和解决如下几方面的问题：远程信号采集与分析；实时监测数据的远程传输；基于 Web 数据库的开放式诊断专家系统设计；通用标准(包括测试数据标准、诊断分析方法标准和共享软件设计标准)。

4. 诊断与控制相结合

根据当前设备的健康状况决定设备运行方式或策略，最终预知故障，从而防止故障的发生，是目前诊断技术的最高目标。它把诊断系统和控制系统进一步结合，集监测、诊断、控制、管理于一身。它由单机诊断发展到分布式全系统诊断,信息量大,类型多,相应的也就需要多种数据处理和诊断推理方法的联合。其中,多信息量的融合诊断近年来已引起较多的关注,在信号层、征兆层以及诊断决策层的融合上均开展了相关的探索研究工作。

故障诊断技术是随着现代科学技术的发展而发展起来的一个新的领域,是系统安全性、可靠性的重要保障技术。故障诊断技术直接关系到社会效益和经济效益。故障诊断的方法多种多样,各有其优缺点,只有针对不同的故障类型选择适合的故障诊断方法,才能及时、快速、准确地排除故障,确保系统的正常运行。近些年来,由于计算机技术、信号处理、人工智能、模式识别技术的发展,促进了故障诊断技术的发展,同时将几种诊断方法集成的故障诊断研究也取得了很大发展。但故障诊断是实用性很强的技术,只有在实际应用中才能体现它的价值。目前在理论研究方面虽有不少进展,但在工程实践中真正成功应用的实例还较少,因此,如何将先进的故障诊断理论与方法用到实际中去还有待深入探索。

参考文献

[1] Isermann R. Supervision, Fault-Detection and Fault-Diagnosis Methods—An Introduction. Control Engineering Practice, 1997, 5(5):639-652

[2] Rolf Isermann. Model-Based Fault-Detection and Diagnosis — Status and Applications. Annual Reviews in Control, 2005, 29(1):71-85

[3] Shibin Wang, Weiguo Huang, Z K Zhu. Transient Modeling and Parameter Identification Based on Wavelet And Correlation Filtering for Rotating Machine Fault Diagnosis. Mechanical Systems and Signal Processing, 2011, 21(4):1299-1320

[4] Chun-Chi Wang, Yuan Kang, Ping-Chen Shen. Applications of Fault Diagnosis in Rotating Machinery by Using Time Series Analysis with Neural Network. Expert Systems with Applications, 2010, 37(2):1696-1702

[5] 楼应侯,蒋亚南. 机械设备故障诊断与监测技术的发展趋势. 机床与液压,2002(4):7—11

[6] 陈仲生,杨拥民. 机械状态监测与故障诊断综述. 机电一体化,2001(1):67—70

[7] 赵永满,梅卫江,吴疆等. 机械故障诊断技术发展及趋势分析. 机床与液压,2009,37(10):255—257

[8] 屈梁生. 机械故障的全息诊断原理. 北京:科学出版社,2007

[9] 陈进. 机械设备振动监测与故障诊断. 上海:上海交通大学出版社,1999

[10] 钟秉林,黄仁. 机械故障诊断学. 机械工业出版社,2006

[11] Xiuqiao Xiang, Jianzhong Zhou, Chaoshun Li, et al. Fault Diagnosis Based on Walsh Transform and Rough Sets. Mechanical Systems and Signal Processing, 2009, 23(4):1313-1326

[12] Seema Manuja, Shankar Narasimhan, Sachin C Patwardhan. Unknown Input Modeling and Robust Fault Diagnosis Using Black Box Observers. Journal of Process Control, 2009, 19(1): 25-37

[13]Raimund Ubar, Sergei Kostin, Jaan Raik. Embedded Fault Diagnosis in Digital Systems with BIST. Microprocessors and Microsystems, 2008, 32(5-6): 279-287

[14]Ganyun Lv, Haozhong Cheng, Haibao Zhai, et al. Fault Diagnosis of Power Transformer Based on Multi-Layer SVM Classifier. Electric Power Systems Research, 2005, 75(1): 9-15

[15]Yaguo Lei, Zhengjia He, Yanyang Zi. EEMD Method And WNN For Fault Diagnosis of Locomotive Roller Bearings. Expert Systems with Applications, 2011, 38(6):7334-7341

[16]黄文虎. 设备故障诊断原理技术及应用. 北京:机械工业出版社, 1993

[17]丁康,陈健林,苏向荣. 平稳和非平稳振动信号的若干处理方法及发展. 振动工程学报,2003,16(1):1—10

[18]陈予恕. 机械故障诊断的非线性动力学原理. 机械工程学报, 2007(01)

[19]闻邦椿等著. 故障旋转机械非线性动力学的理论与试验. 北京:科学出版社, 2004

[20]陈安华,钟掘. 机械故障诊断技术进展. 湘潭矿业学院学报,1996,11(1):20—25

[21]Yingqun Xiao, Yigang He. A Novel Approach for Analog Fault Diagnosis Based on Neural Networks and Improved Kernel PCA. Neurocomputing, 2011, 74(7): 1102-1115

[22] Yixin Diao, Kevin M Passino. Fault Diagnosis for a Turbine Engine. Control Engineering Practice. 2004, 12(9):1151-1165

[23]Norden E Huang, Z S, Steven R Long, et al. The Empirical Mode Decomposition and the Hilbert Spectrum for Nonlinear and Non-Stationary Time Series Analysis. Proc R Soc Lond A, 1998

[24]Wang W J,Mcfadden P D. Application of Wavelet To Gearbox Vibration Signals for Fault Detection. Journal of Sound and Vibration,1998,28(5):927-937

[25]Cen Nan, Faisal Khan, M Tariq Iqbal. Real-Time Fault Diagnosis Using Knowledge-Based Expert System. Process Safety and Environmental Protection, 2008, 86(1):55-71

[26]雷亚国,何正嘉,訾艳阳. 基于特征评估和神经网络的机械故障诊断模型. 西安交通大学学报, 2006, 40(5)

[27]Hirsch H-G, H Finster. A New Approach for the Adaptation of HMMs to Reverberation And Background Noise. Speech Communication, 2008, 50(3)

[28]Smith D J. Monitoring/Diagnostic Systems Enhance Plant Asset Management. Power Engineering, 1992, 96(6), 23-29

[29]陈大禧,朱铁光. 大型回转机械诊断现场实用技术背景. 北京:机械工业出版社, 2002

[30]何正嘉,訾艳阳,孟庆丰等. 机械设备非平稳信号的故障诊断原理与应用. 北京:高等教育出版社, 2001

[31]S Deng, Seng-Yi Lin, We-Luan Chang. Application of Multiclass Support Vector Machines for Fault Diagnosis ff Field Air Defense Gun. Expert Systems with Applications, 2011, 38(5): 6007-6013

[32]Karim Salahshoor, Majid Soleimani Khoshro, Mojtaba Kordestani. Fault Detection and Diagnosis of an Industrial Steam Turbine Using a Distributed Configuration of Adaptive Neuro-Fuzzy Inference Systems. Simulation Modelling Practice and Theory, 2011, 19(5):1280-1293

[33]Huang N E, Chern C C, Huang K, et al. A New Spectral Representation of Earthquake Data: Hilbert Spectral Analysis of Station. Bulletin of the Seismological Society of America, 2001, 91(5): 1310-1338

[34]熊诗波．大型复杂机械系统的状态决策和故障诊断．振动、测试与诊断，2000,20(4): 233－235, 296

[35]赵荣珍．基于粗糙集理论的双跨转子系统诊断知识发现基础问题研究．西安：西安交通大学出版社，2006

[36]Venkat V, Raghunathan R, Kewen Y. A Review of Process Fault Detection and Diagnosis Part I: Quantitative Model-Based Methods. Computers and Chemical Engineering, 2003, 27(3): 293-311

[37]Edwards S, Lees W, Friswell M I. Fault Diagnosis of Rotating Machinery. Shock and Vibration Digest, 1998,30(1):4-13

[38]杨叔子．机械设备故障诊断的时序方法．西安:西安交通大学出版社,1989

[39]何岭松，张峻峰，杨叔子．基于因特网的设备故障远程协作诊断技术．中国机械工程，1999，(1)：336－338

[40]杨世锡,焦卫东,吴昭同．独立分量分析基网络应用于旋转机械故障特征抽取与分类．机械工程学报，2004,40(3):45－49

[41]程道来,仪垂杰,郭健翔等．基于 Wigner-Ville 分布和 Wavelet 时间尺度的飞机非平稳抖杆背景声分析．机械工程学报,2007,43(5):150－154

[42]Nan-Chyuan Tsai, Yueh-Hsun King, Rong-Mao Lee. Fault Diagnosis for Magnetic Bearing Systems. Mechanical Systems and Signal Processing, 2009, 23(4): 1339-1351

[43]Zhijian Hou, Zhiwei Lian, Ye Yao, et al. Data Mining Based Sensor Fault Diagnosis and Validation for Building Air Conditioning System. Energy Conversion and Management, 2006, 47(15-16): 2479-2490

[44]Rui Zhou, Wen Bao, Ning Li. Mechanical Equipment Fault Diagnosis Based on Redundant Second Generation Wavelet Packet Transform. Digital Signal Processing, 2010,20(1): 276-288

[45]Min Li, Jinwu Xu, Jianhong Yang. Multiple Manifolds Analysis and Its Application to Fault Diagnosis. Mechanical Systems and Signal Processing, 2009, 23(8): 2500-2509

[46]Ron J Patton. Robustness in Model-Based Fault Diagnosis: The 1995 Situation. Annual Reviews in Control, 1997, 21: 103-123

[47]李巍华,史铁林,杨叔子．基于核函数估计的转子故障诊断方法．机械工程学报,2006, 42(9):76－81

专题 7　数字化制造基础

华中科技大学　丁　汉[①]　李　斌[②]

上海交通大学　朱利民[③]

航空航天、能源、微电子等工业领域复杂产品的生产向数字制造装备和工艺的极限性能不断提出新的挑战，亟需综合运用信息与计算技术、多学科联合仿真方法和科学实验手段，定量认识并掌握产品几何精度和物理性能驱动制造过程的本质规律，通过对制造全过程中的复杂物理行为的全方位数字化建模、仿真和优化控制，实现对机械产品成形、成性过程的定量主动控制，达到产品高性能数字化制造的目的。本专题从数字产品设计与开发、数字制造装备、制造过程数字模拟与仿真、制造系统信息技术四个方面介绍了数字制造技术的产生和发展。以复杂曲面数字化制造为典型研究对象，阐述了复杂曲面数字化制造的几何学、动力学问题及高端数控装备关键技术科学问题的研究现状及当前进展，并指出了具有挑战性的研究问题。

1　引　言

随着先进制造技术的进一步向前发展，数字化制造[1-3]越来越多地依赖于基础科学理论的深化，依赖于不同领域、不同学科的发展，不断吸收数学、物理学、生物学、材料学、计算

---

① 丁汉，1963 年 8 月生，华中科技大学教授，博导。国家杰出青年基金获得者，教育部“长江学者”特聘教授。1993 年 1 月—1994 年 9 月德国斯图加特大学洪堡学者。973 项目“数字化制造基础研究”首席科学家。现任华中科技大学数字制造装备与技术国家重点实验室主任、机械学院院长。担任 IEEE 会刊《自动化科学和工程》编委、《科学通报》编委、《机械工程学报》编委。主持国家自然科学基金重大项目 1 项。获国家科技进步二等奖 2 项、三等奖 1 项。发表学术论文 180 余篇，SCI 检索 80 余篇。获国家发明专利授权 16 项。主要从事数字化制造和机器人技术等方面的研究。

② 李斌，1958 年 4 月生，华中科技大学教授，博导。中国机电一体化技术应用协会副理事长兼数控技术应用分会理事长、中国人工智能学会智能制造专业委员会常务副主任委员、中国机械工程学会自动化专业委员会常务委员、中国高校制造自动化研究会秘书长、湖北省机械工程学会自动化专业委员会理事长、国防科技工业高校数控加工技术研究应用中心理事会理事等。近年来主持国家 973 课题、国防 973 课题、863B 类项目、863 项目、国防预研项目等多项国家级科研项目。主要从事数控装备、智能制造、激光制造装备等方面的研究。发表论文 30 余篇，其中 SCI/EI 收录 10 余篇。

③ 朱利民，上海交通大学教授，博导。主持国家 973 项目子课题 1 项、国家自然科学基金面上项目 3 项、重大项目子课题 1 项、国家 02 重大科技专项子课题 1 项，以及教育部、上海市科研计划项目 6 项。在国际电气电子工程师学会(IEEE)会刊(2 篇)、美国机械工程学会(ASME)会刊(6 篇)和《中国科学》(7 篇)、《科学通报》等国内外权威刊物发表论文 60 余篇，其中 SCI 收录 40 余篇。获发明专利授权 4 项、软件著作权 2 项。获国家科技进步二等奖 1 项、上海市科技进步一等奖和二等奖各 1 项、教育部自然科学二等奖 2 项。2003 年上海市新长征突击队成员，2004 年获上海市白玉兰科技人才基金资助，2004 年入选上海市青年科技启明星人才支持计划(2009 年获跟踪资助)，2005 年入选教育部新世纪优秀人才支持计划，2007 年获上海市科技创新市长提名奖，2008 年国家基金委创新团队成员。

机科学、系统论、信息论、控制论等诸多学科的基本理论和最新成果，发展到今天已成为一门面向整个制造业、涵盖整个产品和制造系统生命周期及其各个环节的新型工程科学。数字化制造将计算模型、仿真工具和科学实验应用于制造装备、制造过程和制造系统的定量描述与分析，通过对制造全过程中的复杂物理现象和信息演变过程进行定量计算、模拟与控制，结合科学试验，揭示制造活动乃至产品全生命周期过程中的科学规律，提高制造装备的自律性和适应性，实现对制造过程和产品性能的预测和有效控制，增强制造系统的可维护性和制造信息的可重用性，促使制造活动由部分定量、经验的试凑模式向全面数字化的计算和推理模式转变，实现基于科学的高性能制造。数字化制造涉及制造系统和制造过程的理论与建模，制造信息和知识的获取、处理、传递及应用，制造模式与生产管理理论及方法，产品的现代设计理论与方法，制造过程和制造系统中的测量，监控理论与方法，以及制造自动化理论等，是先进制造技术的源泉，是支撑和产生先进制造技术的理论、方法和技术基础。

数字化制造强调信息集成与知识融合、制造系统和制造过程之间协同、虚拟仿真和数字加工软硬件技术并重，并更多关注数字建模、数字加工等底层技术以及高速、高精数字加工装备的研究[3]。数字化制造吸收了数学、生物学、材料学、计算机学、信息论、系统论、控制论等多个学科的基本理论和最新成果，研究范围涵盖了整个产品和制造系统生命周期中的各个环节，其理论基础具有综合和交叉的特点，其中，计算制造学[4]、制造智能[5]、制造信息学[6]、几何学、几何推理和智能控制等构成了数字化制造的主要内容。

2 数字化制造的研究内容

2.1 数字制造技术

数字，从计算机技术或信息技术角度看，是用于表示事物以及事物之间的联系的符号，是信息的载体。信息体现的则是数字的内涵。数字是计算机技术的基础。计算机所处理的任何对象首先都必须表示为数字的形式。

数字化技术是指以计算机硬件、软件、信息存储、通信协议、周边设备和互联网络等为技术手段，以信息科学为理论基础，包括信息的数字表达、收集、处理、存贮、传递、传感、仿真、控制、物化、集成和联网等领域的科学技术集合。数字化技术作为一种通用信息工程技术，具有分辨率高、表述精度高、可编程处理、处理迅速、信噪比高、传递迅速可靠、便于存储、便于提取和集成、便于联网等重大技术优势，这些技术优势给各个领域专业技术的改造、革新提供了崭新的手段。

高精、高效、高可靠性是制造技术发展的永恒主题。能源、运载、国防等领域高、精、尖复杂产品的加工生产向现代制造工艺、制造装备和制造系统的极限性能不断提出新的挑战，迫切要求人们认识和掌握制造活动的本质规律。应用数字化技术对制造过程和制造系统进行定量描述与分析，通过数字模拟仿真实现制造过程的预演，揭示问题的关键所在，从而指导有关参数和配置的最优选取，将促使决策规划由部分定量、部分经验的试凑模式向全面数字化的计算和推理模式转变,同时还将带动相关设计、生产与经营管理信息的网络化,加速制造资源在全球范围内的流动与共享。先进制造技术与数字化技术相结合,在产品、制造装备和系统的描述、规划、操作和控制等方面发生了深刻的变革,推动产生了一个新的学科方向——数字制造[3,7]。数字制造就是在计算机/网络和相关软件支持下,将支持产品全生命周期的营销、管理和技术活动用数字来定量、表述、传递、存储、处理、物化和管理。典型的数字化制造技术包括CAD/CAM、CNC、FMC、FMS、CAI、MIS、MRPⅡ、ERP、PDM、VM、web-M等[6]。

数字制造革新了传统制造的科学基础,产生了一系列的基础理论和关键技术,如产品信息的数字化表示、制造过程的建模与仿真、数字样机技术、开放式数字控制技术等。上述概念用于产品设计和制造过程,形成数字产品、数字制造装备、数字制造技术等研究领域。与数字制造紧密相关的概念有虚拟制造、网络制造和智能制造等。上述概念用于产品设计和制造过程,形成数字产品、数字制造装备、数字制造技术等研究领域。如图7-1所示,数字制造的研究可分为理论基础、科学问题、关键技术和典型应用四个方面,有待研究的内容十分庞杂,需要解决的开放问题十分广泛。与数字制造紧密相关的概念有虚拟制造、网络制造和智能制造等。虚拟制造的核心思想是用虚拟原型代替物理原型,利用计算机数字仿真技术优化产品设计和工艺过程;网络制造主要研究企业内部及企业间通过网络实现跨地域的协同设计、协同制造、信息共享、远程监控及远程服务,以及企业与社会之间的供应、销售、服务等外部网络应用服务;智能制造则要解决制造知识和经验的形式化描述,研究不确定性和不

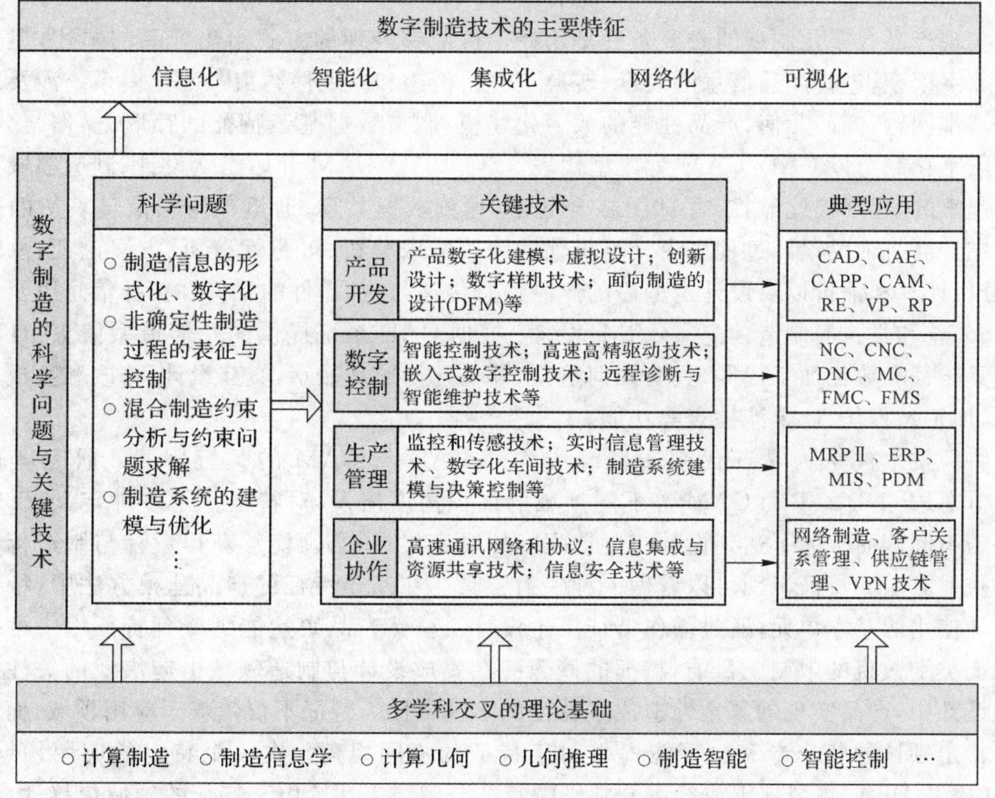

图7-1 数字制造研究的总体框架

完全信息下的制造约束问题求解，通过智能化的手段来增强制造系统的柔性与自治性。数字制造从不同角度综合了上述制造技术的部分属性，利用数字技术对制造过程和制造系统中的所有对象和活动进行表达、处理与控制，具有信息化、网络化、智能化、集成化和可视化等特征。与虚拟制造、网络制造、智能制造等制造技术相比较，数字制造强调信息集成与知识融合、制造系统和制造过程之间协同、虚拟仿真和数字加工软硬件技术并重，并更多关注数字建模、数字加工等底层技术以及高速、高精数字加工装备的研究。

作为制造技术创新的重要手段，数字化制造已引起各国研究机构和企业界的广泛重视，工业发达国家启动的一系列与先进制造技术相关的重大研究计划中无一例外地将“数字建模与仿真”研究列为其中的重要组成部分。通过政府、企业、大学和科研院所的合作实施，在某些方面已经达到了相当先进的水平。如美国波音公司利用数字样机技术成功开发出波音777客机，使开发周期从过去的8～9年缩短到4年半，缩短了40%以上，成本降低了25%，出错返工率降低了75%，用户满意度也大幅度提高。美国通用汽车公司应用数字制造技术，将轿车的开发周期由原来的48个月缩短到了现在的24个月，碰撞试验的次数由原来的100多次降到50次，同时应用电子商务减少了销售成本10%。当前，数字制造技术代表了制造科学发展的主流方向，其研究水平作为人们对于制造活动本质规律的认识水平和适应能力的一种反映，将随着知识经济的到来而得到显著提升。

2.2 数字产品设计与开发

实现产品数字化制造的必要条件是用计算机能够处理的方式给出产品的描述，建立产品的数字模型，进行产品信息的表示、转换、获取、传递和一致性约束[8]。建模系统涉及以下两个基本问题：产品几何、产品性能的数字化建模；制造数据基于特征的存取、操作与分析。产品数字化制造以CAD/CAM为典型代表[2-3]。CAD/CAM开始是从设计、制造领域独立发展起来的，逐渐彼此靠拢，并试图综合起来，达到数据共享、通讯、交换、信息表达的完备性。在计算机辅助设计过程中由计算机辅助完成需求分析、可行性分析、方案论证、总体构思、分析计算和评价以及设计定型后的产品信息传递，包括零件的几何和拓扑信息以及表面精度、公差和材料等制造信息。CAM系统[9]根据CAD系统提供的几何造型信息，自动生成刀具路径和数控加工代码，具有几何造型、零件几何形状显示，交互设计、修改和生成刀具轨迹，加工过程仿真、干涉检查等功能。

特征技术被认为是现代制造系统中沟通CAD与CAM的关键因素。研究者们从CAD、CAPP、NC、GT和CAM等不同领域的认识角度出发，对特征作了多种定义，反映了特征的不同侧面。为了达到设计与制造之间的紧密集成，必须能够获得设计与制造特征之间的映射方法。特征识别可以看做一种映射工具。在基于特征的产品建模方法中，特征作为设计使用的基本单元，通过操作特征产生设计。显然产品表达能力受到特征库中可获得的特征类别数目的限制。目前，特征的概念已在集成设计与制造领域引起广泛的关注。在现代设计中，产品实现的复杂性造成了特征的多视域性。特征不仅依赖于应用领域，而且在一个特定领域的各个专家也可能提出对于特征的不同视角。在一个特定的应用领域，如DFM或者DFA，领域规则或约束常常影响特征分解或表达。由于特征的领域依赖性，应用基于特征方法中的一个关键问题是如何解释多特征观点，特别是特征表达之间的转换。此外，一个 CAD/CAM 系统在运行过程中不仅要处理大量数据，而且涉及多种数据类型，其中包括数值型和非数值型数据，全局静态数据和随着过程产生与变化的动态数据，因此采用工程数据库系统统一管理和维护 CAD/CAM 系统中的数据。现代产品全生命周期设计要求将产品从设计、制造、销售、服务直到报废再生的整个生命周期纳入可持续发展的轨道，工程数据库在其中起着更为重要的数据集成与一致性维护的作用。

与 CAD 系统正向设计相反，逆向工程是根据已存在的零件或实物模型获得产品 CAD 模型的一种几何建模方法。逆向工程包括产品数字化和模型重构两个阶段。产品数字化过程是根据现有的模型或参考零件，用测量设备获取其表面各点的空间坐标值；模型重构过程则由获得的测量数据构造出产品的 CAD 模型。逆向工程技术作为一项学科交叉融合的新技术，从发展的初期就以计算机视觉和计算机图形学作为研究基础，以 CAD/CAM 和产品物理仿真为应用对象，现已成为快速产品开发的一项重要使能工具。

目前，在产品数字表达方面，研究最多的模型有几何模型、物理模型、知识模型和样机模型。其中几何模型和知识模型多是静态描述性模型，主要用于产品的设计与制造。而物理模型和样机模型是动态仿真模型，主要用于面向产品的性能分析。获取产品几何信息数字化模型的主要手段包括 CAD、逆向工程以及集成两者的混合方法。数字样机（Digital Muck-up）技术是数字产品开发的一个重要研究内容。它通过对分布在不同地区、不同领域的多维、多层次信息进行数字化建模，研究设计过程中的产品状态信息数字化和可视化技术、多约束分析与求解方法，实现对产品性能的预测与评价。随着 CAE、计算多体力学等技术的发展，数字样机技术的应用研究已具备初步条件。

快速成形（Rapid Prototyping，RP）技术是继数控加工之后的又一项数字制造技术，其核心是基于离散/堆积成形思想，化复杂的三维加工为简单的二维加工。它的诞生标志着生长型制造技术 MIM（或称可控添加材料制造 RPM）取得突破性进展，给制造工艺带来了巨大的变革。20 世纪 90 年代中末期是 RP 技术迅速发展的阶段，推动了快速制模（Rapid Tooling，RT）和快速制造（Rapid Manufacturing，RM）的发展，成功地实现了面向市场的产品造型设计与产品试制的敏捷化，并通过与逆向工程、CAD/CAM 的结合形成了重要的快速产品开发技术。

2.3 数字制造装备

20 世纪 50 年代，数控机床的出现开辟了制造装备的新纪元。随后相继出现了三坐标测量机与工业机器人，它们与数控机床一起成为重要的数字化测量、装配和加工设备。从控制方式来看，其本质均是用数字伺服控制代替凸轮行程控制，实现运动的数字化；从机构角度来看，其研究均涉及执行工具在一定物理和几何约束下的运动规划与控制问题，因此工具与工件之间相对运动的空间描述方法及计算机表达模型是研究、设计和应用数字制造装备的基础。20 世纪 90 年代中期，并联机构与数控技术相结合促使诞生了并联机床，其应用已逐渐扩展到动感仿真器、力传感器等精密测控领域[2]。

据统计，自上世纪 80 年代至今，数控机床的工作精度平均每年提高 10%。近 10 年来，普通数控机床的加工精度已提高到微米级，精密和超精密加工中心的加工精度达到了亚微米级。高速加工中心进给速度达到 80 m/min 或更高。在可靠性方面，国外先进数控系统的无故障运行平均时间(MTBF)已达到 30000～50000 h。在世界各国对数字制造装备科技创新的大力推动和支持下,高精度 5 轴联动数控加工装备和复合加工机床、高速数控铣床、精密加工中心、重型龙门五面加工铣床等高性能数控装备大量涌现并得到广泛应用。随着分布式制造、虚拟企业等制造模式的发展,数控系统呈现智能化、开放式、网络化的发展趋势。瑞士米克朗公司于 2003 年在米兰举办的 EMO 展览会上首次推出了智能机床。美、欧、日等发达国家相继推出了 NGC、OSACA、OSEC 等开放式数控系统,我国也推出了 ONC 开放式数控系统标准。数控系统的网络化则在 Mazak 公司的智能生产控制中心、Siemens 公司的开放制造环境等系统中得到了充分展示。此外,国际上正在研究和制定新的 CNC 系统标准 STEP-NC,其目的是提供不依赖于具体系统的中性机制,能够描述产品整个生命周期内的统一数据模型,从而实现整个制造过程及产品信息的标准化。

2.4 制造过程的数字模拟与仿真技术

数字模拟与仿真是数字制造的重要特征和标志,其核心是借助于建筑在数学、物理学基础上的计算模型、计算方法及计算机预演等手段,揭示制造过程的工艺本质,实现对加工、装配乃至产品全生命周期过程的预测,并为制造工艺优化提供支持。制造过程仿真及数字样机技术体现了制造科学、材料科学与计算科学交叉与汇聚,是国际公认前沿技术,并已在能源、运载等工业技术装备制造中发挥越来越重要的作用。但综观该技术领域的发展,目前较成熟的是几何仿真和单领域仿真,而制造过程中复杂物理现象的多领域、多尺度复合仿真与模拟计算仍然是一个有待解决的问题[10]。

制造过程中复杂物理现象的模拟及物理场复合仿真技术的发展依赖于两方面的支持,一是计算资源和计算方法,二是物理过程的复合作用机理。在关键零件的高速加工仿真中,计算结果的精度与可靠性是第一位的,因此切屑模拟常常借助网格自适应技术,其主要思想就是根据切屑几何变化调整网格划分,以求采用较少的网格获得较高的计算精度,但该技术对于初始条件十分敏感。网格自适应的压力源自计算资源的限制,近年来发展起来的超级计算技术可从根本上解决计算能力和计算精度之间的矛盾,从而为复杂物理现象模拟以及物理场复合仿真提供了有力的支撑。

制约仿真技术发展的另一个因素是对物理场的复合作用机理的认识尚不清楚,如成形制造过程中流场、温度场、溶质场、材料宏/微观特性之间的复合作用,高速切削加工中的温度场、应力—应变场之间的复合作用等,这也是造成“仿而不真”的原因之一。物理场复合作用机理研究与仿真技术本身的发展是相互促进的,并依赖于实验的支持。该研究是当今模拟仿真技术的研究热点,也是数字化制造今后面临的主要挑战之一。

当前,制造过程的物理场复合仿真技术还处于起步阶段,以计算几何、计算力学、计算物理为代表的先进计算方法的发展为其提供了理论源泉,另一方面 DELMIA、ANSYS、iSIGHT 等功能强大的工程分析软件大量涌现以及超级计算技术的发展为其提供了计算支持环境和硬件资源保证。

2.5　制造系统信息技术

近 30 年来，制造业和制造学科正逐步发展成为跨多种学科的大制造业和大制造学科。从大制造的观点看，制造不仅包括加工和装配过程，还包括围绕整个生产实现过程的上、下游环节。在构成制造系统的物质、能量和信息三大要素中，信息这一要素正在成为制约现代制造系统的主导因素。制造信息的获取、集成与融合呈现的立体的性质、信息度量的多维性以及信息组织的多层次性：从市场分析、加工制造、经营管理到售后服务是由信息系统贯穿起来的(横向信息)；企业各部门之间从最高层的决策级直到制造设备级的控制之间都是由信息流联系成的一个可控系统(纵向信息)；制造自动化、智能化的水平主要由不同层次的信息结构体现。制造自动化的开放式体系结构、制造自动化系统和自动化关键技术等三个层次反映出信息组织和结构的多层次性；对于现代制造系统来说，由于所需信息经常分布在不同地域并表现为不同形式和编码，需要提出系统的方法来处理由此产生的信息多样性问题，以获取不同形式的信息并转化为计算机可以利用的形式。作为探讨制造信息的表述、配置和运作规律的一门学科——制造信息学正成为制造工程科学的重要组成部分[1]。

网络技术和全球经济环境使得制造企业面临的一个突出问题是企业之间和企业内部的信息流和物流变得日益复杂。企业的信息流不仅包括产品制造的过程，还涉及所需提供的服务、相关工程和公司组织。制造过程面临在日益变化、不确定性环境下的复杂制造系统运行问题。网络环境下的数字制造模式的研究将对于缩短开发周期、提高产品质量、降低成本均有显著效果，例如电子商务、数字化物流管理过程和动态的企业组织结构等。

计算机网络为数字制造信息的传递、制造资源的共享、制造系统的优化运作提供了重要条件。制造信息的数字化表示，使得制造信息可在不同平台上进行存储、处理并通过网络协议进行传递。网络环境下制造业内部的信息交流和共享，以及外部的网络应用服务等问题促进了数字化企业的研究。网络环境下的数字化企业 (digital enterprises)的实施，需要通过建立智能决策支持系统(intelligent decision support systems)来应对所面临的不确定性、复杂性问题。针对制造业的上游、中游及下游活动，利用计算机所提供的虚拟环境及互联网技术，优化及协调生产的各个环节，缩短产品的开发周期，改善企业对外的应变能力，并迅速回应顾客及市场的需求。

数字化企业的运行，不仅涉及技术方面，而且涉及企业经营运作模式的转变。从一定意义上说，在现代高性能 IT 基础上，实现事务数据的解释、理解和分析并不是真正的障碍，真正的障碍是实现组织的解决方案(organizational solution)，即重新设计公司的流程和修订管理计划以提升和促进基于数据模型和建模系统的竞争策略。随着网络技术和网络平台的快速发展，现代企业离不开与国际市场的信息、技术、资源和产品的交换，经济活动将按网络加以组织。从这个意义上来说，生产过程和企业已经不再局限于本地，而是具有动态、分布式的特征。面对网络经济时代制造环境的变化，传统的组织结构相对固定、制造资源相对集中、以区域性经济环境为主导、以面向产品为特征的制造模式已与之不相适应，制造过程、生产调度、生产组织形式、供应链管理和需提供的服务都必须适应新制造模式的变化，需要建立一种市场需求驱动的、具有快速响应机制的数字制造模式。

3 复杂曲面数字化制造的几何学问题

复杂曲面类零部件作为数字化制造的主要研究对象之一，在航空航天、船舶、车辆工程和模具等行业有着广泛应用。这些产品直接关系到国民经济发展和国防安全，其加工技术是这些行业的战略技术，其制造水平代表着国家制造业的核心竞争力。《国家中长期科学和技术发展规划纲要(2006—2020)》和《国家自然科学基金委员会机械工程学科发展战略报告(2006—2010)》均将复杂曲面零件设计、制造、测量等关键技术列入制造业重点发展领域的优先主题。“高档数控机床与基础制造装备”和“大飞机”等重大专项的开展，更是对关键复杂零件高效、精密制造技术提出了前所未有的迫切需求。多轴数控加工是实现复杂曲面类零部件高性能制造的重要手段。基于正向设计的复杂曲面数字化加工流程如图 7-2 所示。该流程包括复杂曲面测量与建模[11]、加工过程工艺规划[4,12]和最终的操作与加工[13]。

在正、反向设计相结合的快速产品开发过程中，产品模型重建的一个重要的目标是还原产品的设计制造特征以及特征之间的约束，尽可能按照原设计者的思路进行产品建模。基于逆向工程的复杂曲面数字化加工流程如图 7-3 所示。

随着新的坐标测量方法的不断涌现，坐标测量技术渗透在复杂曲面数控加工过程的从几何误差评定到逆向工程扩展、再到误差源分析和质量控制等各个环节[11]。近年来，原位测量技术的引入，使得“设计—加工—测量”一体化的闭环制造模式成为高几何精度、高物理性能产品快速开发的重要技术。从运动规划方面来看，坐标测量机、数控机床都与工业机器人具有共同的特点，即都可看做操作对象与执行机构的相对位置、几何约束下的规划与控制问题[10,14]。工具(刀具或测头)与工件之间相对运动的几何描述方法、计算机表达模式及相应的约束优化数值计算算法是实现复杂曲面数字化测量与高性能加工的关键[15]。复杂曲面“设计—加工—测量”过程的几何学包含如下关键科学问题：

1. 复杂曲面快速、高精度测量规划

曲面测量的目的是获取曲面的几何形状信息。虽然测量方法各异，但曲面—曲线—点集的分解次序始终是实现复杂曲面测量的基本思路。在保证精度的前提下，使测量时间和成本最少是坐标测量学(coordinate metrology)研究的出发点。规划适应曲面特征的测量点后[16]，可进一步规划测头(或激光测头、摄像机等)的运动轨迹。为了保证测量的可靠性和可达性，通常需要进行可接近性分析[17]，即判断测头是否可以无碰撞地接近测量点。可接近性分析的方法主要有全局可接近性锥和可视性分析。

2. 离散点云数据处理

离散点云数据处理一般包括数据点云分割和曲面拟合两个环节[11]。数据点云分割的基本原理是根据测量数据的某些特征或特征集合的相似性准则，对数据进行分组聚类，将数据点云划分为一系列“有意义”的区域，然后在这些区域的基础上构造不同的曲面片。针对不同的应用，曲面拟合问题可分为三类：(1) 曲面通过改变位姿拟合测量数据，主要应用于测量定位、几何误差评定和精密装配；(2) 曲面通过改变形状拟合测量数据，主要应用于曲面重构；(3) 曲面通过同时改变位姿和形状拟合测量数据，主要应用于误差源分析。测量定

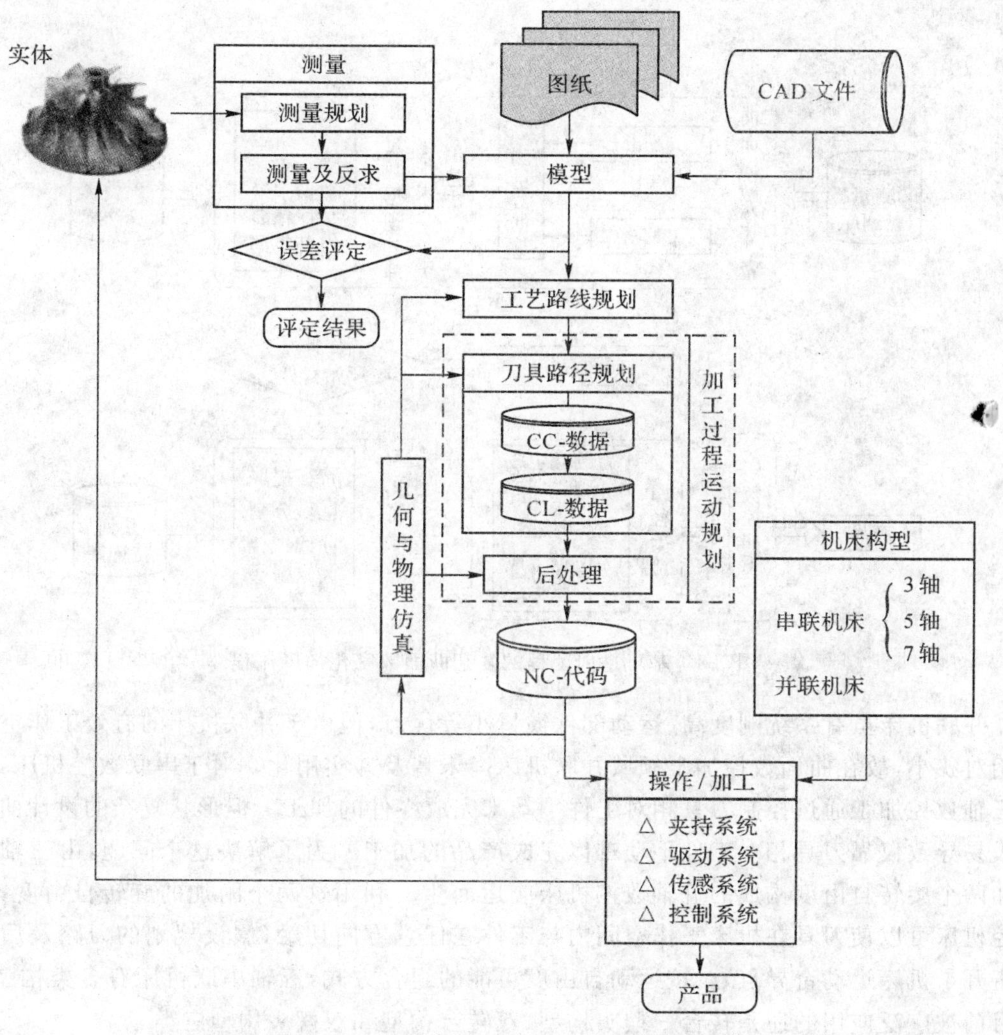

图 7-2 基于正向设计的复杂曲面数字化加工流程

位[16]通过实测工件已加工表面的三坐标信息，将其与已知的 CAD 模型相匹配，采用软件计算的方法确定出工件设计坐标系与机床加工坐标系之间的齐次变换矩阵。测量定位在本质上是调整理想曲面的位姿使其在最小二乘意义下最佳拟合实际测量点。轮廓度误差评定[18]与测量定位密切相关。按照 ISO 和 ANSI 的规定，轮廓度误差评定是相对于某一参考曲面而言的，该参考曲面由理想的设计曲面通过调整位姿及尺寸参数最佳拟合实际测量点得到，对同一测量数据应用不同的拟合准则有不同的评定结果。

3. 几何可制造性分析

可制造性分析(Manufacturability Analysis)[19]强调在设计阶段就要充分考虑制造中的一些问题，以保证产品具有良好的工艺性，便于加工，减少由于在设计后期发现错误而导致的返工。复杂曲面几何可制造性分析[20]的基本思想是从产品设计参数中提取与制造过程相关的产品拓扑与几何信息，分析其制造过程的可行性，并为改善设计提供几何依据。

4. 数控装备构型选择

从机构学的角度来看，实施曲面加工的数控装备通常可分为串联机床和并联机床两大

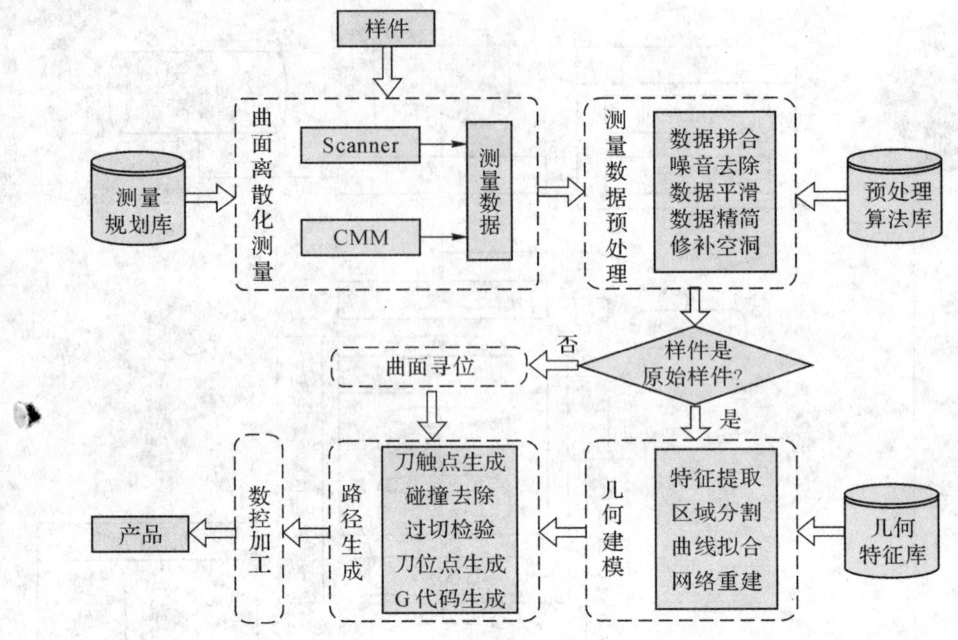

图 7-3 基于逆向工程的复杂曲面数字化加工流程

类。并联机床虽有系统刚度高、运动部件惯量小等优点，但由于并联机床的有效工作空间通常相对狭小，故在曲面数控加工领域并联机床尚未普及并实用化。对于串联数控机床，传统的三轴数控加工通过控制刀具相对工件平动来完成零件的加工。但形状复杂的设计曲面通常极易导致仅靠刀具相对工件平动难以完成产品的加工。为了解决这个问题，由三轴机床增加两个旋转自由度构成的五轴数控机床应运而生。利用这两个附加的旋转自由度，五轴数控机床可以使刀具在机床工作空间内与工件在任意方向切触(假设规划的刀路及后处理已避开了机床运动奇异点)。按运动自由度可能的组合方式，五轴串联机床有多类构型[21]，但目前被广泛应用的还是转台—摆头构型、双转台构型和双摆头构型三类[22]。

5. 复杂曲面数控加工刀具路径规划

较之于三轴数控加工，五轴数控加工的优势主要通过控制刀轴相对工件的姿态体现出来[12,23]：(1) 改变刀轴方向可以避免刀具和工件干涉，实现整体叶轮和螺旋桨等复杂曲面零件的加工；(2) 通过调整刀轴方向可更好地匹配刀具(或其运动包络面)局部几何形状与工件曲面，特别是使用非球头刀可以在避免干涉的同时通过调整刀具位置和姿态，使得在刀触点轨迹线附近的带状区域内刀具包络曲面充分逼近理论设计曲面，从而显著提高加工带宽(效率)，实现大型敞口类曲面零件的高效加工；(3) 控制刀轴方向可以改善加工条件，如在加工叶轮根部等曲率较大的区域时，只能用刚度较低的小尺寸刀具，选择合理的刀轴方向，可以缩短刀具悬伸量，并通过控制刀具参与切削的区域，降低切削力和减少刀具磨损，提高加工表面质量。五轴数控加工具有上述优势的同时也带来了新的挑战，由于旋转运动的引入，刀轴姿态更加灵活，在机床坐标系下难以直观想象出刀具相对于工件的运动，增加了刀具路径规划的难度。

6. 加工过程几何仿真

五轴加工过程几何仿真[9]是在计算机上模拟加工环境、指定 NC 代码的刀具运动以及相应的工件材料去除几何过程。几何仿真的主要任务是在机床坐标系下校验刀具相对工件运动过程中的干涉情况、几何精度以及预报材料去除量的时间历程,为五轴加工过程动力学与物理仿真建立几何基础。几何仿真包含刀具扫描体计算和刀具扫描体—工件求交(工件材料的几何更新)两个关键技术[12]。对于五轴运动下的刀具扫描体包络面的建模,目前常用的方法是数值法[24],包括 Jacobian 秩亏损方法、扫掠微分方程方法、隐式建模方法及 Minkowski 方法,这些方法需要数值求解微分方程或超越方程,计算量很大。目前常用的刀具扫描体—工件求交方法主要分为实体建模法、解析近似法和离散几何法三类,其中实体建模法理论上可以准确计算加工过程中所有与几何相关的误差,但计算量巨大。

7. 夹具系统分析

为了保证在加工过程中夹具能够稳定夹持工件,并能承受任意方向的力和力矩的作用,夹具系统必须满足形封闭(form-closure)条件和力封闭(force-closure)条件[14]。在设计夹具时,通常认为工件与定位元件和夹紧元件是光滑接触,定位元件与夹紧元件须满足形封闭以保持夹持系统的稳定性和鲁棒性。形封闭夹持的实现取决于接触点数目和接触点处的几何特征。

8. 几何造型、特征建模

扫描(swept)是一种广泛应用的几何造型方法。对于扫描,传统的研究多局限于由简单几何要素经过回转或平移运动生成的扫描面、扫描体。从运动学的角度看,点的单参数运动生成曲线,点的双参数运动生成曲面。因此简单几何要素经由一般的单参数、双参数,乃至 n 参数(n 小于几何要素位形空间的维数)刚体运动将生成更为复杂的几何形体。当然在 CAGD 中使用得较多的是单参数运动(对多参数扫描体的研究在机构的工作空间分析中有重要的应用),如圆的单参数运动生成管面、直线的单参数运动生成直纹面、单参数运动球簇的包络生成槽面、单参数运动平面簇的包络生成可展曲面。若能将传统的曲线设计方法推广应用于单参数运动设计,则可以通过设置控制圆、控制球、控制直线、控制平面的方法设计出管面、槽面、直纹面、可展曲面。更进一步可以实现面向制造的自由曲面设计,即将刀具的关键刀位视为控制刀位,通过对控制刀位的插值、逼近生成刀具的单参数、双参数运动,由刀具连续运动的包络给出一雕塑曲面。这类曲面在设计阶段直接给出了后续加工时所需的刀具路径,减免了 CAM 系统的繁琐处理,并且可精确成形,更重要的(或者说更现实的)是这类曲面可以作为制造特征,用于指导工艺规划。

4 复杂曲面数字化制造的动力学问题

随着高速加工技术的发展,五轴数控加工在加工效率、加工质量、制造成本方面有着明显的优势,被广泛用于加工模具、整体式叶轮、航空薄壁件等复杂曲面零件数字化制造。随着制造业在全球范围内竞争的日趋激烈,越来越多的制造企业装备了先进的五轴数控机床,尤其是五轴联动数控加工中心逐渐装备到企业中。相对于制造装备的推广应用,国内外数控制造界面临的严峻形势是数控铣削的基础理论研究落后于实际的生产需求。同时一些关键基础件的加工能力远远不能满足国家重大工程需求,如大型核电叶片虽能通过五轴数控铣削加工所需的型面,但精加工中的抛磨作业目前主要由手工方式实现;武器发射装置的关键零件整体式叶轮为典型复杂曲面,叶片间距小、重叠区域大,其多轴联动数控铣削技术是制造企业亟需的关键技术;飞机中的大型结构件五轴数控加工效率偏低。数控铣削的基础理论和应用研究方面的工作还需进一步深入,目前存在的主要问题有:在工艺参数选择方面既缺乏完备的切削参数数据库,又无指导切削参数选择和优化的系统理论和手段,只能依靠国外机床、工具厂商提供的通用数据或凭常规切削经验来选取相对保守的切削参数,不能充分发挥先进设备应有的效能,致使大量高速机床和高效刀具低速、低效使用,制约了我国制造业的发展。与复杂曲面数字化制造相关的动力学问题的研究是解决制造企业五轴数控加工效率、加工质量偏低等问题的关键,同时也是国家重大工程中迫切需求的典型零件实现自主制造的核心技术之一。图 7-4 所示为复杂曲面数字化制造几何—动力学集成建模体系,其中,复杂曲面数字化制造相关的动力学问题涉及如下关键科学问题[12]:刀具—工件系统动力学建模、加工过程稳定性分析和工艺参数优化。

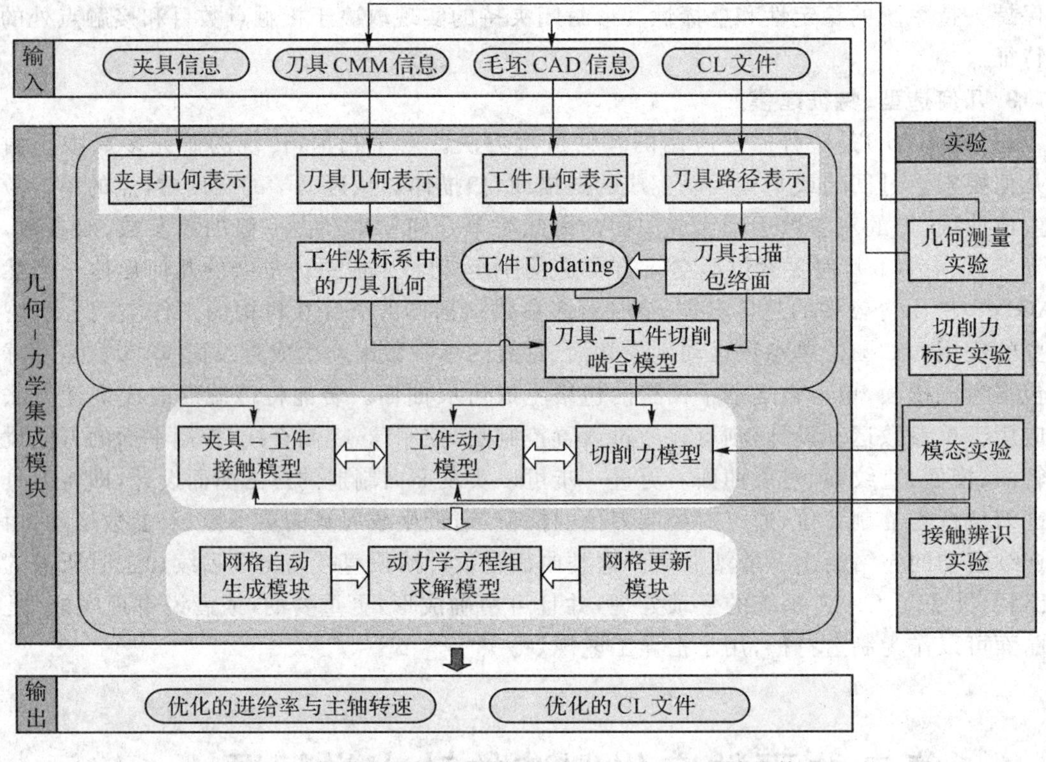

图 7-4 复杂曲面数字化制造几何—动力学集成建模体系

1. 刀具—工件系统动力学建模

刀具—工件系统动力学建模分为刀具—工件的结构动力学建模和切削力建模两部分内容。刀具—工件的结构动力学建模,一般采用有限元建模方法和实验模态方法。Schimitz 等人[25,26]提出了基于梁单元模型,结合刀具动力学,发展了一种刀具系统动力学(RCSA)的半解析方法。Kivan 等[27]建立了一套更为精确的刀具系统动力学方法,用于不同刀柄—铣刀组合获取系统的结构动力学模型。这些方法较之需对每一刀具—刀柄—主轴组合实施模态试验的传统方法,大幅降低了实验的工作量。由于刀具—工件接触区域的变化,以及工件在加工中随着材料去除引起的结构动力学变化，因此工件动力学一般较少采用实验模态方法，而是采用有限元分析的方法。

刀具和工件的变形和振动对工件的轮廓误差有重要的影响，因此必须对加工中的铣削力进行建模，目前针对五轴加工铣削力建模的研究工作远少于三轴加工情况。球头刀是精加工中常用的刀具，因此球头刀切削力建模工作引起广泛的关注，相关研究工作大致可以分为三类：完全解析法、力学实验法和机械实验标定法。Shatla 等[28]利用工件的材料力学性能预测三轴球头刀加工的切削力。Fontaine 等[29]在热力学模型基础上，结合 Johnson-Cook 原理考虑切削中的热效应和流变应力研究了三轴球头刀加工切削力。Gradisek 等人[30]、Lazoglu 等人[31]基于正交切削试验数据，在斜角切削与正交切削变换关系及工件—刀具材料匹配基础上发展出机械建模方法。Budak 等[32]则发展出一种基于实切试验标定的铣削力学建模方法，针对选定的刀具—工件对，按照正交试验的方法实测若干组工艺参数下的切削力后标定模型中的待定参数。

相对于广泛、深入的三轴铣削力建模研究，五轴铣削力相关建模工作开展得较少。由于在五轴加工中刀具运动的倾角和导角是时变的，而且对切削力有很大的影响，因此完全的解析方法建模工作有很大困难，一般很难给出可靠的切削力预测。在非解析切削力预测方面，Larue 等[33]利用 ACIS 实体造型技术确定侧铣加工刀具—工件的啮合区域，Abrari 等[34]基于切削刃—工件啮合的离散模型分析五轴铣削力，Zhu 等[35]按照刀触点相对工件位置，采取分类的方法建立切削刃扫描面和啮合几何，Fussell 等人[36]利用刀具和工件的离散几何模型确定接触区域，以机械标定的方法确定五轴铣削力。

2. 加工过程稳定性分析

在刀具—工件系统结构动力学模型基础上，目前铣削过程动力学分析的工作主要集中在颤振分析上。切削过程颤振分为再生型颤振、模态耦合性颤振等，一般认为再生型颤振先于模态耦合性颤振发生[13]。Altintas 等[37]利用切削力系数 Fourier 展开给出了铣削加工颤振预测模型(ZOA 法)，其精度取决于切削力变化趋势和 Fourier 项数，对于多齿刀具和径向切深较大的加工方式非常有效，而对于少齿刀具及径向切深小的加工方式则缺乏足够的精度。Altintas 的小组[38]近年又提出了多频率法，可以用于小径向切深的铣削稳定性预报。Bayly 等[39,40]结合刀具自由振动解析解和刀具—工件接触过程振动近似解，发展出时域有限元方法(TFEA)用以预测铣削系统颤振，但该方法主要适用于预报小径向切深铣削的稳定性，而对于大径向切深情形有较大误差。Insperger 等[41]通过离散时滞项并对周期系数项做零阶平均处理将加工动力学时滞方程转化成一系列自治常微分方程，即所谓的半离散方法，可用于预测颤振发生，其精度取决于离散步长，计算量与多频率法接近[42]，都远大于 ZOA 法。该方法是同时适用于大径向切深与小径向切深铣削稳定性预报的通用方法。近年来，Ding 等人[43]提出了基于直接积分格式的全离散法铣削稳定性预报方法。

3. 工艺参数优化

在上述五轴铣削过程几何仿真和动力学仿真的基础上，可进一步开展五轴铣削工艺参数优化的工作。关于无颤振工艺参数优化的工作主要集中于三轴加工刀具路径规划，将颤振稳定图引入工艺参数优化，作为优化约束条件是最常见的做法。Weck 等人[44]提出在加工过程动力学时域仿真的基础上获得轴向与径向切深的稳定图谱。近年来，Budak 等[45]提出了无颤振最大材料去除率目标下的最优轴向与径向切深对的计算方法，Altintas 等[46]提出了基于铣削过程仿真和颤振稳定性预报的NC主轴转速和进给率优化方法。现有的稳定性预测模型和五轴铣削加工工艺参数优化都是基于确定参数的动力学模型,这种方法没有将切削系统参数的不确定性引入到工艺参数规划中,不能反映真实的加工状况,因此获得的工艺参数不是真实的最优解,仍然可能导致颤振发生。刀具—工件结构的物理参数和几何参数包含很多不确定性,物理参数如弹性模量和泊松比,几何参数如工件的厚度及其他几何尺寸。对铣削中的不确定问题,以前多是从控制角度来研究[47],设计控制器补偿切削过程中的切削力模型和切削力—进给非线性因素中存在的误差。目前,国际上针对不确定参数的数控铣削过程动力学建模工作很少,张小明[48]提出了考虑加工过程不确定参数的五轴铣削工艺参数鲁棒优化方法,利用区间代数,基于灵敏度分析,求解铣削颤振稳定图的上下界和刀具动态响应的上下界,建立工艺参数鲁棒优化模型,将带有不确定参数的多目标优化问题转化为确定参数的单目标优化问题优化求解。与确定参数模型的结果相比,鲁棒优化模型求解得到的结果保证了复杂曲面五轴铣削的稳定性。

5 高档数控装备的关键技术科学问题

航空航天、船舶、汽车、发电设备制造领域的需求是高档数控机床发展的主要推动力。这些领域工况渐趋超高温、超高压、超高速等极端条件,所用零件的材料向超高强度、耐高温和超低温、抗腐蚀、轻量化方向发展,几何形状越来越复杂,生产中要求自动化程度高、多种工艺复合,对数控机床提出了极大的挑战,如飞机起落架和发动机整体叶轮的加工,材料去除率高达90%以上,具有型面复杂、材料难加工、加工周期长且对加工质量一致性要求高等一系列加工特点,要求多轴复合数控机床具有适应强冲击、时变工况的能力。从行业需求和近年来国际机床展的主流产品上看,大型、复合、多轴、重载、高速高精、智能控制成为高档数控机床的发展趋势,2010年芝加哥国际制造技术展览会上,奥地利林茨的WFL机床可以一次装夹完成飞机起落架等大型圆柱形零件的车铣复合加工。普通数控机床加工精度5 μm,精密级加工中心1 μm,超精密加工已进入纳米级0.01 μm。

1. 高速高精驱动系统

高档数控机床的高速高精驱动系统主要得益于直接驱动电机的广泛使用,所谓直接驱动就是将直接驱动旋转电机(DDR)或直接驱动直线电机(DDL)直接耦合或连接到从动负载上,从而实现与负载的直接耦合。相对于传统的旋转电机加机械传动方式,直驱方式消除了机械传动带来的间隙、柔性及与之相关的系列问题,可以实现高速、高加速度、高刚性,提高驱动系统的动态性能,降低运行成本,且具有紧凑的结构。2010年芝加哥国际制造技术展览会上,日本THK公司展出的直线电机加速度可到9g,速度达到720 m/min。大功率、大扭矩直线电机已经用于重载、高速数控机床,摆动与旋转运动也开始采用力矩电机驱动,瑞士Mikron(见图7-5)、日本Mazak和德国DMG等著名机床厂商都推出了使用直线电机和力矩电机直接驱动的多轴、复合加工机床。

直接驱动电机的高精度、高动态特性、结构紧凑和低成本特性符合高端数控装备的要求,已经应用在高端数控机床中。使用中存在推力波动导致的速度波动及定位精度问题、系

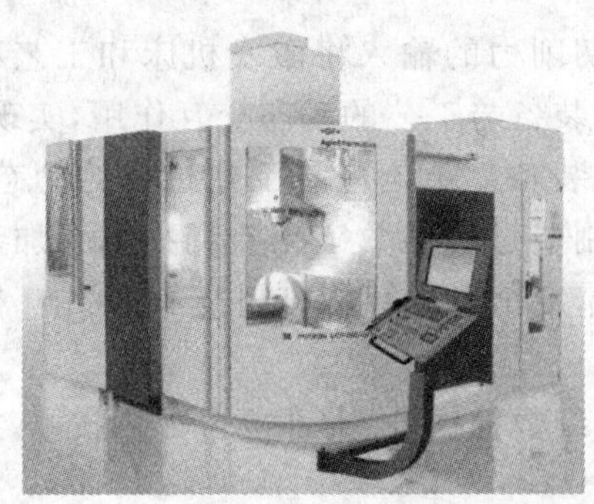

图 7-5 采用直驱电机技术的 Mikron 五轴联动铣削机床

统温升及冷却问题和生产清洁度问题，需要研究永磁直线伺服电机推力稳定性控制、高精度直线电机加工工艺、电机温升分析及冷却系统和基于推力补偿控制的高精度控制技术。

2. 数控机床与加工工艺的动态交互作用

数控机床动态特性的研究主要包含数控装备状态辨识与动态行为仿真、数控装备与加工工艺的交互作用以及基于动态特性的装备可靠性评估三个方面。

数控装备状态辨识和动态行为仿真是保证动态加工精度的关键，复合、多轴、重载、高速高精数控加工装备的动态行为分析是目前的研究趋势，德国、加拿大和美国针对机床本体结构和运动部件的动力学特性，研究了以机床整机及部件动力学特性驱动的机床设计建模方法，用于指导高档数控机床的设计。

数控机床与加工工艺的动态交互作用对加工质量有很大影响，由于许多关键零件具有加工工序复杂、制造周期长的特点，要求数控装备具有钻、镗、车、铣等一体的复合加工能力，因而机床—工艺交互作用的影响更加明显。装备与工艺交互作用也是目前的研究前沿，国际生产工程学会(CIRP)在 2008—2010 年连续以“装备—工艺交互作用”为主题组织国际会议，研究机床和工艺交互作用机理、动态测量、数字仿真预测等技术，如图 7-6 所示。

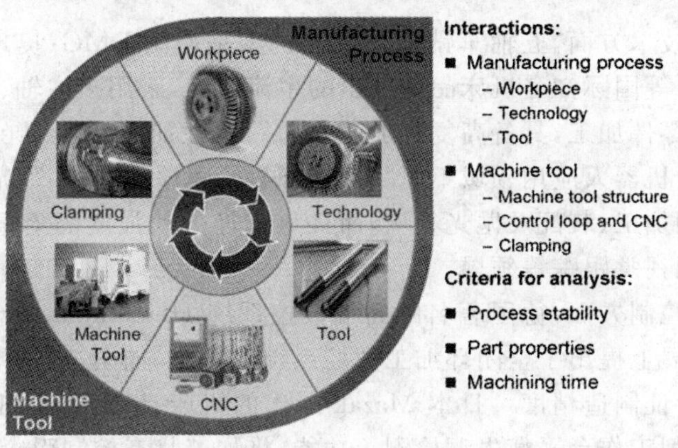

图 7-6 数控机床和工艺的交互作用[49]

针对机床长期连续工作可靠性的问题，德国从工况信息的度量、工艺系统运行状态特征的提取和辨识对保证零件加工质量的作用研究了装备的可靠性评估方法。国内现有机床的可靠性差，导致加工工艺能力指数远远低于国际先进水平的能力指标，亟需开展高档数控装备动态行为演变规律和服役可靠性评估方面的研究。

在加工型面复杂、高强度零件时，时变、强切削力的输入将激发机床和工艺系统的复杂响应，易导致加工过程失稳，因此需要研究制造装备与工艺的动态交互作用，实现高效率、高精度、批量稳定加工。主要问题包括：强激励下装备复杂响应与工艺过程的动态交互机理、多轴加工动力学系统稳定性判别方法、多工序制造过程的数字化监测技术和加工过程物理行为的主动控制方法、适应复杂时变工况的高精度全闭环智能控制技术。

3. 高档数控装置

高档数控装置技术的研究主要包括多轴精细数控插补、柔性复合加工技术、加工过程闭环控制等智能控制技术三个方面。

日本和德国在数控系统的精细插补方面做了大量的研究工作，日本 FANUC 数控系统提出的高速纳米插补与纳米平滑等方法可以实现微小细分线段的高速高精度加工[50]，德国 Siemens 840D 数控系统推出的 5 轴 NURBS 插补功能有效实现了高精度插补和速度平滑[51]。五轴刀心点高速平滑插补(RTCP)也是重要的趋势，德国、日本的高档数控装置已经具备了该项功能，我国“高档数控机床及基础制造装备”重大科技专项已经把五轴刀心点控制和精细样条插补功能作为高档数控系统技术的重要指标[52]。

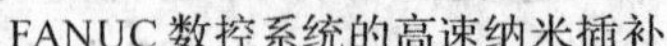
FANUC 数控系统的高速纳米插补

Heidenhain 数控系统的全闭环演示

图 7-7 高档数控装置中纳米插补和全闭环技术

柔性复合加工技术方面，五轴车铣复合数控机床是德国 DMG、奥地利 WFL、瑞士 Mikron 和日本 Mazak 等国际知名机床品牌展出的主流产品，采用多主轴、多塔式刀架结构，可一次装夹完成复杂零件加工，具备高复合加工能力。柔性加工还体现在智能机器人与数控机床的融合上，工业机器人应用领域不但从搬运、码垛、喷漆、焊接工作范围扩展到机床上下料、换刀、测量、切削加工、装配及抛光领域，而且从减轻劳动强度的繁重工种发展到提高劳动效率的颜色分拣、视觉跟踪等领域。

加工过程闭环控制方面，德国著名的高端数控系统 Heidenhain 在 2009 年的欧洲机床展和北京国际机床展上提出了全闭环加工数控系统的概念，如图 7-7 所示，有效克服机构间隙和热误差等，以保证制造精度。日本 Mazak 展出的机床具有智能化防干涉、振动防止与控制、主轴监控、车削工作台平衡失调检测等功能，将加工状态控制引入数控系统，通过加工过程闭环控制提高了复杂工况的适应性。

精密复杂零件的高效加工是高档数控机床的主要挑战，高档数控装置面临的主要技术和科学问题包括：机床动力学约束下刀心点高速高精度平滑插补技术、融合智能机器人和复合加工的多轴多通道及复合加工控制技术。

6 结束语

五轴数控加工是航空、航天、能源和国防等领域中复杂高性能零件高效加工的重要手段，是提升我国制造水平的技术突破口。复杂曲面数字化制造技术的研究面临着如下的挑战：

(1) 揭示新的科学规律。揭示制造装备、制造过程和制造系统运行的科学规律，包括制造装备的动态行为及其演变规律；复杂工况条件下制造过程物理场的复合作用机理及其对产品性能及质量的影响规律；制造执行系统中的信息流动机理、转换规律和传递机制等，为数字制造提供理论基础和技术创新源泉。

(2) 创立新工艺、新原理与新方法。考虑到五轴加工中时变的切削条件和诸多不确定性因素，单次加工往往难以满足产品在几何精度和物理性能方面的高要求，集设计—加工—测量于一体的闭环加工模式是解决这一难题的重要手段，是数字化制造的前沿方向，它包含工艺规划和加工仿真、曲面信息获取和数据分析、质量评价和面形再设计等环节，其中物理性能和几何形貌的快速原位测量技术、基于数学物理方程反演的多源约束面形再设计理论、补偿加工时材料去处量的精确估计方法、考虑工艺系统动态特性与加工过程物理约束的五轴加工工艺规划方法是具有挑战性的课题。

(3) 在交叉学科点上取得突破。高性能复杂零件对表面质量提出了更高的要求，在五轴铣削加工切削力仿真基础上的成形过程多物理场仿真成为新的研究热点，它通过对零件宏/微观性能的定量预测，为加工过程控制和工艺参数优化提供理论依据。目前的多物理场仿真主要针对车铣或者三轴数控加工，如何在切削条件时变的五轴数控加工中实现高效的物理仿真是挑战性的难题。具体内容包括：制造过程中场的数字化描述与定量表征；工艺系统和工艺过程参数对零件宏/微观性能的影响规律；制造过程中复杂物理行为的定量预测和调控；加工工艺优化与加工过程控制的新方法。

参考文献

[1] 熊有伦，张卫平. 制造科学——先进制造技术的源泉. 科学通报，1998，43(4)：337—345

[2] 熊有伦，尹周平. 数字制造和数字装备——新世纪制造业及其装备的发展方向. 数字制造科学，2003，1(1—4)：1—13

[3] 国家自然科学基金委员会工程与材料科学部. 机械与制造科学(学科发展战略研究报告 2006 年—2010 年). 北京：科学出版社，2006

[4] 丁汉，熊有伦. 计算制造. 自然科学进展，2002，12(6)：573—579

[5] 熊有伦，吴波，丁汉. 新一代制造系统理论及建模. 中国机械工程，2000，11(1)：49—52

[6] 张伯鹏. 制造信息学. 北京:清华大学出版社,2003

[7] Freedman S. An Overview of Fully Integrated Digital Manufacturing Technology. Simulation Conference Proceedings,1999,Phoenix,AZ, USA: 281—285

[8] 熊有伦,尹周平. 面向产品快速开发的几何推理和虚拟原型. 中国机械工程,2002,13(4): 328—332

[9] Choi B K,Jerard R B. Sculptured Surface Machining: Theory and Applications. Dordrecht: Kluwer Academic Publishers,1998

[10] 杨文玉,尹周平,孙容磊. 数字制造基础. 北京:北京理工大学出版社,2005

[11] 丁汉,朱利民,熊振华. 复杂曲面快速测量、建模及基于测量点云的RP和NC加工. 机械工程学报,2003,39(11): 28—37

[12] Ding H,Bi Q Z,Zhu L M,et al. Tool Path Generation and Simulation of Dynamic Cutting Process for Five-Axis Nc Machining. Chinese Science Bulletin,2010,55(30): 3408-3418

[13] Altintas Y. Manufacturing Automation: Metal Cutting Mechanics,Machine Tool Vibrations,and Cnc Design,Cambridge: Cambridge University Press,2000

[14] 熊有伦,尹周平,熊蔡华,等. 机器人操作. 武汉:湖北科学技术出版社,2002

[15] 丁汉,朱利民. 复杂曲面数字化制造的几何学理论和方法. 北京:科学出版社,2011

[16] 朱利民,罗红根,丁汉. 测量定位误差度量与测点布局规划. 中国科学E辑,2004,34(11): 1271—1282

[17] 尹周平,丁汉,熊有伦. 基于可视锥的可接近性分析方法及其应用. 中国科学E辑,2003,33(11): 979—988

[18] Zhu L,Xiong Z,Ding H,et al. A Distance Function Based Approach for Localization and Profile Error Evaluation of Complex Surface. Journal of Manufacturing Science and Engineering,Transactions of the ASME,2004,126(3): 542-554

[19] Gupta S K,Nau D S. Systematic Approach to Analysing the Manufacturability of Machined Parts. Computer-Aided Design,1995,27(5): 323-342

[20] Yang W,Ding H,Xiong Y. Manufacturability Analysis for a Sculptured Surface Using Visibility Cone Computation. International Journal of Advanced Manufacturing Technology,1999,15(5): 317-321

[21] Bohez E L J. Five-Axis Milling Machine Tool Kinematic Chain Design and Analysis. International Journal of Machine Tools and Manufacture,2002,42(4): 505-520

[22] Siemens AG. Milling with Sinumerik - 5-Axis Machining Manual. München,Siemens AG,2009

[23] 毕庆贞. 面向五轴高效铣削加工的刀具可行空间GPU计算与刀具方向整体优化.[博士论文],上海:上海交通大学,2009

[24] Abdel-Malek K,Yang J,Blackmore D,et al. Swept Volumes: Fundation,Perspectives,and Applications. International Journal of Shape Modeling,2006,12(1): 87-127

[25] Schmitz T L. Predicting High-Speed Machining Dynamics by Substructure Analysis.

CIRP Annals-Manufacturing Technology,2000,49(1):303-308

[26] Schmitz T L,Davies M A,Kennedy M D. Tool Point Frequency Response Prediction for High-Speed Machining by Rcsa. Journal of Manufacturing Science and Engineering,Transactions of the ASME,2001,123(4):700-707

[27] Kivanc E B,Budak E. Structural Modeling of End Mills for Form Error and Stability Analysis. International Journal of Machine Tools and Manufacture,2004,44(11):1151-1161

[28] Shatla M,Altan T. Analytical Modeling of Drilling and Ball End Milling. Journal of Materials Processing Technology,2000,98(1):125-133

[29] Fontaine M,Devillez A,Moufki A,et al. Predictive Force Model for Ball-End Milling and Experimental Validation with a Wavelike Form Machining Test. International Journal of Machine Tools and Manufacture,2006,46(3-4):367-380

[30] Gradišek J,Kalveram M,Weinert K. Mechanistic Identification of Specific Force Coefficients for a General End Mill. International Journal of Machine Tools and Manufacture,2004,44(4):401-414

[31] Lazoglu I. Sculpture Surface Machining: A Generalized Model of Ball-End Milling Force System. International Journal of Machine Tools and Manufacture,2003,43(5):453-462

[32] Budak E,Altintas Y,Armarego E J A. Prediction of Milling Force Coefficients from Orthogonal Cutting Data. Journal of Manufacturing Science and Engineering,1996,118(2):216-224

[33] Larue A,Altintas Y. Simulation of Flank Milling Processes. International Journal of Machine Tools and Manufacture,2005,45(4-5):549-559

[34] Abrari F,Elbestawi M A,Spence A D. On the Dynamics of Ball End Milling: Modeling of Cutting Forces and Stability Analysis. International Journal of Machine Tools and Manufacture,1998,38(3):215-237

[35] Zhu R, Kapoor S G, Devor R E. Mechanistic Modeling of the Ball End Milling Process for Multi-Axis Machining of Free-Form Surfaces. Journal of Manufacturing Science and Engineering,Transactions of the ASME,2001,123(3):369-379

[36] Fussell B K,Jerard R B,Hemmett J G. Modeling of Cutting Geometry and Forces for 5-Axis Sculptured Surface Machining. CAD Computer Aided Design,2003,35(4):333-346

[37] Altintas Y,Budak E. Analytical Prediction of Stability Lobes in Milling. CIRP Annals-Manufacturing Technology,1995,44(1):357-362

[38] Merdol S D,Altintas Y. Multi Frequency Solution of Chatter Stability for Low Immersion Milling. Journal of Manufacturing Science and Engineering,Transactions of the ASME,2004,126(3):459-466

[39] Bayly P V,Halley J E,Mann B P,et al. Stability of Interrupted Cutting by Temporal Finite Element Analysis. Journal of Manufacturing Science and Engineering,Trans-

actions of the ASME,2003,125(2):220-225

[40] Mann B P,Young K A,Schmitz T L,et al. Simultaneous Stability and Surface Location Error Predictions in Milling. Journal of Manufacturing Science and Engineering, Transactions of the ASME,2005,127(3):446-453

[41] Insperger T,Stépán G. Semi-Discretization Method for Delayed Systems. International Journal for Numerical Methods in Engineering,2002,55(5):503-518

[42] Altintas Y,Stépán G,Merdol D,et al. Chatter Stability of Milling in Frequency and Discrete Time Domain. CIRP Journal of Manufacturing Science and Technology, 2008,1(1):35-44

[43] Ding Y,Zhu L,Zhang X,et al. A Full-Discretization Method for Prediction of Milling Stability. International Journal of Machine Tools and Manufacture,2010,50(5):502-509

[44] Weck M,Altintas Y,Beer C. CAD Assisted Chatter-Free Nc Tool Path Generation in Milling. International Journal of Machine Tools and Manufacture, 1994, 34(6): 879-891

[45] Budak E,Tekeli A. Maximizing Chatter Free Material Removal Rate in Milling through Optimal Selection of Axial and Radial Depth of Cut Pairs. CIRP Annals-Manufacturing Technology,2005,54(1):353-356

[46] Merdol S D,Altintas Y. Virtual Simulation and Optimization of Milling Applications—Part Ⅱ:Optimization and Feedrate Scheduling. Journal of Manufacturing Science and Engineering, Transactions of the ASME, 2008, 130 (5): 0510051-05100510

[47] Kim S I,Landers R G,Ulsoy A G. Robust Machining Force Control with Process Compensation. Journal of Manufacturing Science and Engineering,Transactions of the ASME,2003,125(3):423-430

[48] 张小明. 五轴数控铣削加工几何一动力学建模与工艺参数优化[博士论文]. 上海:上海交通大学,2009

[49] Brecher C,Esser M,Witt S. Interaction of Manufacturing Process and Machine Tool. CIRP Annals—Manufacturing Technology,2009,58(2):588-607

[50] Fanuc. Fanuc Series 30i/31i/32i,Ai Nano Cnc for High-Speed,High-Accuracy Machining. 2009

[51] Siemens AG. Sinumerik 840d/840di/810d Description of Functions Special Functions (Fb3). Siemens AG,2008

[52] 中华人民共和国科学技术部. “高档数控机床与基础制造装备”科技重大专项指南. 2009